◎ 中国金融投资管理智库丛书

中国生猪标准化养殖发展
产业集聚、组织发展与政策扶持

赵连阁　钟　博　著

U0396545

A STUDY ON
THE STANDARDIZATION
PIG-BREEDING DEVELOPMENT
OF CHINA
INDUSTRIAL AGGLOMERATION,
INDUSTRIALIZATION ORGANIZATION DEVELOPMENT
AND POLICIES SUPPORT

全面分析中国生猪标准化养殖现状

生猪养殖标准化规模演进经济激励及其面源污染治理政策设计

力促中国生猪养殖业高质量发展

浙江工商大学出版社
ZHEJIANG GONGSHANG UNIVERSITY PRESS
·杭州·

图书在版编目(CIP)数据

　　中国生猪标准化养殖发展：产业集聚、组织发展与
政策扶持 / 赵连阁，钟搏著. — 杭州：浙江工商大学
出版社，2020.11
　　ISBN 978-7-5178-4152-4

　　Ⅰ. ①中… Ⅱ. ①赵… ②钟… Ⅲ. ①养猪学—标准
化—研究—中国 Ⅳ. ①S828—65

　　中国版本图书馆 CIP 数据核字(2020)第 208689 号

中国生猪标准化养殖发展：产业集聚、组织发展与政策扶持
ZHONGGUO SHENGZHU BIAOZHUNHUA YANGZHI FAZHAN：CHANYE JIJU、ZUZHI
FAZHAN YU ZHENGCE FUCHI

赵连阁　钟　搏　著

策划编辑	郑　建
责任编辑	郑　建
封面设计	林朦朦
责任印制	包建辉
出版发行	浙江工商大学出版社
	（杭州市教工路 198 号　邮政编码 310012）
	（E-mail：zjgsupress@163.com）
	（网址：http://www.zjgsupress.com）
	电话：0571－88904980，88831806（传真）
排　　版	杭州朝曦图文设计有限公司
印　　刷	广东虎彩云印刷有限公司绍兴分公司
开　　本	710mm×1000mm　1/16
印　　张	17.25
字　　数	272 千
版 印 次	2020 年 11 月第 1 版　2020 年 11 月第 1 次印刷
书　　号	ISBN 978-7-5178-4152-4
定　　价	49.00 元

版权所有　翻印必究　印装差错　负责调换
浙江工商大学出版社营销部邮购电话　0571－88904970

前　言

　　改革开放以来，中国生猪养殖业快速发展，区域专业化态势明显。然而，生猪养殖业可持续发展依然面临着诸多严峻问题，主要表现在生产效率不高、质量安全问题时有发生、环境污染严重等方面，需要从"供给侧"优化调整。生猪标准化养殖代表了高效率、高品质、低污染的现代生猪养殖业，是生猪养殖业可持续发展的必由之路。中国如何发展生猪标准化养殖？这是迫切需要研究的问题。

　　本书在农业区位论、产业集聚理论等区域经济学学科的研究范式下，运用理论分析与调查统计分析相结合的研究方法，从产业集聚、产业化组织发展与政策扶持这三个维度探讨中国生猪标准化养殖的发展问题。理论意义在于丰富了区域经济可持续发展问题的研究。现实意义在于为中国生猪标准化养殖发展、生猪养殖业可持续发展提供了决策参考。研究思路如下：

　　首先，基于各类统计年鉴数据、受访养殖户数据和相关文献资料，对中国生猪养殖业区域布局、可持续发展存在的问题和养殖户标准化养殖采纳情况进行剖析，探讨中国生猪标准化养殖发展中存在的问题和难题；其次，基于产业集聚的集聚经济和环境正外部性理论分析，采用中国31个省区市（不含港澳台地区）历年宏观统计数据，运用两阶段最小二乘法估计、广义矩估计、空间杜宾模型等方法，研究了产业集聚的生猪标准化养殖增长效应、环境效应及其空间溢出和区域差异；第三，基于中国生猪养殖业"小生产、大市场"困境和标准化养殖风险性、正外部性的分析，采用生猪养殖业集聚程度较高的浙江、江西和四川 3 省 638 个分层随机抽样调查的养殖户数据，考察了提升产业集聚标准化养殖发展效应的两条路径——产业化组织发展与政策扶持；第四，基于产业化组织发展生猪标准化养殖的契约关系本质，研究了养殖户的契约安排及履约行为，为优化产业化组织发展生猪标准化养殖提供参考；最后，基于政策扶持发展生猪标准化养殖的两阶段模型，运用联立双变量 Probit 模型等方法，研究了养殖户参与标准化养殖的扶持政策选择，为制定具体的生猪标准化养殖扶持政策提供参考。

经理论分析与实证研究，有以下重要发现：

第一，中国生猪养殖业的产业空间集聚明显，这是由资源禀赋、报酬递增、技术进步、市场需求、城镇化与非农就业机会、交通条件和政府政策等因素决定的。产业集聚显著提高了地区生猪养殖业效率，并显著降低了生猪养殖业环境污染，且存在显著的空间溢出效应。然而，过度的产业集聚会产生集聚不经济和环境的负外部性，即产业集聚对地区生猪养殖效率产生了先促进后抑制的作用，呈"倒 U 型"曲线关系，"威廉姆森"假说成立；产业集聚对地区农地猪粪承载强度产生了先抑制后促进的作用，呈"U 型"曲线关系。从区域差异看：产业集聚对重点发展区、潜力增长区、适度发展区有显著的增长效应；产业集聚对约束发展区和潜力增长区有显著的环境正效应。

第二，组织发展与政策扶持是进一步发挥生猪养殖业产业集聚的集聚经济和环境正外部性的两条路径。参与产业化组织的养殖户的养殖设施化、生产规范化、防疫制度化、污染无害化和监管常态化显著提高；获得政策扶持的养殖户的污染无害化和监管常态化显著提高。此外，参与产业化组织或获得政策扶持的养殖户采纳生猪标准化养殖的收益显著提高，成本显著降低。

第三，产业化组织发展生猪标准化养殖的实质是一种兼具"买卖契约"与"技术契约"属性的契约安排。生产决策权转移多、定价制度为"市场价＋附加价"、品质要求高、获得技术服务的养殖户标准化养殖程度较高。专用性资产投资较多、技术服务好、销售渠道高端、分享关系租金的产业化组织能获得养殖户较多的生产决策权。养殖年限短、与产业化组织合作时间长、风险规避的养殖户的生产决策权转移程度较高。养殖规模大、生猪易销售、市场距离近、有熟人在产业化组织担任管理职务、产业化组织为企业、结算方式为延期支付、无二次返利、无技术服务或所处地区为浙江的养殖户获得"市场价＋附加价"的可能性较大。文化程度高、道德风险收益低、有惩罚机制、书面契约、现金结算、契约期限长的养殖户履约率较高。

第四，政策扶持发展生猪标准化养殖的过程可分为示范阶段和模仿阶段，后者最为关键。在各类扶持政策中，养殖户最偏好资金奖励，其次是设备补贴和成本补贴。资金奖励与价格支持为替代关系，智力扶持与非智力扶持为替代关系，设备补贴与成本补贴为替代关系。年龄大的养殖户更需要技术学习；规模大的养殖户更需要资金奖励；标准化程度高的养殖户更需要价格支持；质量、环境、优质优价意识强，销售市场高端，江西或四川养殖户则更偏好设备补贴或成本补贴。

经全文分析，提出以下政策建议：促进生猪养殖业向优势区域集聚；提升产业集聚的生猪标准化养殖增长效应和环境效应；强化产业集聚发展生猪标准化养殖的空间溢出效应；壮大产业化组织，优化产业化组织与养殖户的契约关系；转变政府职能与角色，优化生猪标准化养殖扶持政策。

本书的创新之处在于：一是将中国生猪标准化养殖发展问题纳入区域经济学的研究范畴，基于农业区位论、产业集聚理论，并运用空间计量模型，研究了生猪养殖业产业集聚的标准化养殖增长效应和环境效应；二是全面而系统地调查分析了生猪养殖户的标准化养殖行为及其生产决策权安排情况；三是从契约安排的视角分析了产业化组织发展生猪标准化养殖的过程；四是从生猪养殖户的视角出发，分析了发展生猪标准化养殖的政策扶持机理及选择。

C目录
ontents

第一章 绪 论

第一节 问题提出

中国是生猪养殖大国。1972 年至今，中国猪肉产量、生猪出栏量和存栏量始终保持全球第一。中国生猪养殖业自改革开放以来发展突飞猛进，猪肉产量由 1979 年的 1001.4 万吨增长至 2016 年的 5299.1 万吨[①]，既改善了城乡居民的膳食结构，也促进了养殖户增收。

然而，目前中国生猪养殖业的可持续发展面临诸多亟待解决的问题，如养殖效率低下、质量安全问题和环境污染问题。这些问题是由中国生猪养殖业长期高投入、高消耗、高排放的粗放型养殖模式造成的。中国生猪养殖的生产效率远远落后于畜牧业发达国家，与欧盟相比生猪每千克增重需多消耗 0.5kg 左右饲料，养殖成本是美国的 1.40 倍左右，每头母猪年提供商品猪比国际先进水平少 8～10 头。[②] 瘦肉精、注水肉、兽药残留、抗生素滥用、病死猪肉等质量安全事件时有发生。许多生猪养殖场没有建立健全粪污处理设施，随意排放的生猪粪尿和没有经过无害化处理的病死猪造成了水体富营养化、微生物污染、农地重金属残留并散发恶臭气体，针对生猪养殖场环境问题的投诉屡见不鲜。因此，生猪养殖业长期粗放增长的结果就是产量虽然迅速增长，但经济效益难以保证，在国际市场上缺乏竞争力。中国是典型的生猪

---

① 资料来源：《新中国农业 60 年统计资料》和《中国畜牧兽医年鉴》。
② 资料来源：《全国生猪生产发展规划（2016—2020 年）》。

养殖"生产大国，出口小国"，猪肉产品难以出口至发达国家，但猪肉进口量持续增加，其原因就在于生猪养殖效率低下，成本高昂，猪肉品质参差不齐，产地环境污染严重。

生猪标准化养殖是现代生猪养殖业发展的必由之路，生猪标准化养殖程度反映了地区生猪养殖效率、质量和环境污染水平，体现了地区生猪养殖业的综合竞争力。发展生猪标准化养殖，有利于提高生猪养殖效率和生产水平，有利于从生猪养殖控制环节提高生猪质量安全水平，有利于降低生猪疫病风险，有利于缓解生猪养殖业环境污染并促进生猪养殖废弃物资源化利用。那么，如何发展生猪标准化养殖？这是一个值得深入研究的问题。

目前中国发展生猪标准化养殖的症结在于：生猪养殖业依然以独立自产自销中小规模养殖户为主，产业协同程度低，利益联结机制不健全，交易成本高，能获得的政策扶持非常有限，"小生产、大市场"的矛盾依然广泛存在。国际农业发展经验表明，产业集聚能够使中小规模农户突破个体生产规模的限制，在实现规模经济与范围经济的同时，保持经营的灵活性，获得比大规模农场更强的市场竞争力，从而实现小农经济与规模经济的完美结合。生猪标准化养殖是生猪养殖业区域专业化分工协作的产物。目前中国生猪养殖业的产业空间集聚和区域专业化发展态势明显，生猪养殖量排名前 10 省份的生猪出栏量占全国的 64%，全国生猪出栏量 70% 以上来自 500 个生猪调出大县[①]，为推进生猪标准化养殖奠定了坚实基础。集聚经济效应的发挥离不开紧密的产业关联与产业协作。目前中国生猪养殖业产业化初步发展，现代化生猪养殖业吸引了大量民间资本，建立了一批产业化企业集团，排名前 10 的企业集团出栏量之和占全国总量的 3%，还有 12 家生猪养殖业公司[②]上市了，但大多数养殖户的组织化程度仍有待提高。政府在生猪养殖业"供给侧"发挥了越来越重要的作用。政府近年来陆续出台了多项有利于促进生猪标准化养殖的扶持政策，如生猪良种补贴、病死猪无害化处理补贴、沼气池建设补贴、生猪调出大县奖励政策、生猪标准化养殖示范创建等，但目前扶持政策偏

---

① 资料来源：《全国生猪生产发展规划（2016—2020 年）》。
② 资料来源：《全国生猪生产发展规划（2016—2020 年）》。

向于养殖大户和示范户并且方式单一，扶持政策的对象和方式应进一步优化完善。

因此，产业集聚、组织发展与政策扶持是发展生猪标准化养殖的 3 个重要方面。为了发展生猪标准化养殖，需要进一步强化生猪养殖业产业集聚，发挥产业集聚的经济效应和环境正外部性效应；需要在产业集聚的基础之上通过产业化组织的发展促进产业关联，强化产业链分工协作，带动养殖户发展标准化养殖；还需要政府的扶持政策向养殖户提供标准化养殖的经济激励。

第二节　研究目的与研究意义

一、研究目的

主要研究目的如下：以中国生猪养殖业现状、区域分布以及生猪标准化养殖发展过程中存在问题为研究背景，在农业区位论、产业集聚理论等区域经济学学科的研究范式下，运用理论分析与调查统计分析相结合的研究方法，从产业集聚、产业化组织发展与政策扶持这 3 个维度探讨中国生猪标准化养殖的发展问题，为推动中国生猪标准化养殖、实现中国生猪养殖业的可持续发展提供决策参考与政策建议。为了实现这一研究目的，本书将主要探讨以下几个问题。

问题一：中国生猪养殖业可持续发展目前面临着哪些亟待解决的问题？生猪标准化养殖的发展现状如何？

问题二：中国生猪养殖业产业集聚的形成受哪些因素影响？产业集聚是否存在促进中国生猪标准化养殖发展程度提高的增长效应和环境效应？产业集聚发展生猪标准化养殖的效应是否为非线性的？是否存在空间溢出效应？是否存在区域差异性？如何进一步提升产业集聚的生猪标准化养殖发展效应？

问题三：产业化组织、政策扶持是如何提升产业集聚的生猪标准化养殖发展效应的？ 参与产业化组织，获得政策扶持是否能提升生猪养殖户的标准化养殖采纳程度？

问题四：产业化组织带动生猪养殖户参与标准化养殖的契约安排受哪些因素的影响？ 如何优化契约安排，提高养殖户的履约率，从而提升产业化组织带动下的生猪标准化养殖发展？

问题五：通过政策扶持发展生猪标准化养殖的功能如何发挥？ 养殖户参与生猪标准化养殖的受偿意愿如何？ 养殖户倾向于选择哪些扶持政策？

二、研究意义

本书从区域经济学科的视角出发，运用区域经济学理论与方法，立足于生猪养殖效率低下、质量安全和环境污染等可持续发展问题，运用理论论证和实证研究相结合的研究方法，深入研究了产业集聚、组织发展与政策扶持的生猪标准化养殖发展效应及其提升路径，具有非常重要的理论意义和现实意义。

理论意义：（1）深入分析了产业集聚发展生猪标准化养殖的经济学机理，基于农业区位理论和产业集聚理论，分析了产业集聚的集聚经济效应和环境正外部性效应，考察了"威廉姆森"假说在地区生猪养殖业发展过程中是否成立，考察了产业集聚环境效应的非线性关系，此外，基于地理学第一定律，考察了产业集聚发展生猪标准化养殖的空间溢出效应是否存在；（2）基于中国生猪养殖业"小生产、大市场"的基本格局以及生猪标准化养殖的风险性和外部性问题，分析并考察了提升产业集聚生猪标准化养殖发展效应的两条途径：组织发展与政策扶持对生猪标准化养殖程度及效益的影响；（3）基于不完全契约理论和农户理论，从契约治理的角度分析并考察了不同的契约安排对养殖户标准化养殖程度的影响，以及养殖户的契约安排选择及履约行为；（4）基于政府扶持理论和农户理论，构建了一个刻画政府扶持生猪标准化养殖的两阶段模型，考察了信息不完全情形下养殖户采纳生猪标准化养殖的演化过程。 在分析不同类型扶持政策特征的基础上，考察了养殖户选择扶持政策的影响因素与扶持政策之间的相关关系。 总之，本书丰富并拓展了区域经济可持续发展领域的理论研究。

现实意义：（1）有利于提高中国各省份的生猪标准化养殖发展程度，提高中国生猪养殖业生产效率，解决生猪养殖质量安全和环境污染问题，从而促进各地区生猪养殖业健康可持续发展；（2）通过分析生猪养殖业产业集聚的生猪标准化养殖发展效应，可以进一步优化生猪养殖业的区域布局，促进各地区生猪养殖优势资源的优化配置，强化各地区生猪养殖技术和环境技术空间溢出；（3）通过考察产业化组织发展的生猪标准化养殖发展效应，以及养殖户参与产业化组织的契约安排，有助于提高生猪养殖户的组织化程度，提高生猪养殖户的履约率，促进地区生猪养殖业产业关联，乃至产业集群的演进；（4）有利于促进生猪标准化养殖发展的扶持政策创新与调整，从而为广大养殖户提供更切实、更多元化的扶持政策。

第三节　国内外研究现状

目前，国内外专门针对生猪标准化养殖进行系统性研究的经济学文献尚不多见。但是，有不少研究成果涉及农业标准化的效应、农业产业化组织协作及农业政策扶持等方面，这些文献为本书的研究提供了很好的参考和借鉴作用。

一、发展生猪标准化养殖的效应研究

（一）生猪标准化养殖与生猪养殖业竞争力

中国生猪养殖的国际竞争力弱。21世纪以来，中国猪肉产品对外贸易一直呈净进口的状态（曾星月，2014），究其原因在于养殖效率低下。中国2008年的生猪出栏率为131.8%，生猪平均胴体重为76.0kg/头，均低于世界平均水平，与西方畜牧业发达国家存在较大差距（韩洪云、舒朗山，2010）。中国生猪散养户的劳动生产率也很低，美国东部的规模养殖场是其12.59倍。生猪散养户比大规模养殖户的出栏周期长、料肉比高（Cheng Fang、Fabiosa，2002）。近年来，中国生猪养殖规模化水平在不断提高，但也面临

着诸多可持续发展问题，如饲养管理规程落后、毛利润率低、生猪市场价格波动大、饲料成本高企等（杨湘华，2008）。

中国生猪产品在国际市场上竞争力弱的深层次原因在于生猪养殖技术标准低。农业标准化生产能增加农户收益，激发农业企业员工的动力，增强农业龙头企业的活力，从而提高农业产业竞争力（Laurian、Helen，1996；Vuylsteke，2003；王翔，2008）。概括起来，能带来经济、社会和生态三方面绩效（耿宁，2014）。其中经济绩效主要表现为生产率提高、成本降低以及品质提高带来的附加收益，是农户增收的有效途径（黄少鹏，2008；耿宁，2014）。

（二）生猪标准化养殖与生猪质量安全

猪肉质量安全隐患背后的经济学原因是生产主体与消费者以及生产主体之间的信息不对称（Unnevehr、Hirschhom，2000；陈锡文，2016）。信息不对称导致农产品市场出现"柠檬市场"现象（Akerlof，1970）。产品按信息不对称的高低可分为搜寻品、经验品和信任品 3 类（Nelson，1970；Darby、Karni，1973）。评估信任品质量需要付出高昂的交易成本，因此质量安全的信任品特性包含有价值但难评估的"信任质量"（Darby、Karni，1973）。"信任质量"的观点得到了许多国外学者的认同（Anderson、Philipsen，1998；Mojduszka、Caswell，2000；Latvala、Kola，2003；Roe、Sheldon，2008）。猪肉产品属于农产品，农产品具有经验品和信任品属性，消费者难以通过反复购买甄别，即使能转化为搜寻品，交易成本也是高昂的（周应恒，2008；钟真，2013）。

不完备的标准体系是食品安全问题的核心症结之一（张郁晖，2006），增加了交易成本，从而使市场无法达到有效率的目的（Coase，1960）。标准化是保障食品安全的"银针"，农业标准化可以降低消费者检验农产品质量安全的交易成本，纠正信息不对称造成的逆向选择行为，提升优质农产品的市场占有率和竞争力，从而实现"信任质量"的价值（Leland et al.，1979；Jones、Hudson，1996；Tassey，2000；周洁红、刘清宇，2010）。

总之，农业标准化主要从 3 方面提升农产品质量安全：一是消除信息不对称（Leland，1979），纠正市场失灵；二是标准化减少了消费者评价农产品质量的额外支付（Barzel，1985；Foss，1996；Jones、Hudson，1996），进而减少了阻碍市场交易的成本；三是采纳农业标准化能够生产出符合质量安全要求的农产品（周洁红，2009；耿宁、李秉龙，2014）。

（三）生猪标准化养殖与生猪养殖环境污染

畜禽主产区承担了畜牧业带来的环境污染问题，但大量畜产品的消费地却在外地，即环境成本主要由产业承担。刘培芳等（2002）研究发现，长江三角洲城郊的畜禽粪便负荷量警报值平均为0.52，畜禽粪便流失导致了严重的地表水污染问题。周轶韬（2009）的研究表明，位于水系发达、人口集中、环境承载力弱的东部沿海地区和大城市周边的大中型养猪场占全国的80%。因此，畜禽主产区发展畜牧业的必由之路在于努力保持经济发展与环境保护的平衡，从而实现可持续发展（Giobon et al.，1998）。

从表面上看，生猪养殖污染问题的成因是：生猪养殖方式由散养向规模化、集约化转变（Pagano、Abdalla，1995；Robert，2000）；生猪养殖场布局不合理导致的种养分离（刘黎等，2012）；生猪养殖户缺乏污染处理设备且污染处理技术、观念落后；中小规模生猪养殖户承担不起废弃物无害化处理成本且环保意识淡薄（刘黎、蔡珣，2012），政府环境监管不到位（刘艳丰等，2010）；等等。从深层次看，生猪养殖污染问题源于高投入、高排放、高污染的传统农业生产模式（李海鹏，2007；李凯，2015）。

农业生产模式是农业污染的技术根源。激励农户改变生产模式，参与农业污染防治是解决农业污染问题的关键措施（李海鹏，2007；张晖、胡浩，2009；梁流涛等，2010）。中国的农业污染主要是由中小农户造成的面源污染，特别需要强化对污染源头的控制（Loehr，1974；Novotny、Chesters，1981；Qian，1996；Carpenter et al.，1998；葛继红等，2010；杨林章等，2013）。由于农户是微观层面上防治生猪养殖污染的主体，需要向农户推广农业污染治理技术（李海鹏，2007；葛继红等，2010）。

生猪标准化养殖强调资源节约和环境友好，走生态养殖的道路，要求在养殖环节做到粪污无害化处理和病死猪无害化处理（王林云，2011；薛荦绮，

2014）。 这些污染治理方法可归纳为前端治理和末端治理两大类：前端治理包括提高养殖技术、科学调配饲料（CAST，2002；Abt，2000；Marcel、Aillery，2005；T. K. V. Vu，2007）以及改善基础设施（Susan，1995；T. K. V. Vu，2007）以降低生猪养殖废弃物产生量；末端治理指通过各种物理方法（K. Henriksen，1998；Jacobson et al.，1999）、化学方法（Moore，2000）、生物方法（Deublein，2008；Moletta et al.，2008；Claire、Rabi，2009）及其他技术方法对生猪养殖场的各种废弃物进行综合处理，以实现环境污染最小化。

二、生猪养殖户行为与标准化养殖

中国农业生产标准化程度低的重要原因在于农村家庭承包经营制度下一家一户小而散的独立农业经营活动（Chenjun，2002；张敏，2010）。 中国生猪养殖业的生产格局是以自产自销的中小规模养殖户为主的，组织化程度低，监管成本高。 农户的最优化决策受市场失灵的显著影响（Bardhan，1999），因而生产水平低，质量安全事件和环境污染问题屡禁不止（李英、张越杰，2013）。 因此，需要对生猪养殖户行为进行深入而细致的研究。

农户效用函数是国内外学者研究农户行为的基础模型，通过求解效用函数的最大值可以分析农户在农业生产、非农就业、闲暇时间、生活消费等活动上的资源分配（Singh et al.，1986）。 农户行为模型分析了从事各项生产经营活动的农户的劳动力供给量（Saldcmlet，1998）。 现有研究成果认为，农户会分析市场等外部环境的变化，通过重新优化配置自身资源来适应外界变化，规避现实存在或可能出现的市场风险、政策风险和法律风险，追求自身效益的最大化，期望获得高额利润回报，具有"理性经济人"的特征（Carter、Olinto，2003；Barettet et al.，2006）。 也有研究认为，农户并不是绝对的风险规避，其风险态度与预期收入有关：预期收入高于目标收入时，农户往往是风险规避的；预期收入偏低时，农户的风险态度就会转变为风险中立和风险偏好（Pratt，1964；Arrow，1970）。

生猪标准化养殖有助于提高养殖户食品安全认知（赵荣、乔娟，2011），促进养殖户保障质量安全和进行污染处理。 李光泗等（2007）的研究表明，无公害农产品认证制度在一定程度上能降低农户的农药施用量。 Okello、Swanto（2010）的研究发现，采纳了 DC-PS 标准的农户更重视农业生产过程中的自我保护。 对于农户参与农业标准化生产的影响因素，Kirumba、Pinard（2010）的研究表明，咖啡产量、预期收益、施药次数是肯尼亚农民种植咖啡采纳标准化的主要驱动因素。 农业标准化的实施需要以企业和农户为主体，并通过法律法规加以引导，更离不开政府的扶持和服务（李增福，2007）。 王芳等（2007）的研究认为，小农户实施农业标准化，政府扶持对其促进作用最大。 张宝利和刘薇（2010）认为，影响农户采纳农业标准化的主要因素有：标准化投入、标准化认知和采纳标准化的预期收益。 黄文华和林燕金（2008）认为，农业标准化的实施效果受农户文化程度的直接影响。

三、产业化组织发展与生猪标准化养殖

（一）组织化缺失对农户行为的影响

基于国内相关研究，组织化程度低、布局分散对生猪养殖户等农户的行为产生了四个方面的负面影响：第一，中小规模生猪养殖户的分布范围广，许多养殖场交通不便，政府的监管效率低下（吴学兵、乔娟，2013）；第二，对大量中小规模养殖户进行全面生猪质量安全监测和环境监督的成本太高，只能采用随机抽查的方式；由于政府监管的随意性增大，农户被抽查到的概率大大降低，导致政府监管制度的失灵（张朝华，2009）；第三，农户生产规模偏小，污染主体难以鉴定、面源污染防控意识薄弱、缺乏具体可操作细则和方便农户使用的技术等原因造成农户的不合理排污行为（章明奎，2015），并最终引起农业面源污染；第四，中小规模养殖户很少有机会参与政府组织的标准化养殖全面技能培训和技术指导，无法掌握相关技能，难以提高生猪养殖的生产水平和生产效率（张云华，2004）。 因此，农业标准化的特征决定了推进农业标准化客观上需要产业化经营，农户群体产业化和组织化越高，推进农业标准化就越容易（陈松等，2010）。

（二）产业化组织促进农业标准化的机理

许多基于产业集群理论、不完全契约理论的国内外研究证实，产业化组织有助于带动农户发展农业标准化生产。产业链上龙头企业对于生产环节效率保证和品质保障具有重要作用（宁攸凉等，2012）。汪普庆（2009）认为，加强产业链纵向关系的紧密程度有利于提高食品质量安全水平并可有效降低市场风险。McMillan（1990）认为，通过增强产业化组织与农户之间的纵向协作关系，市场信息和质量安全信息的传达更加迅速，有利于准确评估农产品质量和产业环境。谭明杰（2012）认为，保障肉鸡质量安全和生产效率、引导养殖户生产行为的有效方法是强化产业链主体的纵向协作关系。Lamb（1998）的实证研究表明，美国牛肉质量安全和市场份额下降的关键性原因是产业链纵向关系松散。Fensterseifer（2007）认为，葡萄种植户与葡萄酒生产者之间的合作有利于建立双方的信任关系，从而保障葡萄品质，提升产品市场竞争力。Kamann、Strijker（1991）对荷兰花卉集群的研究也发现，花卉集群内的各主体协作可以缓解市场饱和、集聚不经济等负面影响。闵耀良（2005）的研究表明，各类农产品行业协会的行业自律行为在欧盟、美国、澳大利亚和日本等国家和地区推广实施农业标准化过程中起到了关键作用，例如法国葡萄生产者协会、葡萄酒协会，美国柑橙协会、奶牛协会，澳大利亚小麦协会、羊毛协会等。苏彩和（2011）对广西农业标准化发展模式进行案例分析后发现，产业化组织在发展农业标准化过程中起到了非常关键的作用，通过龙头企业等产业化组织与农户签订契约，要求农户按照标准化规范进行农业生产活动，从而保证了较高的收益和稳定的农产品销路。产业化组织为农户提供仔畜、种苗等产前服务，提供饲料、化肥、种养技术指导等产中服务，提供按契约价格组织农产品的收购等产后销售服务。刘晓利（2012）对吉林省农业标准化的发展模式研究后认为，龙头企业和农民专业合作社带动型的农业标准化应成为吉林省的主要形式。闫大柱（2011）认为畜牧专业合作社是发展现代化、标准化畜牧生产的基础，克服畜牧业发展中存在的问题需要发挥专业合作社的组织带动作用。

（三）产业化组织发展生猪标准化养殖的类型

相关研究表明，产业化组织发展生猪标准化养殖等农业标准化生产有以下类型：一是龙头企业与农户签订包含股份合作、生产合同等多样化的利益分享方式的契约（李英、张越杰，2013），有的契约具有合作、信任等非正式治理"关系契约"属性（吴晨、王厚俊，2010），能弥补正式契约的不足，防止农户道德风险行为，促进农业生产水平、质量安全和环境友好程度的提高。二是合作社、专业协会等合作组织能将数量众多的分散农户组织起来，通过互利共赢的方式从事生猪标准化养殖（李英、张越杰，2013），保障农产品品质。利用合作组织的协调优势和规模优势，可以强化农产品生产环节的监管，从而对农户行为起到很好的监督作用（王庆、柯珍堂，2010；华红娟，2011）。合作社对农产品生产环节的监控能力随着制度的规范化而不断提高（卫龙宝、卢光明，2004）。三是一体化对生猪养殖环节的控制程度最高（王瑜，2008），能将养殖户的生产活动全部纳入企业内部进行监管。

（四）组织化发展与养殖户行为

只有生猪养殖户与产业化组织相互协作，才能贯通生猪产业链上下游，实现生产和市场的有效衔接，巩固生猪养殖业的发展基础。农业标准化强调生产过程的规范和先进技术的采用（郭慧伶，2005），要求农户具备较高的文化程度和技能水平。然而，农户的文化程度在短期内难以提高，需要产业化组织将以家庭为单位分散的农户组织起来进行规模化、产业化的种养经营，依靠产业化组织的指导，将复杂的农业标准化技术转化为农户容易理解、容易接受的操作规程，合理配置劳动、技术、土地等各类生产要素，使农户能够获得采纳农业标准化的收益（熊明华，2004）。张勇等（2005）认为，畜禽养殖业更容易实现模式化，养殖户的集中度比种植业农户高，容易对畜产品质量加以监控，产业化组织主导推动应成为养殖业标准化的主要发展模式。

产业化组织对农户的环境友好行为也具有很好的促进作用。宋晓凯（2010）指出，农民专业合作社可以作为农村环境问题的责任主体。在建设农村生态文明的进程中，农民专业合作组织是支柱和基础，其运营理念与循环农业、绿色农业是一致的（费广胜，2012）。钟春燕（2012）认为，大力发展合作组织对于中国农业可持续发展有非常重要的作用，合作组织可以很方便地将周边乡村分散的农户组织起来，在政府部门与广大农民之间建立沟通的桥梁，便于宣传政府的农村环境政策和绿色农业技术理念，解决生态农产品的购销问题。很多畜牧业专业合作组织集中治理成员养殖户的养殖废弃物，从源头上减少了污染排放量和污染产生量，降低了分散养殖带来的面源污染风险（张磊等，2010）。

四、政策扶持与生猪标准化养殖

（一）政策扶持的必要性研究

生猪养殖效率低下、质量安全问题和环境污染问题的市场失灵是政府干预的前提。发展农业标准化需要组建农产品监督机构，健全农业标准化体系，设置农产品准入标准等，均具有公共服务的属性（郭慧伶，2005；于冷，2007）。公共服务的提供不足问题会导致市场主体对农业标准化的投资不足，从而造成全社会福利损失并降低市场效率。因此，政府运用扶持政策增加农业标准化制度供给，是发展农业标准化的内在需要，能起到弥补市场失灵的作用（李增福，2007）。

政策扶持对农业产业集聚竞争力的提升具有重要作用。张丽等（2005）对平谷区大桃产业集群的案例分析表明，地方政府在农业产业集群的品牌建设、技术进步等领域发挥了积极作用。姚建文、王克岭（2008）对云南斗南花卉产业集群的案例分析表明，在不同的发展阶段，政府实施的扶持政策应有所区别，以促进农业产业集群竞争力的提高。张建斌（2011）认为，发展产业集聚的过程中，政府应鼓励技术创新，完善农业基础设施建设。

李增福（2007）认为，在中国农村家庭承包经营制度下，政府发展农业标准化的工作重点应该是在市场机制的基础上，降低农户采纳农业标准化的成本，将农户采纳农业标准化的正外部性内部化，从而引导农户按农业标准化的相关要求从事农业生产经营活动。政府主要是利用财政资金和产业扶持政策来发展畜禽标准化养殖，适用于畜禽标准化养殖发展的初期阶段（耿宁，

2015）。 政府发展农业标准化的具体做法包括：一是制定并宣传农业标准化生产政策；二是建立农业标准化示范基地、示范小区；三是统一培训，加强标准化宣传转化；四是建立示范样板，扶持示范户；五是建立健全监管制度（刘晓利，2012）。

（二）政策扶持的局限性研究

政府主导农业标准化的扶持政策在标准化发展的初期具有不可替代的作用，但也存在忽视农户利益、不符合市场运行规律、长期推广机制不易建立等缺点（苏彩和，2011）。 政府发展农业标准化的实施模式单一，即重视标准化基地和检测机构建设，而散户参与程度低（于冷，2007）。 政府扶持政策的出台和落实需要涉及多个部门的分工协作，政策效果将受不同部门协作的默契程度的影响（刘晓利，2012）。 政府主导发展农业标准化还可能缺乏标准化理论体系和实施科学方案的支持，缺乏农业标准化必要的技术和市场信息，缺乏对农业标准化采纳主体的经济激励，最终导致政策失灵（李增福，2007；耿宁，2015）。

（三）扶持政策的优化研究

政府对农业标准化发展的扶持应主要侧重于标准化发展迫切需要的公共服务方面（李增福，2007）。 李凯（2015）认为，政府推广农业标准化的角色应从主导转向参与，降低市场的交易成本是政府的工作重点，需要以农业标准化技术培训和质量、产地环境信息披露为关键点，例如实施市场准入制度、建立生态补偿制度等。 具体包括以下几个方面：一是提高农产品的认证率。 应用认证标识向消费者传达农产品采用农业标准化的信息，降低消费者的搜寻成本，增强消费者对农业标准化的认可度。 二是建立农业标准化监测平台。 例如为了实时了解并监控农产品生产过程的质量安全和污染排放情况，构建猪肉可追溯系统平台等农产品质量安全和环境污染监测系统，实现猪肉相关信息消费终端追溯查询（刘增金，2015）。 三是提高农业生产技术服务能力。 要有技术人员对农户采纳标准化生产过程中遇到的技术问题进行解决。 四是提高农产品标准化生产补贴。 要推进农业标准化，适当的政策补贴是不可或缺的。 通过整合农业部门和环保部门的财政资金，设立农业标准化补贴项目基金，提高生产者开展农业标准化生产的积极性（李凯，2015）。

五、简短评述与研究启示

国内外学者对生猪标准化养殖效应的研究成果表明，生猪标准化养殖代表了高效率、高品质、低污染的生猪养殖业，能够提高生猪生产效率，提升生猪养殖质量安全，从源头上减少生猪养殖带来的环境污染问题，从而实现生猪养殖业的可持续发展。 在微观层面，生猪标准化养殖发展问题需要落实到农户行为上。 国内外学者对农户行为的研究表明，农户目标是实现家庭效用最大化，组织化程度、农业标准化意识、文化程度等因素显著影响农户参与农业标准化生产的程度。 农业标准化水平低的重要原因是产业化组织的缺失。产业化组织与农户通过契约形成协作关系后，生产水平、质量安全和环境保护均有所提高。 国内外学者对政府在发展农业标准化过程中作用的研究表明，政策扶持是发展农业标准化的内在需要，能起到弥补市场失灵的作用，政策扶持应侧重于农业标准化发展迫切需要的公共服务方面，并降低市场交易成本。

国内外相关研究对发展生猪标准化养殖这个主题具有非常深刻的启示。结合现有文献和本书研究目标，认为还有以下几点值得深入研究：

第一，从农业区位论、产业集聚理论等区域经济学的研究范式入手农业现代化、农业标准化问题的研究尚不多见。 农业标准化需要农业生产的各个环节做到"统一、简化、协调、优选"，是区域农业高度专业化分工与生产集中的产物。 特别是在中国生猪养殖业以中小规模养殖户为主的产业格局下，发挥产业的集聚经济效应更为关键和重要。 因此，本书从区域经济学科的视角切入对中国生猪标准化养殖发展问题进行研究，不仅角度新颖，而且契合中国生猪养殖业的现实问题，也是对以往研究的有力补充。

第二，已往大多数对农业产业集聚发展效应研究的文献只考虑了产业集聚对农业技术进步、效率提升、知识溢出等农业产业竞争力问题的线性影响，对集聚经济空间溢出效应和区域差异性的研究尚不多见。 在已有研究的基础上，本书分析了产业集聚对生猪标准化养殖发展的非线性影响，并且在验证空间相关性的前提下，通过设定空间邻接权重矩阵、地理距离空间权重矩阵、收入距离空间权重矩阵和经济距离空间权重矩阵，运用空间计量分析，考察了产业集聚发展生猪标准化养殖的空间溢出效应，还分析了产业集聚发展效应的区域差异性。

第三，现有文献对农业产业集聚的环境效应的关注度还不够。本书从理论和实证两个层面分析了产业集聚对生猪养殖业污染问题的影响，并分析了其非线性关系、空间溢出效应及区域差异性。

第四，对生猪养殖户进行调研分析的相关文献往往只关注生猪养殖效率、养殖户的施药行为、生产档案管理、污染治理方式等问题中某一个方面，考虑不够系统全面。本书对养殖户的问卷调研涉及了生猪标准化养殖的主要方面，如仔猪选择、养殖成本收益、施药行为、防疫制度、污染和病死猪无害化处理等，研究更为全面具体。

第五，现有文献对产业集聚内的产业化组织带动农业发展的研究多以案例分析与理论分析为主，研究还应进一步深入。本书研究了产业化组织发展生猪标准化养殖的契约关系本质，对养殖户的契约安排选择、影响契约安排的因素，以及养殖户的履约行为进行了深入细致的考察，有利于寻找优化产业化组织带动生猪养殖户发展标准化养殖的对策和建议。

第六，现有文献对政策扶持的考察通常是基于政府的视角，这样的分析可能不符合市场运行的实际情况以及生猪养殖户的个性化需求。本书研究了针对养殖户的各种属性的扶持政策，基于生猪养殖户的视角对其扶持政策选择的影响因素及相关关系进行了深入考察，有利于提高政策的可操作性、灵活性，降低财政资金压力并满足养殖户的个性化扶持政策需求。

第四节　研究思路与研究内容

一、研究思路

本书以中国生猪标准化养殖发展作为研究主题，基于区域经济学学科的研究范式，考察了生猪养殖业产业集聚、产业化组织发展与政策扶持对生猪标准化养殖发展程度的影响及其提升路径。　研究思路按如下逻辑顺序展开：首先，基于各类统计年鉴数据、养殖户问卷调查数据和相关文献资料，对中国生猪养殖业的发展现状、地区分布情况和养殖户的生猪标准化养殖采纳情况进行剖析，探讨中国生猪标准化养殖发展中存在的问题和难题。　其次，在调查分析中国生猪养殖业现状的基础上，基于中国生猪养殖业产业空间高度集聚的现实，以及产业集聚的经济效应和环境正外部性理论分析，从宏观层面上考察产业集聚的生猪标准化养殖增长效应、环境效应及其空间溢出和区域差异。　第三，基于受访养殖户数据，分析了提升生猪养殖业产业集聚的标准化养殖发展效应的两条路径——产业化组织发展与政策扶持对标准化养殖发展的促进作用。　第四，基于不完全契约理论和产业化组织发展生猪标准化养殖的契约关系本质，研究了产业化组织带动养殖户发展标准化养殖的契约安排及养殖户履约行为，为优化产业化组织带动下的生猪标准化养殖提供经验研究支持。　第五，基于政策扶持发展生猪标准化养殖的两阶段模型，研究了生猪养殖户的扶持政策选择，为具体的扶持政策制定提供经验研究参考。　最后，在上述理论研究与实证研究的基础上，提出了发展中国生猪标准化养殖的政策建议以及今后研究的努力方向。　研究思路如图 1-1 所示。

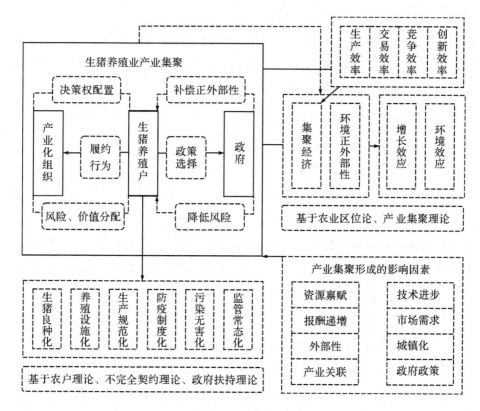

图 1-1　研究思路

二、研究内容与技术路线

本书共分为 8 个章节。各章节的内容安排如下：

第一章"绪论"。本章首先提出了"中国生猪标准化养殖发展"这个研究主题，并指明了研究目的与研究意义。其次，通过梳理国内外研究成果，掌握最新研究动态，为研究寻找突破口。再次，简要介绍研究思路和主要研究内容，并说明主要研究方法和数据来源。最后，探讨了主要创新点。

第二章"概念界定与理论基础"。一方面，根据研究目的、研究思路和研究内容，对研究所涉及的核心概念进行界定，包括生猪标准化养殖、产业集聚、生猪养殖业区域划分、产业化组织、扶持政策等，以确保研究对象的针对性和一致性。另一方面，总结了本书研究主要涉及的经济学理论，包括农业区位论、产业集聚理论、农户理论、不完全契约理论和政策扶持理论，为后续章节的研究提供经济学理论的支撑。

第三章"中国生猪养殖业区域布局与生猪标准化养殖现状分析"。 本章首先基于历年的宏观统计数据，对中国生猪养殖业发展现状进行了深入分析，包括生猪养殖量、生产性能、生猪规模化养殖程度、生猪养殖业产业化组织发展、生猪标准化养殖扶持政策与实践等方面。 其次，考察了中国生猪养殖业的区域布局，对中国生猪养殖业的重点发展区、约束发展区、潜力增长区和适度发展区情况做了统计说明，对受访养殖户所在的浙江、江西和四川三个省份的生猪养殖业发展情况做了说明。 再次，从宏观层面上，分析了中国生猪养殖业可持续发展存在的问题，包括生猪养殖效率低下、质量安全问题和生猪养殖环境污染问题等，以及生猪标准化养殖的相关制度建设。 最后，基于浙江、江西和四川 638 个生猪养殖户的分层随机抽样调查数据，描述统计了受访养殖户的标准化养殖情况。

第四章"产业集聚的生猪标准化养殖发展效应研究"。 本章基于农业区位论、产业集聚理论，在区域经济学科的研究范式下，运用空间计量经济学等区域经济学研究方法，采用中国 31 个省份历年的宏观统计数据，从增长效应和环境效应的视角，对生猪养殖业产业集聚的生猪标准化养殖发展效应进行了系统研究。 首先，基于区位基尼系数、集中率、区位商等产业集聚指标，对生猪养殖业产业集聚的时空特征进行了统计分析。 其次，基于农业区位论、新经济地理学理论、资源禀赋理论、比较优势理论、产业发展"雁行理论"等区域经济学理论，分析了资源禀赋，规模报酬递增、外部性与产业关联，技术进步，市场需求，城镇化与非农就业机会，交通条件，政府政策等因素对中国生猪养殖业产业集聚形成的影响。 第三，从理论层面和实证研究层面考察了生猪养殖业产业集聚的生猪标准化养殖增长效应，分析了增长效应的非线性关系、空间溢出效应和区域差异性。 第四，从理论层面和实证研究层面考察了生猪养殖业产业集聚的生猪标准化养殖环境效应，分析了环境效应的非线性性、空间溢出效应和区域差异性。 最后，分析了提升生猪养殖业产业集聚标准化养殖发展效应的两条途径：产业化组织发展与政策扶持。

第五章"组织发展、政策扶持的生猪标准化养殖发展效应研究"。 本章基于中国生猪养殖户发展生猪标准化养殖面临的困境，从理论上分析了产业化组织发展、政策扶持促进生猪标准化养殖的作用。 在理论分析的基础上，基于 638 个受访养殖户调查数据，实证检验了养殖户参与产业化组织、获得政策扶持对其标准化养殖采纳程度及效益的影响。

第六章"产业化组织发展生猪标准化养殖的契约安排研究"。 本章基于产业化组织带动养殖户发展生猪标准化养殖具有"买卖契约"与"技术契约"的双重属性本质，采用参与产业化组织的 286 个受访养殖户调查数据，对产业化组织与养殖户的契约安排进行了深入研究。 首先，考察了契约安排对养殖户参与生猪标准化养殖的影响。 其次，考察了影响生猪养殖户生产决策权配置的因素。 第三，考察了影响生猪养殖户定价制度安排的因素。 最后，考察了养殖户的履约行为。

第七章"政策扶持生猪标准化养殖的机理与选择"。 一是，构建政策扶持发展生猪标准化养殖的两阶段模型，论证政府扶持生猪标准化养殖的组织形式、方式和演化效果。 二是，基于中国生猪养殖业的扶持政策实践，提供了资金奖励、价格支持、设备补贴、成本补贴、技术学习和政策补贴等六类扶持政策供 638 个受访养殖户选择，分析了扶持政策之间是否存在替代关系，并分析了养殖户选择某类扶持政策的影响因素。

第八章"研究结论与政策建议"。 本章是对全文主要研究结论的总结，并在此基础上提出了发展中国生猪标准化养殖，实现中国生猪养殖业可持续发展的政策建议。 最后，对未来的研究进行了展望。

本书的技术路线见图 1-2。

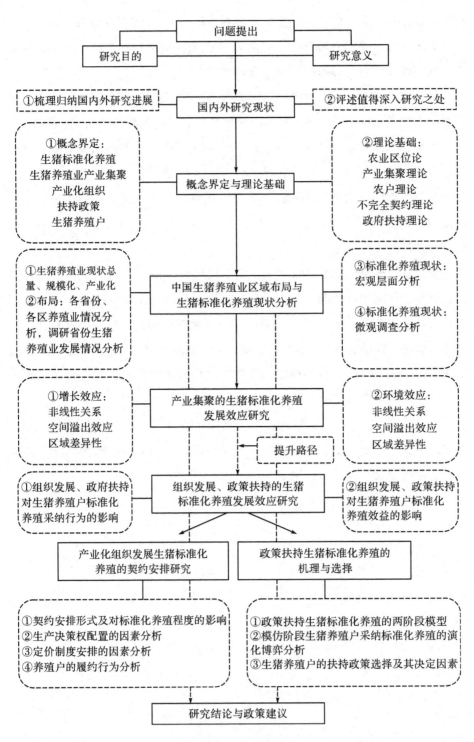

图1-2　技术路线

第五节 研究方法与数据来源

一、研究方法

本书主要的研究方法包括：

1. 理论分析法

理论分析是实证分析的前提和基础。本书在区域经济学科的理论范畴下，运用拓展的 C-D 生产函数分析了产业集聚的生猪标准化养殖增长效应，运用规模效应、技术效应和结构效应的污染量分解理论，研究了产业集聚的生猪标准化养殖环境效应。基于不完全契约理论，分析了养殖户参与产业化组织带动的标准化养殖的履约行为。基于政府扶持理论，建构政策扶持发展生猪标准化养殖的两阶段模型，并运用演化博弈分析了信息不完全情形下扶持政策的效果。

2. 统计分析法

基于区位基尼系数、集中率和改进的区位商，采用探索性空间数据分析方法，考察了生猪养殖业产业集聚的时空特征。基于 Moran's I 指数，分析了地区猪肉产量历年空间自相关性、地区生猪粪便农地承载强度历年空间自相关性。

3. 计量分析法

本书综合运用空间杜宾模型、广义矩估计、两阶段最小二乘法估计、联立双变量 Probit 模型等计量分析方法，研究了产业集聚、组织发展与政策扶持的生猪标准化养殖发展效应及其提升路径。在分析产业集聚生猪标准化养殖发展效应的空间溢出效应时，设定空间邻接权重矩阵、地理距离空间权重矩阵、收入距离空间权重矩阵和经济距离空间权重矩阵等四种空间权重矩阵，以提高实证分析稳健性。

4.实地调查法

通过设计"生猪养殖户标准化养殖调查问卷"，对浙江、江西和四川 638 个生猪养殖户进行了问卷调查。问卷内容包括生猪养殖户个体及家庭基本情况、生猪养殖基本情况、生猪养殖成本收益、相关认知、生猪标准化养殖采纳情况、参加产业化组织情况、政府扶持与监管情况、扶持政策选择等。

二、数据来源

本书在国内外研究的基础上，基于中国 31 个省区市（不含港澳台地区）历年的宏观统计数据以及浙江、江西、四川 638 个生猪养殖户的分层随机抽样调查数据，对中国生猪标准化养殖发展问题进行了理论分析和实证分析。

（一）宏观数据来源

本书采用的中国 31 个省区市（不含港澳台地区）历年宏观数据来源于历年的各类统计年鉴，如《中国畜牧兽医年鉴》《中国农村统计年鉴》《中国农业统计资料》《中国统计年鉴》《中国人口和就业统计年鉴》《中国劳动统计年鉴》《浙江统计年鉴》《江西统计年鉴》《四川统计年鉴》《全国农产品成本收益资料汇编》等。

（二）微观数据来源

本书的微观数据来源于浙江、江西、四川 638 个生猪养殖户的分层随机抽样调查。中国幅员辽阔，各生猪主产区的经济发展水平、社会风俗文化、农户思维观念等存在一定差异。因此，需要选择有代表性的调查区域进行问卷调查，以真实反映中国生猪养殖户标准化养殖的情况。基于中国生猪养殖业现状和《全国生猪生产发展规划（2016—2020）》，选择浙江、江西和四川三个省份作为问卷调查区域，再在这三个省份中各选择两个生猪主产市进行调查，其中浙江省选择金华市和衢州市，江西省选择吉安市和赣州市，四川省选择成都市和南充市，这些城市在所在省份的生猪养殖集聚程度较高，发展生猪标准化养殖有良好的产业环境。

　　选择这三个省份的代表性在于它们之间的相似性和差异性。

　　（1）相似性在于：①浙江、江西和四川都是中国的生猪主产省份，2014年浙江、江西和四川的生猪出栏量分别为 1724.5 万头、3325.7 万头和 7445.0 万头，合计占当年全国生猪出栏量的 17% 左右，访问这三个省份养殖户生猪标准化养殖情况能够很好地反映全国的基本状况；②浙江和江西处于江南水网地区，人口密集，生猪养殖用地资源紧缺，对猪肉的需求量大，生猪养殖环境污染和质量安全的风险高。四川是中国生猪养殖第一大省，也是重要的生猪调出省份，需要满足东部地区和中部地区的猪肉需求，也面临着生猪养殖业可持续发展的问题。因此，推广生猪标准化养殖是浙江、江西和四川的现实需要。

　　（2）差异性在于：①按中国经济区划的分类，浙江、江西和四川分别属于东部地区、中部地区和西部地区，经济发展水平存在较大差异。浙江省的人均收入水平远高于江西和四川，浙江省的城乡收入差距低于江西和四川。基于库兹涅茨假说，人均收入较高地区的居民对环境和健康的需求更为强烈，因此有理由认为浙江、江西、四川的养殖户对待生猪标准化养殖的态度和生猪标准化养殖采纳程度是存在显著差异的。②浙江和江西的生猪规模化与产业化水平高于四川。通过调查浙江、江西和四川养殖户的生猪标准化养殖情况有助于分析比较地区间差异性。

　　调查组于 2015 年 3—4 月份期间多次到调查地区通过相关政府部门、生猪养殖龙头企业了解当地的生猪养殖产业背景状况，并分别在各个样本省份随机抽取 20 名典型生猪养殖户进行预调查，以便根据实际情况进一步完善问卷。2015 年 6—9 月份，调查组对浙江省金华市和衢州市、江西省吉安市和赣州市、四川省成都市和南充市境内的生猪养殖户进行了抽样调查。调查问卷主要包含六个部分：①生猪养殖户基本信息及家庭基本情况；②生猪养殖户的生猪养殖基本情况；③生猪养殖户标准化养殖采纳程度；④生猪养殖户对质量安全、环保、标准化养殖的认知；⑤生猪养殖户参与产业化组织情况；⑥生猪养殖户采纳生猪标准化养殖的扶持政策选择。

　　调查工作采取分层随机抽样的方式进行。具体做法是：第一，考虑到本书研究的核心问题是生猪标准化养殖，生猪规模化、专业化养殖是生猪标准化养殖的基础，散养户不具备采纳生猪标准化养殖的条件且正在逐步退出。因此，只调查年出栏量在 50 头以上的养殖户。 由于中国各地区年出栏量在 1 万头以上的养殖场非常少且不受中央"生猪标准化规模养殖场建设项目"的支持，调查 1 万头以上的养殖场不具有代表性，因此调查的生猪养殖户年出栏量范围限定在 50～9999 头。

第二，综合考虑调查省市的生猪养殖总量、生猪养殖规模化水平、经济发展水平、区位因素等相关要素的基础上，选择若干生猪养殖调出大县进行调研。 选择生猪调出大县的原因在于这些县市的生猪养殖业集聚程度较高，政府给予的生猪养殖扶持资金和政策较多，产业化组织发展较好，大多数生猪养殖户对生猪标准化养殖具有一定的认知。

如表 1-1 所示，从浙江省金华市和衢州市分别抽取 4 个县（区），从江西省吉安市抽取 5 个县（区）、赣州市抽取 6 个县（区），从四川省成都市抽取 9 个县（区）、南充市抽取 7 个县（区），每个县（区）再随机抽取 20 个生猪养殖户。 调查组在浙江省发放问卷 160 份，在江西省发放问卷 220 份，在四川省发放问卷 320 份，经删除逻辑紊乱、填写不全的问卷后，共获得有效问卷 638 份，其中浙江省 146 份，江西省 195 份，四川省 297 份。 调查采用访问者与受访者一对一现场问答的方式进行。

表 1-1　样本分布情况

省份	城市	县（区）	样本数量
浙江	金华	婺城区、金东区、兰溪市、东阳市	146
	衢州	龙游县、衢江区、江山市、常山县	
江西	吉安	吉州区、吉水县、吉安县、新干县、泰和县	195
	赣州	赣县、信丰县、定南县、兴国县、瑞金市、南康区	
四川	成都	彭州市、崇州市、金堂县、蒲江县、青白江区、邛崃市、双流县、新津县、新都区	297
	南充	高坪区、嘉陵区、南部县、营山县、仪陇县、西充县、阆中市	

第六节 研究的创新之处

本书的创新之处有以下几个方面：

第一，创新性地将中国生猪标准化养殖发展问题纳入区域经济学的研究范畴。基于农业区位论、产业集聚理论等区域经济学核心理论，本书研究了生猪养殖业产业集聚的标准化养殖发展效应，包括增长效应和环境效应。本书基于地理学第一定律，运用探索性空间数据分析方法分析了地区猪肉产量、地区生猪养殖业污染量的空间自相关性，并且运用空间杜宾模型分析了产业集聚生猪标准化养殖增长效应和环境效应的空间溢出效应，为区域联动发展生猪标准化养殖提供了有益的政策思路，并克服了已有研究忽视经济变量空间相关性的不足。基于区域经济学核心理论并采用空间计量经济学等区域经济学研究方法对中国生猪标准化养殖发展问题进行研究，既符合中国生猪养殖业区域专业化趋势、产业空间集聚趋势不断加强的现实情况，又为实现生猪标准化养殖发展提供了新的政策思路。

第二，创新性地从"生猪良种化""养殖设施化""生产规范化""防疫制度化""污染无害化"和"监管常态化"这六个方面全面而系统地考察了生猪养殖户的标准化养殖行为。本书还创新性地将生猪养殖生产决策权分解为品种选择、饲料采购、生猪饲养、生猪防疫、兽药采购、兽药施用、出栏时间、粪尿处理、病死猪处理、养殖密度等 10 个方面，以涵盖对生猪标准化养殖采纳程度影响较大的关键决策权。通过本书的研究，能够更为深入地从微观层面分析生猪养殖户的标准化养殖采纳情况及其生产决策权安排情况。

第三，创新性地从契约安排的视角分析了产业化组织发展生猪标准化养殖的过程，揭示了其背后的微观运行机理。基于不完全契约理论，本书首先分析了契约安排对生猪养殖户标准养殖采纳程度的影响。其次，由于契约安排包括决策权配置、价值分配和风险分担这三个维度，本书分析了产业化组织因素与生猪养殖户因素对生猪标准化养殖生产决策权安排和定价制度安排的影响。最后，本书深入研究了生猪养殖户的履约行为及其影响因素。通过对产业化组织发展生猪标准化养殖的契约安排进行研究，能够提供优化产业化组织与养殖户契约关系的解决方案。

第四，创新性地从生猪养殖户的视角出发，分析了发展生猪标准化养殖的政策扶持机理及选择。 政策扶持发展生猪标准化养殖可分为示范阶段和模仿阶段，其中后者是扶持政策效果能否实现的关键。 在信息不完全的情形下，政府可以通过经济激励手段促进生猪养殖户标准化养殖程度的提高。 本研究创新性地提供了资金奖励、价格支持、设备补贴、成本补贴、技术学习和政策补贴等 6 种扶持政策供生猪养殖户选择，考察了扶持政策之间是否存在替代关系，并对影响扶持政策选择的因素进行了深入研究。 通过本书的研究，能够为优化政府的生猪标准化养殖扶持政策提供参考。

第二章　概念界定与理论基础

第一节　相关概念界定

一、生猪标准化养殖

生猪标准化养殖属于农业标准化的范畴。 生猪标准化养殖在宏观层面上反映了地区生猪养殖业现代化发展水平和国际竞争力，表现为生猪养殖业生产效率和生产水平的提高，生猪养殖业质量和疫病防控能力的提高，生猪养殖业废弃物得到资源化利用，以及污染物得到无害化处理。 从生产管理角度看，生猪标准化养殖是一种科学的管理方法和监督体系，遵循"统一、简化、协调、优选"的原则，包含生猪养殖过程各个环节的标准。

对于生猪养殖户而言，生猪标准化养殖程度的提高包括六个方面，具体而言需要达到"六化"，即生猪良种化、养殖设施化、生产规范化、防疫制度化、污染无害化和监管常态化。 生猪良种化，指的是要选用品种来源清楚且检疫合格的优质高产良种；养殖设施化，指养殖场选址布局应科学合理，配备满足生猪标准化养殖要求的饲养、防疫和污染处理设施；生产规范化，指生猪养殖管理规程科学规范，饲料高效安全，饲料添加剂、兽药等施用规范，休药期严格执行；防疫制度化，指防疫制度健全，防疫设施完善，定期执行消毒防疫；污染无害化，指污染治理设施齐全，病死猪无害化处理，粪尿无害化处理或资源化利用；监管常态化，指依照相关法律法规建立生猪养殖档案、防疫档案和病死猪处理档案、生猪佩戴耳标等标识，从源头上保障生猪质量安全。

二、生猪养殖业产业集聚

生猪养殖业产业集聚指的是生猪养殖业在某个空间区域内高度集中，各类生产要素不断汇集的过程。 产业集聚更具体的经济活动表现为生猪养殖、生产、加工和销售等的集聚布局。 生猪养殖业产业集聚属于农业产业集聚的范畴。 不同于工业产业集聚，农产品自然资源依赖性强，生产周期较长，市场风险大，更需要政府的扶持和自然资源禀赋。

产业集群是产业集聚的高级演化形式。 特定产业的空间集聚是产业集群形成与发展的基础，但并非每个产业集聚区域内都能孵化出产业集群。Porter（1998）认为，产业集群是相互紧密关联的经济组织在空间上的集聚，能够带来产业竞争优势的提高。 国内学者宋玉兰（2005）、韦光（2006）、尹成杰（2006）、王栋（2009）等在 Porter 对产业集群定义的基础上，结合中国农业产业区域发展的实际，认为产业集群是农户以及农业各类服务支持机构，如农产品加工企业、农村合作组织、农产品流通企业、农业科研单位和政府等，在特定的区域空间范围形成的紧密联系、分工协同的产业经济网络，从而持续发挥了农业生产的比较优势和竞争优势。

农业产业集聚与农业产业化也是密切联系的。 农业产业化是农业经营体制的重要创新，实现了农业产、供、销环节的有机结合，在稳定农户家庭经营形式的基础上，提高了农户的组织化程度。 农业产业化是提升农业产业集聚的关键，而农业产业集聚的形成和演化又进一步推动了农业产业化发展进程。 农业产业化主要包括农业纵向组织联系与横向组织联系，而产业集群的内涵更为广泛，不仅包括农业产业化的组织模式，而且包括集聚区域内各类组织机构形成的网络化关联关系。

三、产业化组织

产业化组织主要包括涉及生猪产业的龙头企业和农民专业合作社、农民专业协会等农民专业合作组织。 涉及生猪产业的龙头企业包括三类：一是生产企业，实行屠宰加工或供产销一体化经营，如大型养猪集团；二是销售组织，例如组织猪肉产品销售的农贸市场或大型超市；三是服务组织，这类组织为养殖户提供产前产后的系列化服务，如面向养殖户的养殖技术、防疫、兽医、销售等服务。 合作组织是养殖户在合作经营、自愿互利、自我管理和自我服务的基础上设立的产业化组织。 其设立原则包括：一是自愿原则，养殖户自愿加入，自由退出；二是平等原则，成员的资产所有权不变，风险共担，收益共享；三是专业性原则，即以生猪养殖为服务内容。 合作组织以组织成员为服务对象，围绕生猪养殖的供产销各环节进行统一培训，统一规范生产，统一提供物质资料，统一运输、加工与销售生猪。

发达国家和地区，如欧盟、美国、澳大利亚和日本，都非常注重发挥各类农产品行业协会在发展农业标准化中的作用，强调农业行业自律的作用。 这些国家和地区都建立了由行业协会代表、农业专家、政府官员、加工企业和销售企业代表组成的标准化委员会及各类专门委员会，负责监督和实施本行业的农业标准化（闵耀良，2005）。

四、扶持政策

扶持政策指的是政府为生猪标准化养殖的发展提供各项公共服务，向生猪养殖户给予各项经济激励政策，本质上属于制度供给的范畴。 发展生猪标准化养殖的扶持政策也属于农业产业政策，目标是促进生猪养殖业向优势区域集聚，提升生猪养殖业的国际竞争力，实现生猪养殖业可持续发展。

扶持政策的方式是多样化的。 从养殖户的角度看，可分为市场激励和政府激励两大类。 所谓市场激励，指的是政府通过政策手段完善市场机制，使得生猪标准化养殖能实现优质优价，如市场准入制度、农产品无公害认证、农产品地理标志、农产品可追溯体系的建立等。 所谓政府激励，指的是政府通过资金奖励、生产补贴、技术培训、价格支持等方式，降低农业市场风险、自然风险、技术风险，保障并提高生猪养殖户采纳标准化养殖的收益。 本书主要研究的扶持政策仅针对生猪养殖户，且属于效果更为直接的政府激励扶持政策。

五、生猪养殖户

本书中所指的生猪养殖户是指以较多精力从事生猪养殖业，生猪饲养量具有一定规模、商品率较高，生猪养殖业收入在家庭收入中占据一定比重的农户。 生猪养殖户可以按照养殖规模进行划分。

农业部畜牧业司发布的《中国畜牧兽医年鉴》对于生猪养殖户规模统计口径的分类为：生猪散养户是指年出栏生猪数量在 50 头以下的养殖户，生猪规模养殖户是指年出栏生猪数量在 50 头（含）以上的养殖户。 从 2008 年开始，养殖规模分为年出栏生猪 50～99 头、100～499 头、500～999 头、1000～2999 头、3000～4999 头、5000～9999 头、10000～49999 头和 50000 头及以上等 8 种类型。 此外，有些专家学者将所有类型归并为 3 种：小规模生猪养殖户（年出栏生猪 50～499 头）、中规模生猪养殖户（年出栏生猪 500～9999头）和大规模养殖户（年出栏生猪 1 万头及以上）。 本书按照农业部畜牧业司的统计口径对生猪养殖户的规模进行划分，主要调查对象为年出栏 50～9999 头的生猪养殖户。

第二节　理论基础

一、农业区位论

区位是由于历史的、自然的、经济的或社会的原因，在地球上基于一定目的和原则而划定的地理空间，是能够独立发挥其特定功能的有机整体。 区位理论是研究人类经济活动的区位选择，以及区位空间内经济活动优化配置的理论。

杜能（1986）于 1826 年出版了《孤立国同农业和国民经济的关系》（简称《孤立国》），为农业区位论奠定了理论基础。 基于对"孤立国"的相关假定，采用抽象与演绎的方法，杜能研究了农业生产经营活动的空间布局、农业生产活动与城市距离的关系等问题。 农业区位论的意义在于首次将空间摩擦纳入人类经济活动决策的理论分析之中，从理论上解释了即使在同等的自然资源禀赋条件下，也会存在农业生产的空间分异。

杜能的分析表明：在"孤立国"的假定条件下，农业各类生产活动将围绕着中心城市呈圈层式的结构布局，即"杜能环"——以城市为中心，由内向外的依次为自由式农业圈层、林业圈层、轮作式农业圈层、谷草式农业圈层、三圃式农业圈层和畜牧业圈层。"杜能环"形成的最重要原因是农产品运费，运费导致农产品生产成本与收益随产地与城市距离而变化。运费与地租的关系可表示如下：

$$R = E(p-a) - Efk \qquad (2-1)$$

式（2-1）中，R 为单位农地面积的地租，E 为单位农地面积的农作物产量，p 为农产品价格，a 为农产品单位成本，f 为运费，k 为距城市的距离。农业区位的最优选择应使地租最大化。基于运费与地租之间的关系，离城市最近的农地区位的运费最低，因而是农业生产的最佳区位。随着距离的增加，地租将减少，区位的比较优势也将削弱。因此，对于同一种农产品而言，距离城市近的地区应进行集约化经营，距离城市远的地区应粗放经营；对于不同的农产品而言，离城市近的应种植能带来高额地租的农作物，离城市远的应种植地租相对低的农作物。

二、产业集聚理论

产业集聚理论主要包括马歇尔的产业区理论、胡佛的产业集聚最佳规模理论、熊彼特的创新产业集聚论、波特的竞争优势理论、克鲁格曼的新经济地理学理论、产业集聚的社会网络理论、新产业区理论等。本书对产业集聚生猪标准化养殖发展效应及其提升路径的研究借鉴了各派理论的分析思路。

（一）马歇尔的产业区理论

马歇尔的产业区理论建立于新古典经济学分析框架，开创了产业集聚的相关研究。在马歇尔的著作《经济学原理》中，其认为企业在特定区域的集聚是为了获得外部规模经济，正是外部规模经济吸引着企业的集聚程度不断提高。马歇尔认为，技术外溢、劳动力市场共享以及中间投入品的共享是产业集聚外部规模经济产生的原因。其中，技术外溢指的是企业地理集中促进了知识和技术的扩散。劳动力市场共享指的是熟练劳动力的集中减少了企业匹配劳动力的搜寻成本和信息成本，并获得了劳动力分工收益。中间投入品共享带来加总的规模报酬递增，也是集聚经济的重要成因[1]。

马歇尔在其早期关于产业集聚的分析中，主要探讨的是同一产业集聚所带来的收益，或称为本地化经济，强调专业化的作用。 Jacobs（1969）强调了多样化集聚带来的外部性，认为多样化集聚能够促进技术创新、学习活动和新思想的产生，为互补性技术和知识的溢出创造了条件，亦可称为城市化经济。

（二）胡佛的产业集聚最佳规模理论

美国区域经济学家胡佛认为集聚经济来源于三个方面，即规模经济、本地化经济和城市化经济。 对于某一产业而言，规模经济可分为三个层次：一是单个经济主体带来的规模经济；二是单个企业集团带来的规模经济；三是整个区域内产业集聚带来的规模经济。 因此，无论是单个经济主体、单个企业集团还是整个区域产业，均存在着能够实现经济效益最大化的集聚规模。集聚规模过小或过大均会降低集聚经济的效果。

（三）熊彼特的创新产业集聚论

熊彼特认为创新活动不会随机地分布于经济系统当中，而是往往集中在产业集聚度高的区域，这是因为创新活动离不开经济主体之间频繁的竞争与协作。 在产业集聚区域内，不同劳动者沟通、交流的机会大大增加，容易产生思想上的碰撞，从而实现了技术和知识的溢出效应。 因此，产业的空间集聚为创新提供了良好的环境和土壤。

（四）波特的竞争优势理论

波特（1990）在其《国家竞争优势》一书中首次提出了"产业集群"这一概念，从而推进了对产业集聚问题的研究。 波特强调产业集群内部企业或组织之间合作与竞争所带来的好处，并认为发挥竞争优势是产业集群在市场竞争中生存与发展的保障。 具有竞争优势的产业往往在地理上集聚，并由此带

---

① 亦称为马歇尔-阿罗-罗默外部性。

来三个方面的好处：一是产业集群提高了企业的创新能力；二是产业集群带动了企业生产效率的提高；三是产业集群降低了参与者进入与退出的风险。

通过将国家竞争优势与产业集群结合分析，波特提出了竞争力的"钻石模型"，其由生产要素、需求条件、相关与支持性产业、企业战略及其结构等四个基本要素和机会、政府政策两个附加要素构成。 只有在模型中每个要素都积极参与的情形下，才能构建企业的创新环境，从而促进企业竞争力的提高。 在此过程中，产业空间集聚是关键。 产业集聚促进了四个基本要素的协同，从而有利于形成持续的竞争优势。

(五)克鲁格曼的新经济地理学理论

克鲁格曼等人于 20 世纪 90 年代开创的新经济地理学理论为产业集聚问题的研究提供了新的视角。 新经济地理学主要研究的问题是市场与空间的关系，即"规模报酬递增"如何影响产业的空间集聚。 Krugman（1991）在《递增收益与经济地理》中构建了"中心—外围"模型，运用数学模型从国家层面上分析了产业集聚的形成。 在"中心—外围"模型中，中心为报酬递增的工业部门，外围为报酬不变的农业部门，解释了在报酬递增、劳动力流动和冰山成本的作用下，工业区位和农业区位的重构，工业制造企业会选择全国需求量最大的固定地区作为生产场所，从而获得地区垄断竞争优势。 克鲁格曼强调了基本要素、中间投入品和技术的使用效应这三个源于外部经济的因素对于产业集聚形成的作用，还认为集聚的形成具有"历史依赖"性，集聚的形成可能是偶然的，并且因为路径依赖性而增强。

(六)产业集聚的社会网络理论

社会网络是由多个社会主体通过密切沟通与联络所形成的网络集合。 新古典经济学与新制度经济学都重点研究了市场与企业的机制差异，忽视了社会资本的因素。 将经济活动嵌入特定的社会网络和人际关系中，结果才具有可预见性，机会主义行为才能够避免。

产业集聚的社会网络是集聚知识创新的基础，社会网络提高了成员的责任感和忠诚度；网络内的合作关系减少了交易活动的不确定性，提高了合作的效率，降低了交易成本，并且促进了知识的溢出。

(七)新产业区理论

新产业区理论的研究背景是 20 世纪 70 年代的全球经济"滞胀"时期，而在同一时期的意大利艾米利亚—罗马格纳地区的中小企业集群却呈现出良好的经济增长势头，即所谓的"第三意大利"概念。 Becattini（1989）认为产业区是在一定的区域空间范围内，具有相似背景与知识的群体综合形成的区域产业综合体，即"新产业区"。 在"新产业区"内，通过柔性化生产和社会网络环境的创造，众多供销企业、机构、团体在距离上接近，彼此之间通过经济、社会、文化和技术的交流活动，形成紧密的关联关系，降低了交易成本和运费，促进了产业区经济的增长（Scott，1988）。

三、农户理论

(一)理性小农理论

基于亚当·斯密的"经济人"假说，舒尔茨（1964）认为追求最大化利润是农户从事农业生产活动的主要目标，其与企业家的决策方式相似，会对各类要素资源进行优化配置，从而实现帕累托最优。 在《改造传统农业》中，舒尔茨指出：发展中国家的农户虽然贫穷但却是理性的，其农业生产方式虽然传统，但要素配置却是有效率的。 波普金（1979）对舒尔茨的农户模型进行了拓展，在《理性的小农》一书中，认为农户是"理性的小农"，追求最大化的个人及家庭经济利益，能够在综合评估长短期风险收益的情况下做出理性的决策。 学术界将这些观点概括为"舒尔茨-波普金"命题，只要具备一定的外部条件，农户就有增加经济收益的激励，会自发地对农业生产资源进行优化配置。 舒尔茨还认为农户应用新的生产要素需要知识和技术培训，对农户教育、在职培训以及提高农户健康水平的人力资本投资非常重要且长期有效。

(二)生存小农理论

该理论强调生存是农户行为的逻辑。 恰亚·诺夫（1996）认为：首先，农户进行农业生产与企业生产的"边际成本等于边际收益"原则不同，农户生产的农产品首先要满足家庭的需要，在农产品有剩余的情况下才考虑如何出售的问题；其次，农户并不重视利润最大化，生产风险最小化才是农户的生产目标；第三，农户会权衡劳动辛苦程度和家庭消费水平，一旦满足了家庭消费需求，农户将不再增加劳动投入。 因此，农户是低效率的、风险规避的、落后的经济个体，产业化经营是农业经济的发展方向。

斯科特（2001）认为，农户不会追求利润最大化，其优先选择是规避经营风险，具有强烈的生存取向，以"安全第一"作为行为原则。 利普顿（1968）指出，贫穷农户是风险规避的，"生存法则"是农户行为的原则。生存小农理论对农业经济政策的指导作用为：农业经济政策的制定应以农户是风险规避者为前提，政策工具应有助于降低农户风险和风险期望，从而增强农户采纳新技术的信心。

(三)新家庭经济学理论

新家庭经济学理论源于贝克尔（Berker，1965）关于家庭内劳动分配的著名文章，将开放的劳动力市场这一假定纳入分析，弥补了恰亚·诺夫农户理论的不足。 在新家庭经济学理论中，家庭整体效用的最大化是农户行为的目标，农户可以进入劳动力市场，比较农业劳动收入和非农收入，进而做出选择。 贝克尔认为农户是在农业生产函数、时间和收入的约束条件下分别进行消费决策和生产决策的，目标在于实现个人及家庭的最大化效用。

(四)"过密化"理论

黄宗智认为，农户既追求生计，也追求利润。 他在《华北的小农经济与社会变迁》中指出，"过密型的商品化"和"只有增长，没有发展"是中国农村经济近一个世纪的发展状况，并认为中国农村 20 世纪 80 年代以来的改革开放是一个反过密化的进程。 "过密化"指的是，由于农户的耕地面积过于稀缺，传统农业生产的劳动边际报酬很低，农业产出无法满足农户自身及家庭的生存需要，农户必须依赖手工业等非农劳动才能生存下去。 然而，农业和手工业的发展都是不足的，进而导致农村形成了发展停滞的小农经济体系。 以农户家庭为社会关系基础的大量剩余劳动力是"过密化"产生的根本原因。

（五）佃农理论

佃农理论从现代新制度经济学的观点解释了分成租佃制度，建立了地主和佃农之间土地租佃活动的分析框架，认为农户的决策行为既取决于自身，又与其他农户的行为有关（张五常，2000）。 其理论的核心思想是：土地等生产要素发挥最大效率的唯一途径是明晰土地产权、允许土地市场自由交易。 当政府过度干预要素配置时，将弱化产权，进而导致无效率的要素配置。

（六）有限理性理论

有限理性理论认为农户获得信息和处理信息是有成本的，因此农户是在有限信息的环境下做出的有限理性决策。 有限理性的农户行为决策与完全理性的行为决策的不同之处在于两个方面：第一，放松了"理性经济人"的假说，农户行为的理论分析与现实更为接近；第二，认为农户是在有限能力和有限信息的前提下做出决策，放松了完全信息的前提假设。

上述农户理论都有其合理性，为研究生猪养殖户标准化采纳行为提供了经济学理论借鉴。 应用最为广泛的农户理论模式是理性小农理论。 在"理性经济人"假说前提下，理性小农理论最容易量化建模。 随着对农户行为不断深入的研究，许多研究成果表明农户行为是理性与非理性并存的，具有复杂性和多维性的特点，理性小农理论无法理解现实的农户行为，需要在模型中引入农户个体及家庭变量、心理特征变量以及外部环境变量，并运用心理学、社会学、行为学等理论进行分析。

四、不完全契约理论

产业化组织带动生猪养殖户参与生猪标准化养殖本质上是一种契约安排。 在现实经济生活中，由于信息不完全、未来无法预见、签约方有限理性（Simon，1995）、存在交易成本等原因，契约总是不完全的（Coase，1937；Williamson，1985，1996；Grossman、Hart，1986；Hart、Moore，1990；Hart，1995；斯蒂格利茨，1999；施瓦茨，1999；Tirole，1999；杨瑞龙、聂辉华，2006）。 契约的不完全性体现在以下几个方面：一是契约双方因为有限理性而遗漏了某些重要条款的签订；二是信息不对称导致无法签约；三是处理契约争议的代价过高；四是契约文本措词含糊不清，有歧义；五是因为双方的合作意向而签订的非正式契约（刘凤芹，2003）。 由于无法设计完全契约规定双方或有的权利义务，不完全契约理论认为当双方存在争议时，需要在事后谈判解决。 因此，杨瑞龙和聂辉华（2006）认为，设计事前的权利是契约的重心所在。

假定存在足够大的不确定性，完全理性、机会主义和资产专用性三个要素每次减少一个，会有四种情形（吴学兵，2014）：第一，签约双方都是完全理性、机会主义个体，并且有专用性资产投资，此时签约双方在讨价还价的基础上，可以将所有可能发生的情况全部写入契约，此时契约只需按计划执行便可；第二，签约双方均是有限理性的，有专用性资产投资，但交易双方没有机会主义动机，此时契约问题变成了一种承诺；第三，签约双方是有限理性的机会主义者，且没有专用性资产投资，在此情形下，不存在"敲竹杠"的问题，双方不会达成长期的合作协议；第四，签约双方是有限理性机会主义者，且有专用性资产投资，此时的承诺难以置信，履约率依赖有效治理和有组织交易。

生猪养殖环节的难以追溯性以及猪肉产品的经验品和信任品属性决定了生猪养殖户养殖行为的信息不完全。 由于农户违约行为难以被法院、仲裁机构证实，契约的执行成本是高昂的（孙振等，2013）。 产业化组织与农户形成紧密的纵向协作契约关系，是保障农产品数量、质量和产地环境的有效方式（Frank，1992；Klein，2000；Martinez、Zering，2004）。 例如温氏集团运用声誉机制和沟通机制与普通养殖户形成关系治理结构，稳定了生猪收购渠道，保证了生猪品质，降低了搜寻成本和谈判成本，提高了企业收益（万俊毅，2008）。 在"公司＋农户"模式中引入合作社或种养大户，可以优化企业和农户的缔约环境，提高履约率，农户通过合作社或种养大户提高了谈判地位，合作社与种养大户反过来对农户机会主义行为起到了约束作用；企业则可以降低谈判成本，稳定农产品来源（生秀东，2007）。 签约双方通过提高农产品生产、加工的专用性投资强度可以提高契约的可自执行性（吴晨、王厚俊，2010）。

五、政策扶持理论

畜牧业发展是农业发展问题的重要方面。 美国、德国、澳大利亚等畜牧业发达国家都非常重视本国畜牧业的发展，出台了形式各异的畜牧业发展扶持政策。 对畜牧业进行扶持的理论基础包括幼稚产业保护理论、畜牧业的多功能性和外部性理论、增长极理论、技术补贴理论。

(一)幼稚产业保护理论

所谓幼稚产业，一般是指一国尚未发展成熟的产业，国际竞争力暂时较弱，具有良好的发展潜力，产业关联度较高，与国内众多其他产业的发展密切相关的产业。 农业是国民经济的基础。 畜牧业以种植业产品为饲料，经过繁殖、饲养、加工处理等环节，生产出肉、蛋、奶、皮毛等社会经济生活必需的畜产品。 畜牧业生产受自然风险和市场风险两方面的影响：一方面，畜禽养殖会遭受动物疫病、自然灾害的影响，自然风险较大；另一方面，畜禽养殖周期较长，而肉类产品的需求季节性强，畜禽供给与市场需求容易出现不匹配的情况，因而市场风险较大。 从生猪养殖业作为幼稚产业的视角看，需要政府提供政策支持与保护。

(二)畜牧业的多功能性和外部性理论

近年来，人们越来越重视农业产业的多功能性，即农业除了提供食品和工业原料的功能外，还可能通过生产活动提供多种有形或无形的价值，许多无形的价值无法通过市场交易和农产品溢价实现。 畜牧业作为农业产业的重要构成部分，其发展过程也存在着多功能性。 例如生猪标准化养殖为城乡居民提供了优质、卫生、安全、产地环境良好的猪肉，增加了农户收入和农村就业机会，还通过生猪养殖废弃物的无害化处理和资源化利用带来了环境正外部性。 畜牧业的负外部性主要表现为过度放牧带来的区域生态环境退化、畜禽粪尿的随意排放导致的环境污染问题、不严格执行休药期或防疫制度导致的质量安全问题。 这些问题都需要政府机构出台相应的政策，优化资源配置，激励养殖户采纳标准化养殖，从而实现畜牧业的可持续发展。

(三)增长极理论

增长极理论由法国经济学家佩鲁于 20 世纪 50 年代提出，是一种不平衡增长理论。 增长极是区位条件优越地区的推动型产业集聚综合体，能够通过极化效应和扩散效应带动整个地区及相邻地区的产业发展。 增长极理论认为，政府应有意识地培育增长极，有选择地对推动型产业提供政策激励，利用增长极的推动效应带动全局产业链的发展，从而在一定程度上纠正产业协作的市场失灵现象。 政府可以有选择地促进优势区域的生猪标准化养殖发展，协同饲料产业和屠宰加工行业发展，提升生猪养殖全产业链价值。

(四)技术补贴理论

生猪标准化养殖是一种科学的生猪养殖业生产管理方法和监督体系，包含生猪养殖各个环节的标准，涉及一系列现代化的养殖技术，将带来效率、质量和环境的提升。 农业技术补贴政策属于政府的农业扶持政策，主要目标是为了促进农业新技术的创新和扩散。 随着社会公众对农业生产效率、农产品质量和产地环境污染问题的日益关注，农业技术补贴的内涵也在不断丰富，既包括经济效果，也包括环境效果，从而强化农业生产的多功能性。 农业技术补贴的主要方式是给予技术采纳者一定的支付，以补偿市场价格机制不能调节的正外部性。 例如对于采纳生猪养殖废弃物无害化处理和资源化利用技术的养殖户，政府给予"绿色补贴"。

第三章　中国生猪养殖业区域布局与生猪标准化养殖现状分析

本章对中国生猪养殖业现状、区域布局、宏观层面和微观层面的生猪标准化养殖现状进行了深入而全面的考察。首先，基于历年宏观统计数据和相关文献资料，从生猪养殖总量、生猪生产性能、生猪规模化养殖程度、生猪养殖业产业化组织发展等方面分析了中国生猪养殖业的现状。其次，对中国生猪养殖业区域布局进行了深入分析，并对受访养殖户所在的浙江、江西和四川三个省份的生猪养殖情况做了介绍。第三，从宏观层面分析了中国生猪标准化养殖现状，主要表现为生猪养殖效率低下、质量安全问题和环境污染问题等方面，并提出了生猪标准化养殖的相关制度建设。最后，基于638个养殖户的问卷调查数据，从微观层面考察了受访养殖户的基本情况及生猪标准化养殖情况。

第一节　中国生猪养殖业现状

一、养殖总量显著提高，生产性能不强

改革开放以来，中国畜牧产业发展十分迅猛，以肉蛋奶为主的畜产品产量连年递增，城乡居民副食品供应不足的问题得以逐步解决。1988年，农业

部出台了"菜篮子工程",给予畜牧业大量扶持,畜牧业迎来快速增长时期:1985年肉类产量仅为1926.5万吨,2015年增长至8625.0万吨,增幅约347.7%;禽蛋产量在1996年仅为1965.2万吨,2015年增长至2999.2万吨,增幅约52.6%;1985年奶类产量仅为289.4万吨,2015年增长至3870.3万吨,增长了12.4倍之多。

自20世纪80年代以来,中国猪肉产量增长迅速,1985年仅为1654.7万吨,2015年增长至5486.5万吨,2015年猪肉产量占肉类产量的63.6%左右。由此可见,生猪养殖业在中国畜牧业中具有举足轻重的地位。目前,中国是世界最大的生猪养殖国。由表3-1可知,2014年中国生猪存栏量和猪肉产量均居世界首位,其中生猪存栏量占47.7%,猪肉产量占50.2%,远高于世界主要发达国家。

表3-1　2014年世界生猪生产概况

	世界	中国	美国	法国	加拿大	日本	荷兰	德国
存栏量(万头)	97727	46582	6478	1349	1288	969	1221	2769
占比(%)	100	47.7	6.6	1.4	1.3	1.0	1.2	2.8
猪肉产量(万吨)	11304	5671	1051	212	198	131	128	549
占比(%)	100	50.2	9.3	1.9	1.8	1.2	1.1	4.9

注:数据来源于《中国农村统计年鉴》。

由表3-2可知,2000—2015年的16年间,中国生猪年出栏量和年末存栏量总体呈增长趋势,其中生猪年出栏量的年均增长率约为2.1%,由51862.3万头增长至70825.0万头;生猪年末存栏量则稳中有升,年均增长率约为0.5%。猪肉产量由2000年的3966.0万吨增长到2015年的5486.5万吨,年增长率约为2.4%。出栏率由2000年的124.6%增长至2015年的157%,生猪平均胴体重基本没有增长,生猪生产性能与世界先进水平仍有一定差距(韩洪云、舒朗山,2010)。

表 3-2　2000—2015 年中国生猪生产概况

年份	出栏量（万头）	年末存栏量（万头）	出栏率（%）	猪肉产量（万吨）	平均胴体重（kg/头）
2000	51862.3	41633.6	124.6	3966.0	76.5
2001	53281.1	40034.8	133.1	4051.7	76.0
2002	54143.9	42256.3	128.1	4123.1	76.2
2003	55701.8	43144.2	129.1	4238.6	76.1
2004	57278.5	41633.6	137.6	4341.0	75.8
2005	60367.4	43319.1	139.4	4555.3	75.5
2006	61207.3	41850.4	146.3	4650.5	75.9
2007	56508.3	43989.5	128.5	4287.8	75.9
2008	61016.6	46291.3	131.8	4620.5	75.7
2009	64538.6	46996.0	137.3	4890.8	75.8
2010	66686.4	46460.0	143.5	5071.2	76.0
2011	66326.1	46862.7	141.5	5060.4	76.3
2012	69789.5	47592.0	146.6	5342.7	76.6
2013	71557.3	47411.3	150.9	5493.0	76.8
2014	73510.4	46582.7	157.8	5671.4	77.2
2015	70825.0	45112.5	157.0	5486.5	77.5

注：数据来源于《中国统计年鉴》《中国农村统计年鉴》和《中国畜牧兽医年鉴》。

二、生猪规模化养殖水平依然不高

中华人民共和国成立至改革开放之初，由于农村经济发展水平低等原因，农户养猪的主要目的是获得家庭副业收入，散养生猪占据了中国出栏生猪的绝对份额。在散养方式下，生猪粪尿是农户从事种植业的重要肥料来源。一家一户的生猪散养方式使得有足够的农地消纳生猪粪尿，不会引发环境公害，但生猪质量安全得不到保证。自 20 世纪 80 年代以来，随着生猪养殖市场风险和疫病风险加大，生猪饲养成本提高，农村剩余劳动力外出务工收入提高，以及消费者对猪肉质量安全的日益关注，生猪散养户逐步被市场淘汰,中国生猪规模化养殖水平不断提高。 以年出栏 50 头以上为基准的中国生猪规模养殖户的生猪出栏总量增长迅速,由 2002 年的 16598.2 万头增长至 2010 年的 33536.9 万头,年均增长 12.8%。

规模化是生猪标准化养殖的基础。 2007 年农业部启动了生猪标准化养殖扶持工作,此后中国生猪养殖的规模化水平有所提高,年出栏 50~2999 头的中小规模生猪养殖户数目迅速增加,将成为中国未来较长一段时期内的生猪养殖业主力。 由表 3-3 可知,2008—2015 年年出栏 49 头以下的散养户减少最为迅速,下降比例高达 37.03%。 规模化养殖场数量和占比不断上升,2015年年出栏 500 头以上规模养殖场增长超 2008 年 6 成。

表 3-3　中国不同规模养猪场数量分布及变动趋势情况

出栏量(头)	1~49	50~99	100~499	500~2999	3000~9999	1 万以上	合计
2008 年(家)	69960452	1623484	633791	148686	12916	2501	72381830
比重%	96.654	2.242	0.876	0.205	0.018	0.005	100
2015 年(家)	44055927	1479624	758834	239246	20685	4649	46558965
比重%	94.624	3.178	1.629	0.514	0.044	0.009	100
变化率%	−37.027	−8.861	19.729	60.907	60.150	85.886	−35.676

注:数据来源于《中国畜牧兽医年鉴》。

2014 年年出栏 500 头以上规模养殖户的出栏总量比重与"十一五"末相比提高了 7.3%,高达 41.8%。 规模化养殖场已成为稳定生猪供应的重要基石。 但总体而言,中国生猪养殖业的规模化水平依然远低于世界畜牧业强国,生猪规模化养殖水平依然不高,以散养户和中小规模养殖户为主的产业结构并未改变。 在政府的倾斜支持下,许多大规模养殖户完成了养殖场标准化养殖改扩建,采用了自动饮水饲喂设施、养殖污染治理和资源化利用设施,但大量中小规模养殖户的标准化程度依然不高。

三、生猪养殖业产业化组织初步发展

生猪养殖业商品化、市场化的不断发展以及规模化程度的提高,为生猪养殖上下游产业链协同发展奠定了坚实的基础。 近年来,生猪养殖龙头企业、合作社、产业协会等产业化组织实现了初步发展。 至 2014 年底，全国 28％的农业合作组织为畜牧类，总数达 17 万个；47％的国家级农业产业化龙头企业为畜牧业类，多达 583 家。 政府也鼓励引导龙头企业、农民合作社等产业化组织采用"保底收益＋按股分红"等方式吸引农户以土地经营权等自愿入股，让农户成为产业化组织的股东，从而分享产业化经营创造的增值收益。 对于农村产业的发展，政府有专业示范村的推广项目，支持示范村镇的特色优势农产品品牌，提升农产品增加值和国际竞争力，形成"一村一品"的发展局面。 在产业化组织的带动下，许多中小规模养殖户通过要素入股、养殖契约等形式，走上了产业化经营之路，涌现出多种产销结合的模式，如"企业＋养殖户""合作社＋养殖户" "基地＋养殖户"等。 然而，目前大多数养殖户仍直接参与市场交易，组织化程度不高。

"企业＋养殖户"模式的优势是公司需要流转的养殖用地少，猪舍建设投资小，通过与周边养殖户的合作，能迅速扩大养殖总量，并能带富周边的中小规模养殖户。 采用"企业＋养殖户"模式的集团企业有温氏集团，企业集团主要负责种猪场、仔猪繁殖场的建设以及种猪、仔猪的养殖，与企业集团签订养殖契约的生猪养殖户需要按照企业的要求建设育肥场并从事育肥猪的饲养工作，企业集团为生猪养殖户提供各环节服务，如猪苗、兽药、饲料的采购，养殖技术培训等，最后出栏育肥猪由企业集团统一收购。 温氏集团成功的重要原因在于实现了对分散的养殖户育肥场的有效管理。

生猪养殖合作组织，如养猪协会、合作社等，也是推动生猪标准化养殖发展的重要产业化组织。 养猪协会、合作社等合作组织是养殖户在自愿的基础上组建的，坚持"民办、民管、民受益"的原则，能反映和尊重会员的意愿，保护他们的权益。 合作组织能将分散的中小规模生猪养殖户组织起来，采用统分结合的经营机制带动生猪标准化养殖，还可与龙头企业建立稳定的利益共享关系，从而成为连接龙头企业与养殖户的桥梁。 自《农民专业合作社法》颁布实施以来，各类生猪养殖合作组织迅速发展。 各地也高度重视合作组织建设，如专业合作、股份合作等，鼓励示范性合作社的创建，加强合作组织立项、补贴等方面的专项扶持政策，激励引导合作社运营形式、商业业态、管理机制的创新及服务内容的拓展，扶持合作社品牌加工农产品的直销。

2015 年，中央财政用于农民合作组织发展的扶持资金已达 20 亿元。农业部还对合作社发展有相关的融资扶持，如在北京、重庆、湖北、湖南等省市试点合作社贷款担保保费补贴。

部分资金雄厚的畜牧业集团还发展了公司独立自养模式，可分为阶段性养殖模式和一条龙养殖模式，实现了生猪养殖纵向一体化。阶段性养殖模式多为中小养殖企业所采用，有的企业只有仔猪繁育场，有的企业仅为原种猪场，还有的企业外购猪苗，进行育肥猪养殖。一条龙养猪模式多由大型养猪企业采用，自建养殖场，将种猪和仔猪繁育、育肥猪饲养等多个阶段的生猪养殖纳入企业内部。例如中粮、双汇、雨润、宝迪等畜牧企业按生猪标准化养殖的要求自建生猪养殖场，自养生猪，降低了管理成本和疫病风险，保障了生猪品质，保护了产地环境。河南牧原公司的独立自养模式引入了沼气发酵工艺、水泡粪工艺等环保项目，实现了环保和废弃物资源化利用的目标。

第二节　中国生猪养殖业区域布局分析

一、中国各省份生猪养殖业布局情况

如表 3-4 所示，中国各省份的生猪养殖业布局呈现出以下特征。第一，从各省份生猪出栏量增长速度来看，2000—2015 年全国有 27 个省份的生猪出栏量保持增长的趋势。山东、河南、海南、天津、江西、湖北、辽宁、吉林、黑龙江、云南、贵州、山西、陕西、新疆等 14 个省份的生猪出栏量年平均增长率高于全国 1.99％的增长率，其中增长率最高的是新疆，达到 8.20％。作为东部发达地区的北京、上海和浙江生猪出栏量有所下降，生猪养殖业不具有传统优势的宁夏也出现负增长。四川、湖南等生猪养殖大省的生猪出栏增长率低于全国平均水平，分别为 1.52％、0.68％。由此可见，中国大部分省份的生猪出栏量都有所增长，部分生猪养殖传统大省的养殖量稳中有升，出栏量下降的省份主要为东部沿海发达地区的直辖市、部分省份以及不以生猪养殖业作为优势产业的个别西北省份。第二，从各规划区域生猪

出栏量增长速度来看，潜力增长区和适度发展区的增长率最高，分别为3.72％和2.68％；重点发展区和约束发展区的增长率较低，分别为1.85％和1.56％，表明中国生猪养殖业在保证生猪供应量的同时，区域布局也在优化调整，潜力增长区和适度发展区正在成为新的增长点。 第三，从各省份生猪出栏量排序看，生猪养殖传统大省如四川、河南、湖南、山东、湖北、河北等一直排名较前，其生猪主产地的地位没有发生改变，排名靠后的省份主要是东部直辖市和西北地区省份，这些省份的生猪养殖业往往不具备资源优势和成本优势。 第四，生猪养殖大省通常是粮食产量和玉米产量排名靠前的省份。 这是因为饲料成本是生猪饲养成本中最重要的构成部分，生猪规模养殖场的饲料成本占生猪养殖总成本的份额甚至超过一半。 如2015年，散养户和大规模养殖户育肥50kg的生猪分别要消耗133.41kg和127.35kg的精饲料。 因此，发展生猪养殖业需要保障玉米、豆类等饲料作物的大量供应，传统农业大省的饲料运输成本优势决定了这些省份会成为生猪养殖优势产区。

表 3-4　2000—2015 年中国各省份及区域生猪生产情况

| | | 出栏量（万头）（排名） | | 2000—2015 年均增长率％ | 2015 年粮食产量（万吨） | 2015 年玉米产量（万吨） |
		2000 年	2015 年			
重点发展区	河北	3239.1(5)	3551.1(7)	0.61	3363.8(8)	1670.4(6)
	山东	3426.8(4)	4836.1(4)	2.32	4712.7(3)	2050.9(4)
	河南	3930.0(3)	6171.2(2)	3.05	6067.1(2)	1853.7(5)
	重庆	1821.0(13)	2119.9(14)	1.02	1154.9(22)	259.7(18)
	广西	2749.9(8)	3416.8(9)	1.46	1524.8(15)	280.7(17)
	四川	5774.9(1)	7236.5(1)	1.52	3442.8(7)	765.7(9)
	海南	256.5(26)	555.7(24)	5.29	184(26)	11.2(29)
	合计	21198.2	27887.3	1.85	20450.1	6892.3
约束发展区	北京	415.6(25)	284.4(27)	−2.50	62.6(31)	49.4(24)
	天津	235.8(27)	378(26)	3.20	181.7(27)	107.3(22)
	上海	473.0(24)	204.4(28)	−5.44	112.1(28)	2.1(30)
	江苏	2780.0(7)	2978.3(12)	0.46	3561.3(5)	252.2(19)

续 表

		出栏量(万头)(排名)		2000—2015 年均增长率%	2015 年粮食产量(万吨)	2015 年玉米产量(万吨)
		2000 年	2015 年			
约束发展区	浙江	1359.8(14)	1315.6(19)	−0.22	752.2(23)	31.1(25)
	福建	1347.7(15)	1707.8(17)	1.59	661.1(24)	21.5(26)
	安徽	2226.8(10)	2979.2(11)	1.96	3538.1(6)	496.3(14)
	江西	1863.0(12)	3242.5(10)	3.76	2148.7(12)	12.8(28)
	湖北	2418.6(9)	4363.2(5)	4.01	2703.3(11)	332.9(15)
	湖南	5491.3(2)	6077.2(3)	0.68	3002.9(9)	188.8(21)
	广东	2955.0(6)	3663.4(6)	1.44	1358.1(17)	77.9(23)
	合计	21566.6	27194	1.56	18082.1	1572.3
潜力增长区	辽宁	1320.1(16)	2675.7(13)	4.82	2002.5(13)	1403.5(7)
	吉林	1153.9(18)	1664.3(18)	2.47	3647(4)	2805.7(2)
	黑龙江	1101.8(19)	1863.4(15)	3.57	6324(1)	3544.1(1)
	内蒙古	851.3(20)	898.5(21)	0.36	2827(10)	2250.8(3)
	云南	2033.3(11)	3451(8)	3.59	1876.4(14)	747.3(10)
	贵州	1164.5(17)	1795.3(16)	2.93	1180(20)	324.1(16)
	合计	7624.9	12348.2	3.27	17856.9	11075.5
适度发展区	山西	567.5(22)	783.7(22)	2.18	1259.6(18)	862.7(8)
	陕西	752.4(21)	1205.6(20)	3.19	1226.8(19)	543.1(13)
	甘肃	562.6(23)	696(23)	1.43	1171.1(21)	577.2(12)
	新疆	142.0(28)	463.1(25)	8.20	1521.3(16)	705.1(11)
	西藏	13.6(31)	18.1(31)	1.92	100.6(30)	0.8(31)
	青海	112.0(30)	137.5(29)	1.38	102.7(29)	18.6(27)
	宁夏	133.5(29)	91.5(30)	−2.49	372.6(25)	226.9(20)
	合计	2283.6	3395.5	2.68	5754.7	2934.4

注:数据来源于《中国统计年鉴》《中国农村统计年鉴》和《中国畜牧兽医年鉴》。

二、分区域生猪养殖业布局情况

中国生猪主产区的布局与比较优势原则相符,随着生猪养殖总量和规模化水平的上升而呈现出此消彼长的趋势。 20 世纪 90 年代，省份之间存在鲜明的比较优势差异，长江中下游地区是生猪的主产区和主销区，东北地区、沿海地区也因其独特的区位环境而逐步成为生猪产业优势区域（梁振华、张存根，1998）。 目前，中部地区和西南地区的生猪养殖总量占据全国最大的份额，东部沿海地区受环境承载力弱、产业转型升级等因素的影响，已不具备生猪养殖的比较优势（胡浩等，2009）。

从影响区域优势因素的视角看，饲料资源禀赋和环境承载力是影响生猪产业布局的主要因素（胡浩等，2005）。 基于饲料资源优势、生产基础优势、市场竞争优势和产品加工优势，《全国生猪优势区域布局规划（2008—2015 年）》将中国生猪养殖业优势区域划分为沿海地区生猪产区、东北生猪产区、中部生猪产区和西南生猪产区四大区域。 但近年来，随着非农经济快速发展以及居民环保意识的提高，环境污染、非农就业机会等因素也对生猪养殖业布局变动产生了显著影响（胡浩等，2005；张振、乔娟，2011）。 生猪养殖业正从环境规制严格地区向环境规制宽松地区转移（虞祎等，2011）。基于生猪养殖业面临的环境压力加大、资源约束趋紧等新形势，《全国生猪生产发展规划（2016—2020 年）》依据各地区资源禀赋和环境承载能力对生猪养殖业区域布局做了优化调整，在提出生猪养殖生产目标和效率目标的基础上将生态目标摆在了更重要的位置。 基于生猪养殖业的可持续发展理念，将生猪主产区划分为重点发展区、约束发展区、潜力增长区和适度发展区。 重点发展区包括河北、山东、河南、重庆、广西、四川、海南 7 省（市），该区域养殖的生猪除了要满足本地区居民的需求，还要销往沿海地区，因而产销量大，是中国生猪供应的最重要基地；该区域 2015 年猪肉产量 2113.6 万吨，占全国的 38.5%。 约束发展区包括北京、天津、上海等东部特大城市和江苏、浙江、福建、安徽、江西、湖北、湖南、广东等南方水网省份，该区域生猪养殖业的成长空间受生态环境约束最大，养殖总量将长期维持平稳，2015年猪肉产量 2097.7 万吨，占全国的 38.2%。 潜力增长区包括辽宁、吉林、黑龙江、内蒙古、云南和贵州，该地区的生猪养殖业发展环境好，具备较好的增长潜力，2015 年猪肉产量 1021.6 万吨，占全国的 18.6%。 山西、陕西、甘肃、新疆、西藏、青海、宁夏等中西部 7 省区属于适度发展区，该地区的优势在于农牧结合及丰富的土地资源，劣势在于部分区域严重缺水，2015 年猪肉产量 253.5 万吨，占全国的 4.6%。

由图 3-1 可知，1979—2015 年，约束发展区的猪肉产量占全国比重逐渐下降，与重点发展区趋于收敛。重点发展区和潜力增长区的猪肉产量占全国比重逐渐上升。适度发展区的猪肉产量占全国比重最低，且基本保持稳定。

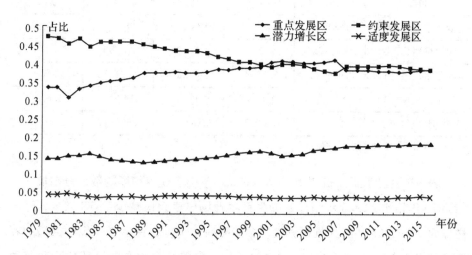

图 3-1　中国生猪养殖各区域历年猪肉产量占比

注：根据《中国畜牧兽医年鉴》整理计算。

三、调研省份生猪养殖业基本情况

(一)浙江省生猪养殖业概况

生猪是浙江省畜牧业的第一大产业，猪肉产量占肉类总产量的 76% 以上，全省畜牧业产值约 66% 来自生猪养殖业。浙江省猪肉自给率在沿海省份中排名靠前，连续 10 多年保持在 80% 上下。随着 2010 年《关于进一步深化畜禽养殖污染防治加快生态畜牧业发展的若干意见》《浙江省生猪养殖业环境准入指导意见》、2012 年《加快构建新型畜牧产业体系促进畜牧业现代化建设的意见》等浙江省规范生猪养殖业的文件出台，以及"五水共治""三改一拆""双清"等环保行动的开展，浙江省近几年来关停、拆除了大量环保、防疫、质量安全不达标的养殖场，生猪养殖产业逐步优化，养殖户加速转产转业，养殖总量、出栏量等指标均呈下降趋势。 如表 3-5 所示，2011—2015 年浙江省生猪年末存栏量由 1281.93 万头下降至 730.19 万头，全年饲养量由 3211.84 万头下降至 2045.82 万头，出栏率由 154.59％下降至 136.39％。

表 3-5　2011—2015 年浙江省生猪养殖情况

指标	2011	2012	2013	2014	2015
生猪年末存栏(万头)	1281.93	1338.30	1287.53	964.64	730.19
能繁母猪(万头)	128.52	130.12	115.63	78.52	61.07
年内肥猪出栏(万头)	1929.91	1934.41	1895.09	1724.53	1315.63
生猪出栏率(％)	154.59	150.90	141.60	133.94	136.39
全年饲养量(万头)	3211.84	3272.71	3182.62	2689.17	2045.82

注：数据来源于《浙江统计年鉴》。

表 3-6 给出了浙江省 2010 年与 2015 年不同规模养猪场的数量分布情况。与 2010 年相比，2015 年浙江省的生猪养殖场总量大幅减少了 57.95％，除出栏量 3000～9999 头的大规模养殖场数量略有增加外，其余各个规模层级的养殖场数量均有所减少，其中出栏量少于 100 头的小规模专业养殖户和散养殖户减少的比例最高，分别为 74.22％和 57.31％，因而提高了大规模养殖场数占比。 由此可知，浙江省正在逐步淘汰、限制中小规模养殖户和散养殖户，增加大规模养殖场的数量和占比，促进生猪养殖业的集约化和规模化。

表 3-6　浙江省 2010 年和 2015 年不同规模养猪场数量分布情况　　单位：户

出栏量(头)	1～49	50～99	100～499	500～2999	3000～9999	1 万以上	合计
2010 年	750090	27457	25068	5875	463	163	809116
比重％	92.70	3.39	3.10	0.73	0.06	0.02	100
2015 年	320250	7079	8740	3508	478	162	340217
比重％	94.13	2.08	2.57	1.03	0.14	0.05	100
变化率％	−57.31	−74.22	−65.13	−40.29	3.24	−0.61	−57.95

注：数据来源于《中国畜牧兽医年鉴》。

2013 年颁布的《浙江省人民政府关于加快畜牧业转型升级的意见》对该

省畜牧业区域布局结构调整及生产模式升级方向进行了规划,提出"调减过载、适度保有"原则,2013 年至 2018 年减少生猪 400 万头,调减嘉兴、衢州等养殖过载区,限期拆除"低小散乱"等危害生态环境的养殖场,生态化改造适养区内的规模养殖场。 至 2015 年,调减嘉兴生猪饲养量 45%,调减衢州生猪饲养量 15%;提高温州、台州的猪肉自给率 15%,提高丽水、宁波猪肉自给率 10%,在台州、温州、宁波、丽水的一些自给率较低、丘陵山地区域建设适度规模的生态养殖场;健全杭州、湖州、绍兴、金华、舟山等地生猪养殖资源化利用设施,稳定这些区域的养殖总量。 至 2015 年,浙江省将形成浙北杭嘉湖传统产业区、金衢绍浙中核心产业带和甬温台丽产业扩展区等三大生猪产业区块。 如表 3-7 所示,2011—2015 年浙江省 3 大生猪产业区块的存栏量均有所下降,各产业区生猪存栏量排序也发生了改变,2015 年金衢绍浙中核心产业带上升为浙江生猪存栏量最多的产业区。

表 3-7　2011—2015 年浙江省各市生猪存栏量(万头)

产业区块	城市	2011	2012	2013	2014	2015
传统产业区	杭州	203.23	211.00	219.00	173.17	157.00
	嘉兴	294.69	275.00	195.00	82.20	33.00
	湖州	103.16	108.00	97.00	60.30	54.00
	舟山	16.18	15.00	15.00	1.24	8.00
	合计	617.26	609.00	526.00	316.91	252.00
核心产业带	金华	180.43	185.16	180.00	121.32	115.00
	衢州	274.93	282.30	237.00	162.19	89.00
	绍兴	118.88	125.00	124.00	105.97	81.00
	合计	574.24	592.46	541	389.48	285.00
产业扩展区	宁波	114.33	118.00	122.00	106.17	83.00
	温州	87.28	85.38	80.00	76.39	58.00
	台州	81.53	80.76	79.00	65.27	65.00
	丽水	59.00	58.65	60.00	53.29	49.00
	合计	342.14	342.79	341	301.12	255.00

注:数据来源于《浙江统计年鉴》。

浙江省对生猪养殖场进行了科学的规划布局，将生猪养殖场的标准化改造工程与高标准基本农田建设、农田质量提升工程相结合，以现代农业园区与粮食生产功能区为主要载体。注重发展农牧紧密结合的家庭农场和生态生猪养殖场，鼓励养殖户与种植业主通过契约形式确保生猪粪尿有足够的生态消纳地。重视规模养殖场的标准化改造，对年出栏 500 头以上规模养殖场的病死猪无害化处理设施、自动饲喂设施、粪尿资源化利用设施等进行了标准化改造。浙江省还大力培育畜牧业产业龙头组织，力争至 2015 年培育 5 家在国内竞争力较强的核心企业、3 家超过 50 亿元年销售额的肉类屠宰大型加工企业、5 家超 50 万吨产能的重点饲料生产集团企业以及 200 家产业化经营模式的重点合作社。浙江省还支持地方生猪品种产业做大做强，如在金华市实施了"两头乌猪振兴计划"，增加"两头乌"猪的产销量，规划"两头乌"猪 2015 年年出栏 30 万头以上。

（二）江西省生猪养殖业概况

江西省是中国中部地区的生猪主产区之一，至 2015 年连续 4 年生猪年出栏量超过 3000 万头。2015 年江西全年肉类总产量 336.5 万吨，其中猪肉产量 253.5 万吨，生猪出栏量 3242.5 万头，年末生猪存栏 1693.4 万头，能繁母猪存栏 163.4 万头。生猪养殖规模化方面，江西省畜牧兽医局的统计数据显示，2015 年江西省年出栏 500 头以上的规模猪场有 1.2 万家，占比 65% 左右，仅次于北京、天津，位列全国第三。随着生猪养殖业产业优化调整，江西生猪养殖规模化程度有望进一步提高。如表 3-8 所示，2011—2015 年江西省生猪养殖量总体呈上升趋势，生猪出栏率逐年提高，2015 年生猪出栏量和猪肉产量也较 2011 年有所增加。

表 3-8　2011—2015 年江西省生猪养殖情况

指标	2011	2012	2013	2014	2015
生猪年末存栏(万头)	1827.51	1911.62	1967.61	1942.97	1693.30
能繁母猪(万头)	190.69	199.19	205.19	198.86	163.40

续　表

指标	2011	2012	2013	2014	2015
年内肥猪出栏(万头)	2961.54	3130.64	3230.35	3325.66	3242.50
生猪出栏率(%)	162.05	163.77	164.18	171.16	191.49
猪肉产量(万吨)	240.20	254.35	262.76	270.75	253.50

注:数据来源于《江西统计年鉴》。

　　表3-9反映了江西省2010年和2015年不同规模养殖场数量分布情况。与2010年相比,2015年江西省养殖场总量大幅下降了41.88%。养殖场总量下降的原因是散养殖户大量减少,2015年散养户比2010年下降了44.37%。养殖场总量下降的背后却是生猪出栏量的连年增加,原因在于各层级的规模养殖场均有所增加,其中100~499头的小规模养殖场和500~2999头的中规模养殖场增加幅度最大,分别为23.87%和38.49%。因此,未来中小规模养殖场将成为江西省生猪养殖业的主力。

表3-9　江西省2010年和2015年不同规模养猪场数量分布情况

出栏量	1~49	50~99	100~499	500~2999	3000~9999	1万以上	合计
2010年	1312113	33132	17465	8870	988	292	1372860
比重%	95.58	2.41	1.27	0.65	0.07	0.02	100
2015年	729887	32621	21634	12284	1149	301	797876
比重%	91.48	4.09	2.71	1.54	0.14	0.04	100
变化率%	−44.37	−1.54	23.87	38.49	16.29	3.08	−41.88

注:数据来源于《中国畜牧兽医年鉴》。

　　江西生猪产业的特殊之处在于:生猪销售和饲料原料均依赖省外市场。江西生猪养殖所需的饲料原料,如玉米、豆粕等依靠外省调入,且省外市场占生猪销量的4成以上。江西生猪外销在全国常年居供沪第一,供港第二。江西生猪养殖业已形成了生猪、饲料、兽药等多个产业集群,涉及生猪养殖上下游产业链,包括南昌生猪产业集群,南昌兽药产业集群,南昌饲料产业集群,万年、余江、东乡生猪产业集群,赣中生猪产业集群,安福火腿加工产业集群,赣南生猪产业集群和赣州饲料产业集群。江西省2010—2014年各市的生猪存栏量见表 3-10。

表 3-10 2010—2014 年江西省各市生猪存栏量（万头）

城市	2010	2011	2012	2013	2014
南昌市	195.99	204.80	213.04	214.42	210.90
景德镇市	37.91	38.15	38.25	38.35	37.79
萍乡市	69.94	71.90	75.64	79.01	77.46
九江市	118.48	123.02	128.71	129.45	128.03
新余市	42.73	44.35	45.46	50.35	50.07
鹰潭市	62.75	64.67	67.86	71.32	70.45
赣州市	319.02	331.73	349.30	366.22	366.32
吉安市	217.86	227.31	239.16	241.18	237.27
宜春市	330.62	345.04	367.29	383.97	376.39
抚州市	163.69	172.56	176.34	181.42	179.56
上饶市	197.34	203.97	210.56	211.91	208.72

注：数据来源于《江西统计年鉴》。

（三）四川省生猪养殖业概况

四川是中国生猪养殖第一大省，也是猪肉消费大省，近 5 年生猪年出栏量都在 7000 万头以上，大致占全国生猪供应量的 10%。 2014 年四川省的粮食产量和玉米产量分别居全国的第七位和第九位，为生猪养殖业提供了丰富的饲料原料，也避免了饲料长途运输的附加成本。 得益于地处西南地区的地理优势和气候条件，四川还是中国生猪养殖的"无疫区"，生猪养殖的疫病风险较低且拥有不少生猪地方品种，如内江猪、荣昌猪、成华猪、盆周山地猪、凉山猪、雅南猪和藏猪。 由表 3-11 可知，2011—2015 年四川省生猪养殖年末存栏量和年出栏量基本保持平稳，年末存栏量为 5000 万头左右，年出栏量为 7000 万头左右，猪肉产量为每年 500 万吨左右。 生猪出栏率由 2011 年的 137.22% 上升至 2015 年的 150.27%，表明四川的生猪养殖效率正缓慢提高。

表 3-11　2011—2015 年四川省生猪养殖情况

指标	2011	2012	2013	2014	2015
生猪年末存栏(万头)	5101.79	5132.40	5004.10	5000.60	4815.60
年内肥猪出栏(万头)	7000.64	7170.76	7314.10	7445.00	7236.50
生猪出栏率(%)	137.22	139.72	146.16	148.88	150.27
猪肉产量(万吨)	484.69	496.47	510.80	527.18	512.40

注:数据来源于《四川统计年鉴》。

四川省的生猪养殖量虽然位居全国第一,但生猪养殖规模化程度偏低,2014 年 500 头以上规模养殖占比仅为 40%左右,低于全国 45%的平均水平。由表 3-12 可知,四川省生猪养殖场以散养户为主,2015 年散养户所占比重为 95.84%。 受 2014 年生猪售价低迷等因素的影响,四川省许多散户和小规模专业养殖户被淘汰出市场,与 2010 年相比,2015 年散养殖户减少 37.52%、年出栏 50~99 头生猪的养殖户减少 6.40%、年出栏 100~499 头的养殖场减少 12.08%。 年出栏 500 头以上 2999 头以下和 3000 头以上 1 万头以下的养殖场有所增加,增幅分别为 9.17%和 5.81%,年出栏 1 万头以上的养殖场减少了 9 家。 以上数据表明,四川生猪养殖的规模化之路任重道远。

表 3-12　四川省 2010 年和 2015 年不同规模养猪场数量分布情况　　单位:户

出栏量(头)	1~49	50~99	100~499	500~2999	3000~9999	1 万以上	合计
2010 年	10830124	234553	64719	14542	1032	261	11145231
比重%	97.17	2.10	0.58	0.13	0.01	0.002	100
2015 年	6767155	219538	56901	15876	1092	252	7060814
比重%	95.84	3.11	0.81	0.22	0.02	0.004	100
变化率%	-37.52	-6.40	-12.08	9.17	5.81	-3.45	-36.65

注:数据来源于《中国畜牧兽医年鉴》。

表 3-13 列示了 2011—2015 年四川省各市生猪出栏量情况。 由该表可知,近年来四川省各市的生猪出栏量基本保持稳定,四川生猪出栏量第一和第二的城市是成都市和南充市。 至 2014 年底,成都市共关停不合格养殖场 2892 个,治理养殖场 4019 个,新建改扩建有机肥加工厂 15 个,新增年生产能

力 24.18 万吨。 成都实施了规模化畜禽养殖污染治理高级环境保护专项资金项目 34 个，投入资金 2668.63 万元，补助资金 519 万元。 南充市积极实施千万头生猪产业发展工程建设，提高了生猪养殖业的布局区域化、品种良种化、生产标准化、防疫科学化和产品品牌化。 南充市加强了对境内嘉陵江流域的环境保护，并采取多种措施治理西河污染，2014 年已关停拆转生猪养殖场 186 个。

表 3-13　2011—2015 年四川省各市生猪出栏量(万头)

城市	2011	2012	2013	2014	2015
成都	712.91	725.14	729.83	740.30	720.62
自贡	218.44	223.55	228.02	232.63	226.31
攀枝花	58.02	59.74	61.05	62.61	61.31
泸州	350.40	358.30	367.24	375.20	366.11
德阳	335.03	342.82	350.37	356.86	347.47
绵阳	362.29	370.73	379.79	387.09	377.05
广元	346.70	360.70	366.99	374.15	364.38
遂宁	360.20	368.20	376.29	383.93	373.51
内江	301.41	309.04	315.84	321.69	313.21
乐山	325.22	332.93	339.37	353.78	345.81
南充	594.71	608.80	619.87	631.45	614.12
眉山	283.44	290.45	296.07	302.09	293.84
宜宾	440.35	450.30	459.76	469.56	457.57
广安	397.87	308.49	417.42	425.78	414.50
达州	467.41	477.96	488.05	497.72	484.07
雅安	117.19	119.96	122.90	125.74	122.61
巴中	355.58	364.07	371.35	378.71	368.55
资阳	453.00	463.10	472.86	482.91	470.20
阿坝	30.46	33.14	35.94	38.86	41.03
甘孜	21.00	22.30	22.49	22.72	22.83
凉山	469.01	481.04	489.70	499.72	486.05

注:数据来源于《四川统计年鉴》。

第三节　中国生猪标准化养殖现状:宏观层面分析

生猪标准化养殖是生猪养殖业可持续发展的必由之路。 目前,中国生猪养殖业可持续发展存在的问题主要体现在生猪养殖效率低下、生猪质量安全问题时有发生以及生猪养殖业环境污染问题严峻等三个方面,综合表现为生猪标准化养殖发展程度不高。

一、生猪养殖效率低下

(一)生猪养殖劳动生产率低

生猪养殖劳动生产率反映了单位劳动力投入[①]的生猪出栏量,是衡量生猪养殖效率的重要指标。 一般而言,如果生猪养殖的全部工作均由人工完成,每个劳动者可以饲养 150～200 头生猪;如果生猪养殖实现了高度自动化,则每个劳动者可以饲养 2000 头以上的生猪。 如图 3-2 所示,2015 年全国平均的生猪养殖劳动生产率仅为 83 头/人,远低于 150 头/人的最低标准。 在全国31 个省份中,只有北京、上海、辽宁和内蒙古这 4 个省份的生猪养殖劳动生产率高于 150 头/人,其他省份的生猪养殖劳动生产率均低于这个标准,其中甘肃的生猪养殖劳动生产率最低,仅为 33 头/人。

---

① 生猪养殖业劳动者数采用估算的方式获得,估算方式为生猪养殖业就业人口数＝农村人口数/(1＋总抚养比)×(人均经营性收入/人均纯收入)×人均牧业收入占经营收入比×(地区生猪产值/牧业总产值)。各收入类变量均换算为 2001 年不变价格。

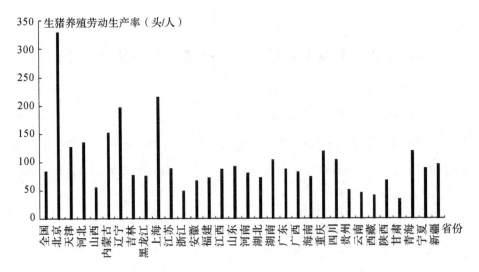

图 3-2　2015 年中国各省份生猪养殖劳动生产率(头/人)

注:根据《中国统计年鉴》《中国农村统计年鉴》《中国畜牧兽医年鉴》整理计算。

(二)能繁母猪繁殖性能差

农业部《生猪标准化示范场验收评分标准》规定每头母猪年提供上市猪数为 18 头以上。近年来，随着中国生猪良种工程的不断推进，能繁母猪的繁殖性能有所提高，由 2001 年的 12.6 头提高至 2015 年的 15 头左右，但是仍低于 18 头的标准。如图 3-3 所示，从各省份的情况看，2015 年只有安徽、浙江、江苏、江西、河北的能繁母猪繁殖性能高于 18 头，其余省份的能繁母猪的繁殖性能均较低，其中西藏最低，仅为 1.4 头左右。

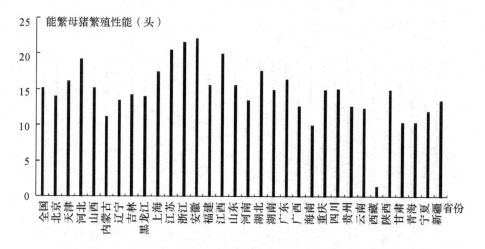

图 3-3 2015 年中国各省份能繁母猪繁殖性能(头)

注:根据《中国畜牧兽医年鉴》《中国农业统计资料》整理计算。

(三)生猪胴体重偏低

中国生猪养殖的生猪胴体重偏低。 2015 年全国平均生猪胴体重仅为 77.5kg/头,远低于欧美畜牧业发达国家,如 2008 年美国、德国、荷兰、加拿大的平均生猪胴体重分别为 93.4 kg/头、93.1 kg/头、90.8 kg/头、89.4kg/头(韩洪云、舒朗山,2010)。 如图 3-4 所示,2015 年中国各省份的平均生猪胴体重差别不大,大多数省份处于 70~80kg/头之间,贵州、安徽、辽宁、云南等省份的平均生猪胴体重较高,四川的平均生猪胴体重最低,仅为 70.8kg/头。

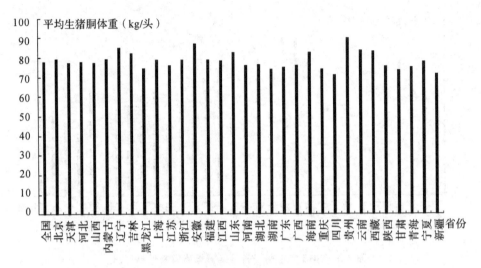

图 3-4　2015 年中国各省份平均生猪胴体重(kg/头)

注:根据《中国畜牧兽医年鉴》整理计算。

二、生猪养殖质量安全问题时有发生

生猪养殖质量安全问题主要包括施药行为不规范、防疫不严格以及病死猪未无害化处理等三个方面。近年来，随着规范屠宰加工企业及规模化养殖场的经营管理，严格实施猪肉检验检疫和瘦肉精及抗生素检测，不断推进生猪饲料治理工作，中国猪肉的质量安全程度提升明显。此外，防控生猪疫病的措施也在不断强化，生猪疫病的发病次数、流行强度和发病范围显著减少减弱，有效降低了猪瘟、高致病性猪蓝耳病、口蹄疫等疫病的发生概率。2015 年，99.4%的畜产品质检达标，其中 99.9% 的"瘦肉精"检测达标。

然而，生猪养殖质量安全问题仍时有发生，例如近年来因食用含有瘦肉精猪肉中毒的事故频发。据统计，自 2001 年以来，因瘦肉精中毒的人数将近 2000 人（王文海，2015）。违规超量使用饲料添加剂，对生猪质量安全构成了严重威胁，而且容易造成环境的二次污染，如具有促生长作用的高铜制剂和砷制剂等。在生猪的饲养标准中，规定每 1 千克饲料中铜含量为 4～6mg，而在实际应用中为追求高增重，铜的含量高达 150～200mg/kg。铜制剂的超量使用会给人畜健康带来严重后果，超剂量的铜很容易在猪肝、肾富集给人畜安全带来直接危害，并且仔猪和中猪对铜的消化率只有 18％～25％和 10％～20％，大量铜元素会随粪便排出体外，造成环境的二次污染。 砷的污染也不容忽视，如果一个年出栏上万头的规模化生猪养殖场不断饲喂含有砷制剂的饲料，而不进行生猪粪便无害化处理，那么基于美国 FAD 对砷制剂限制用量估算，5—8 年后该养猪场会对周边环境造成 1000 千克砷污染（李长强等，2013）。

中国生猪养殖的疫病防控形势依然非常严峻，主要表现为流行地区广、病原复杂、病种多等方面。 境外传入疫病如非洲猪瘟的风险仍然存在，生猪常见病如流行性腹泻在个别地区有零星发现，重大疫病如猪瘟、口蹄疫等仍时有发生。

未进行无害化处理的病死猪既污染环境，对人畜健康也是一大威胁。 中国的畜禽死亡率居世界第一，每年非屠宰死亡的生猪数目高达 1 亿多头，约占生猪出栏总量的 20％（吉洪湖等，2014）。 生猪死亡率高主要原因是不重视动物福利和落后的养殖技术，从而造成畜禽瘟疫频繁发生，而部分养殖户，尤其是散养户，为获得短期经济利益，非法、违规处理和销售病死生猪，致使病死猪肉流入市场。 由病死猪造成的公共卫生事件近年来时有发生。 例如2013 年上海市黄浦江松江段水域出现大量漂浮死猪，严重威胁上海市饮用水安全；2014 年江西省高安市不少生猪经纪人大量收购病死猪，销售至山东、江苏、安徽、河南、湖南、重庆、广东等 7 省份，年销售额高达 2000 多万元，部分病死猪甚至携带有口蹄疫等 A 类烈性传染病；2017 年湖州市大银山发现 800 吨不规范处理的病死猪肉。

三、生猪养殖业环境污染问题严峻

（一）生猪养殖粪尿污染

生猪粪尿含有大量重金属物质和有害致病微生物，是生猪养殖主要污染物。 未经无害化处理、农牧结合或其他资源化方式利用的生猪粪尿会对流域水环境和农地土壤环境构成严重威胁。 由第一次全国污染源普查数据可知，畜牧业总氮排放量为 106 万吨，占农业源排放量的 38％，占全国总排放量的

21.7%；COD 排放量为 1268 万吨，占农业源排放量的 96%，占全国总排放量的 41.9%；总磷排放量为 16 万吨，占农业源排放量的 65%，占全国总排放量的 37.7%。 根据近年的污染源普查更新数据，畜禽养殖污染物排放量占全国污染物总排放量的比例趋于提高。 基于姜海等（2013）的经验研究，规模化生猪养殖场的猪粪流失率约为 26%，猪尿流失率约为 75%。

生猪年污染物排放量的估算可由《全国规模化畜禽养殖业污染情况调查及防治对策》报告得到（见表 3-14）。

表 3-14　生猪粪尿污染物含量

项目	生猪排泄物污染物平均含量（千克/吨）				
	COD	BOD	NH3-N	TP	TN
猪粪	52	57.03	3.08	3.41	5.88
猪尿	9	5	1.43	0.52	3.3

注：数据来源于《全国规模化畜禽养殖业污染情况调查及防治对策》。

农地猪粪承载强度是衡量生猪养殖粪尿污染强度的指标，基于杨朝飞（2002）的研究，398.00（kg/头）为生猪年粪便排泄量，656.70（kg/头）为生猪年猪尿排泄量，0.57 为猪尿的猪粪当量换算系数，180 天为生猪养殖周期，可估算中国各省份历年的农地猪粪承载强度[①]。

经计算可得，中国各省份的农地猪粪承载强度的时空变化趋势表现为以下三个方面特征：

第一，随着时间的推移，农地猪粪承载强度高的省份正在逐渐增多，不少省份的农地猪粪承载强度有所提高。 1979 年，只有上海、北京、江苏、浙江等少数东部沿海省份的农地猪粪承载强度较高，绝大多数省份的农地猪粪承载强度低于 0.4 吨/公顷。 1991 年，不少省份农地猪粪承载强度有所增长，但总体上仍处于 0.4 吨/公顷上下。 至 2003 年和 2015 年，不少东部省份和中部省份的农地猪粪承载强度进一步提高，超过 0.8 吨/公顷。

第二，各省份的农地猪粪承载强度差异明显。 东部沿海省份和中部省份

---

① 农地猪粪承载强度计算公式见(4-21)式。

的农地猪粪承载强度显著高于西北各省份以及东北各省份，并且差距正逐渐增大。

第三，生猪养殖污染问题呈现区域连片化态势。2015 年，除东北和西北地区外，中国其他省份的猪粪农地承载量都较大，表现出了显著的邻接空间相关性。

(二)生猪养殖业温室气体排放问题

畜禽养殖会排放大量的温室气体，全球超过 325.64 亿吨 CO_2 当量的温室气体排放来源于畜禽养殖，占温室气体排放总量约 51%（Goodland & Anhang，2009）。1991 年至今，中国的畜禽养殖量最大，畜牧业的温室气体排放问题日益严峻。畜禽养殖过程排放的温室气体主要来源于畜禽肠道发酵以及粪便管理过程中 CH_4 和 N_2O 排放。畜牧业温室气体排放量的计算公式如下：

$$Q = 21Q_C + 310Q_N = 21\sum n_i \times \alpha_i + 310\sum n_i \times \beta_i \qquad (3\text{-}1)$$

CH_4 的排放量为 Q_C、N_2O 的排放量为 Q_N，可将 CH_4 和 N_2O 的排放量折合为 CO_2 排放当量 Q，CO_2 排放当量的折算系数 CH_4 为 21、N_2O 为 310。畜禽 i 的平均饲养量为 n_i，畜禽 i 的 CH_4 和 N_2O 排放因子分别为 α_i 和 β_i。如果畜禽的出栏率大于 1，如生猪、家禽和兔（饲养周期分别为 180 天、210 天和 105 天），用出栏量除以 365 乘以其饲养周期计算其平均饲养量。如果畜禽的出栏率小于 1，由年末存栏量计算其平均饲养量。表 3-15 列示了具体的排放因子（胡向东，王济民，2010；韦秀丽等，2013）。

表 3-15　中国畜禽温室气体排放因子(kg/(hedd·a))

种类		奶牛	非奶牛	马	骡/驴	猪	骆驼	山羊	绵羊	兔	家禽
CH_4	肠道发酵	68	51.4	18	10	1	46	8.33	8.13	0.254	—
	粪便管理	16	1.5	1.64	0.9	3.5	1.92	0.53	0.48	0.08	0.02
N_2O	粪便管理	1	1.37	1.39	1.39	0.53	1.39	0.064	0.064	0.02	0.02

注：数据来源于胡向东、王济民(2010)，韦秀丽(2013)的研究。

降低畜禽养殖温室气体排放强度（畜牧业温室气体排放量与畜牧业产值

之比）是缓解畜牧业温室气体排放问题的突破口，即尽可能地降低单位畜牧业产值的温室气体排放量。 2015 年中国畜牧业温室气体排放强度为 1.19 吨/万元。 如图 3-5 所示，中国不同地区的畜牧业温室气体排放强度差别明显，从东部地区向西部地区呈递增趋势，与其他地区相比，西部地区更应该处理好温室气体排放与畜牧业发展的关系。 东部省份的畜牧业温室气体排放强度最低，其中浙江省的畜牧业温室气体排放强度仅为 0.64 吨/万元，是东部地区的最低值。 中部省份的畜牧业温室气体排放强度总体高于东部省份、低于西部省份，其中湖北省的畜牧业温室气体排放强度为 0.82 吨/万元，是中部地区的最低值；畜牧业温室气体排放强度较高的中部省份有江西省和山西省，分别为 1.42 吨/万元和 1.37 吨/万元。 不少西部省份的畜牧业温室气体排放强度高于 2 吨/万元，畜牧业温室气体排放强度最高的省份是西藏，达15.12 吨/万元。

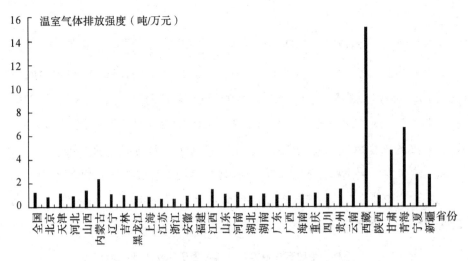

图 3-5 2015 年中国各省份畜牧业温室气体排放强度(吨/万元)

注:根据《中国畜牧兽医年鉴》整理计算。

四、生猪标准化养殖的相关制度建设

生猪标准化养殖制度建设的内容包括：生猪标准化养殖相关法律法规的颁布实施、生猪养殖标准体系的制订构建以及猪肉可追溯体系建设等方面。

(一)生猪标准化养殖相关法律法规

中国涉及生猪标准化养殖的相关法律法规正逐步完善。《畜牧法》对畜禽养殖场（小区）的选址布局、生产设施、防疫条件、污染物无害化处理设施等涉及生猪标准化养殖的多个方面做了明确规定。 为了强化兽药管理，保证兽药质量，防治动物疾病，维护人体健康，国务院于 2004 年施行了《兽药管理条例》。 国务院还于 2012 年施行《饲料和饲料添加剂管理条例》，加强对饲料和饲料添加剂的管理。 针对日益严峻的生猪养殖污染形势，2014 年，国务院还出台了《畜禽规模养殖污染防治条例》，对生猪养殖场布局、生猪养殖废弃物综合利用和治理、污染治理激励措施以及排污者和管理者的法律责任做了规定。 除上述法规以外，《重大动物疫情应急条例》《动物防疫法》《生猪屠宰管理条例》等法律法规对生猪养殖防疫制度和屠宰环节做了相关规定。 除中央层面制定的法律法规外，各生猪主产省份根据本地区实际情况制定了配套的生猪养殖规章制度，对中央层面的法律法规起到了有益的补充作用。

(二)生猪养殖标准体系的制订和构建

标准是生猪养殖业标准化中最基本、最核心和最实质的要素，制定相关标准是对产业实现最佳投入、最优管理和最大效益的潜在根本。 截至目前，中国已发布的农业国家标准有 1900 多项，行业标准 3200 余项，现行畜牧业国家和农业行业标准共有 578 项，其中与生猪养殖业相关的现行标准有 21 项，标准范围涉及基础标准、品种资源、饲养标准、生产管理技术要求、屠宰加工技术和设计要求、产品质量、等级和规格要求、质量安全限量及检测方法以及生产环境评价标准。 一些生猪主产区如四川、河南、湖南、山东、江苏、江西等省份还制订了生猪养殖地方标准，对区域生猪产业标准化起到规范和指导作用。

(三)猪肉可追溯体系建设

构建中国猪肉可追溯体系，发展无公害农产品，促进生猪养殖质量安全、产业环境等信息公开，提升标准化养殖生猪市场竞争力。 政府支持鼓励生猪屠宰加工企业加盟猪肉可追溯平台，实现消费端对生猪质量安全信息的及时有效查询，发挥猪肉可追溯体系在猪肉质量安全方面的有效保障作用。 商务部2009年起试点建设了"放心肉"服务体系，58个城市2010—2014年分5批建设了蔬菜肉类流通追溯体系试点。 农业部于2004年启动了对农产品质量安全追溯体系运行的探索，于2008年启动建设了农垦农产品质量追溯系统。 北京、上海等省市率先启动了政府主导的猪肉可追溯体系，正在实现上市猪肉全部可追溯的目标。

无公害农产品质量安全和产地生态环境安全两方面的属性，是实现生态环境安全和农业可持续发展的要求（金发忠，2006），生猪标准化养殖模式要求养殖的生猪是无公害的。 中国全面推行无公害农产品标准化生产是从2000年开始的，可分为三个阶段的发展进程：2000—2004年，实现了无公害农产品生产标准的全国统一；2005—2006年，为促进无公害农产品标准化生产快速健康发展，根据实际情况调整了管理制度；2007年至今，对无公害农产品标准化生产依据《农产品质量安全法》进行管理（刘建华，2010）。

由表3-16可知，2016年第一期已认定畜牧业无公害农产品产地1677个，共有畜禽63351万头/万只。 除无公害农产品外，绿色食品认证和有机食品认证对生猪养殖的安全友好属性提出了更高的要求，2011—2014年中国获得绿色食品认证的畜禽类产品共有1095个，占认证总量的5.2%；获得绿色食品认证的猪肉产地有175个，产量9.64万吨；获得绿色食品生产资料认证的企业共有18家，产品92个。

表3-16   2016年第一期各地区畜牧业无公害农产品产地认定汇总

省份（市）	产地个数	万头/万只	省份（市）	产地个数	万头/万只
北京	34	216	广东	40	5658
天津	84	30105	重庆	22	3228
河北	310	3308	贵州	556	8466
吉林	114	3940	云南	142	1420
黑龙江	5	6	甘肃	4	32

续　表

省份(市)	产地个数	万头/万只	省份(市)	产地个数	万头/万只
江苏	47	2838	宁夏	37	263
安徽	10	1391	青海	11	16
福建	94	630	宁波	12	24
江西	82	1514	全国	1677	63351
山东	73	296			

注:数据来源于中国农产品质量安全网(www.aqsc.agri.gov.cn)。

中国生猪标准化养殖相关制度建设还远没有达到完善的程度:一是,尽管相关法律法规对生猪养殖环境污染治理、卫生防疫、养殖区域限定和兽药管理等方面做了较为严格的规定,但中国生猪养殖业以分散的中小规模养殖户为主、多部门监管带来协调困难等原因,造成了监管效率低、监管成本高的局面;二是,虽然涉及生猪标准化养殖的相关行业标准和产品标准不断完善,但有些标准在实际生产活动中的适用性不高,有一些标准低于发达国家同类标准;三是,猪肉可追溯体系还没有建立健全,许多乡村农贸市场和农产品批发市场没有准入制度,不能实现有效溯源,许多消费者购买猪肉时依然面临着信息不对称问题。

第四节　中国生猪标准化养殖现状:微观调查分析

一、养殖户基本情况调查分析

生猪养殖户的基本情况包括个人及家庭基本情况、生猪养殖基本情况、认知情况和外部环境。

(一)养殖户个人及家庭基本情况

受访养殖户的个人及家庭基本情况如表 3-17 所示。 83%的养殖户为男性,反映了中国农村"男主外、女主内"的家庭决策权分配情况,浙江男性养殖户占比最高，为86％；四川养殖户男性占比最低，为77％。 受访养殖户以中老年群体为主，30周岁以下的养殖户仅占2％左右，反映了农村青年群体不愿意从事养殖行业。 绝大多数养殖户的健康状况良好，健康状况良好的养殖户占比86％。 养殖户的文化程度普遍不高，大多数养殖户只接受过初等教育，因而无法胜任城镇的企事业单位工作，只能依靠从事生猪养殖业获得经济收入。 浙江养殖户的文化程度相对较高，有11％左右的人有大专及以上的文化程度；四川养殖户的文化程度较低，仅有5％左右的人受过大专及以上的教育。 大多数养殖户是风险规避和风险中立的，分别占48％和35％，四川养殖户的风险规避比重最高，达53％。 受访养殖户中党员或干部的比重较低，仅为8％左右。 养殖户兼业比重高达47％，四川养殖户兼业比例最高，达49％。

表 3-17　养殖户个人及家庭基本情况统计

变量	选项	样本数（占比％）			
		浙江	江西	四川	总样本
性别	男	126(86)	173(89)	229(77)	528(83)
	女	20(14)	22(11)	68(23)	110(17)
年龄	30 岁以下	2(1)	3(2)	4(1)	9(2)
	30～39 岁	28(19)	40(20)	49(17)	117(18)
	40～49 岁	70(48)	98(50)	119(40)	287(45)
	50～59 岁	35(24)	29(15)	80(27)	144(23)
	60 岁及以上	11(8)	25(13)	45(15)	81(13)
健康状况	差	4(3)	5(3)	12(4)	21(3)
	一般	15(10)	21(11)	34(11)	70(11)
	好	127(87)	169(87)	251(85)	547(86)
文化程度	小学及以下	22(15)	39(20)	75(25)	136(22)
	初中	65(45)	97(50)	164(55)	326(51)
	高中或中专	43(29)	48(25)	45(15)	136(21)
	大专及以上	16(11)	11(6)	13(5)	40(6)

变量	选项	样本数(占比%)			
		浙江	江西	四川	总样本
风险态度	风险规避	56(38)	93(48)	158(53)	307(48)
	风险中立	61(42)	69(35)	96(32)	226(35)
	风险偏好	29(20)	33(17)	43(15)	105(17)
党员干部	有	15(10)	16(8)	17(5)	48(8)
	无	131(90)	179(92)	280(95)	590(92)
兼业	是	61(42)	92(47)	147(49)	300(47)
	否	85(58)	103(53)	150(51)	338(53)

注:数据来源于问卷调查。

(二)养殖户生猪养殖基本情况

表 3-18 列示了受访养殖户的生猪养殖基本情况。由于采用了分层随机抽样调查方法,养殖户的养殖规模基本符合各地区的实际情况,即以中小规模养殖户为主,年出栏量 500 头以上养殖户占比 30%左右,四川养殖户的养殖规模较小。养殖户的养殖年限多为 6 年以上,表明大多数养殖户从事生猪养殖业的时间较长。生猪养殖料肉比存在明显的地区差异性,浙江省养殖户的料肉比最高,可能的原因是浙江养殖户更重视生猪质量安全,较好地执行了生猪饲料添加剂施用规范,保证了猪肉的品质,提高了料肉比。

表 3-18 养殖生猪养殖情况统计

变量	选项	样本数(占比%)			
		浙江	江西	四川	总样本
养殖规模	50~299(头)	47(32)	60(31)	122(41)	229(36)
	300~499(头)	46(32)	67(34)	101(34)	214(34)
	500~999(头)	36(24)	44(23)	52(17)	132(20)
	1000~2999(头)	13(9)	18(9)	17(6)	48(8)
	3000(头)及以上	4(3)	6(3)	5(2)	15(2)

续 表

变量	选项	样本数（占比%）			
		浙江	江西	四川	总样本
养殖年限	5 年及以下	30(21)	36(18)	38(13)	104(16)
	6～10 年	52(36)	56(29)	74(25)	182(29)
	11～15 年	42(29)	63(32)	79(27)	184(29)
	16～20 年	14(10)	16(8)	58(20)	88(14)
	21 年及以上	8(5)	24(12)	48(16)	80(13)
料肉比	1.8 以下	7(5)	23(12)	55(19)	85(13)
	1.8～2.3	46(32)	97(50)	167(56)	310(49)
	2.4～2.8	53(36)	67(34)	68(23)	188(29)
	2.8 以上	40(27)	8(4)	7(2)	55(9)

注：数据来源于问卷调查。

(三)养殖户的认知情况

养殖户的认知情况如表 3-19 所示，主要包括质量安全认知、环境认知和生猪标准化养殖优质优价认知。大部分养殖户认为食用质量安全不达标的猪肉对人体健康的影响较小或一般，只有 23% 左右的养殖户认为影响较大或很大。浙江养殖户的质量安全认知较强，44% 的浙江养殖户认为影响较大或很大；四川养殖户的质量安全认知最弱，仅有 14% 的养殖户认为影响较大或很大。养殖户对生猪养殖环境污染的认知程度更低，绝大多数养殖户认为养猪对环境的污染不严重或没有影响，仅有 7% 的养殖户认为养猪废弃物未无害化处理严重污染环境。养殖户对生猪标准化养殖优质优价的认知大致呈正态分布，认为采纳生猪标准化养殖后收益下降的养殖户占 25%，认为收益提高的养殖户占 26%，近一半养殖户认为收益基本不变，表明大多数养殖户不认为采纳生猪标准化养殖能提高养殖收益。

表 3-19　养殖户认知情况统计

变量	选项	样本数(占比%)			
		浙江	江西	四川	总样本
质量安全认知	没有影响	18(12)	33(17)	69(23)	120(19)
	影响较小	27(18)	37(19)	106(36)	170(27)
	一般	52(36)	67(34)	82(28)	201(32)
	影响较大	30(21)	39(20)	26(9)	95(15)
	影响很大	19(13)	19(10)	14(5)	52(8)
环境认知	没有污染	37(25)	71(36)	124(42)	232(36)
	不太严重	62(42)	79(41)	124(42)	265(42)
	一般	29(20)	33(17)	33(11)	95(15)
	比较严重	14(10)	9(5)	11(4)	34(5)
	非常严重	4(3)	3(2)	5(2)	12(2)
标准化养殖优质优价认知	收益降低	22(15)	47(24)	91(31)	160(25)
	收益基本不变	73(50)	93(48)	146(49)	312(49)
	收益提高	51(35)	55(28)	60(20)	166(26)

注:数据来源于问卷调查。

(四)养殖户的外部环境

养殖户的外部环境如表 3-20 所示。 外部环境包括参与产业化组织、政府扶持、检查次数和主要销售市场情况。 45%的养殖户参与了产业化组织,说明养殖户的组织化程度较低。 浙江受访养殖户中有 79 户参与了产业化组织,占比 54%。 大多数养殖户获得了政府与标准化养殖相关的扶持政策,达55%。 浙江受访养殖户获得政府扶持的比重最高,有 91 户养殖户获得了政府扶持,占比 62%,反映了浙江对生猪标准化养殖的政策支持力度较大。 政府对养殖户养殖行为的检查也是督促其标准化养殖的重要手段,63%左右养殖户在 2014 年受到了政府 3~5 次检查。 不同的销售市场对生猪养殖质量安全和产地环境的要求有差别,乡村农贸市场和生猪批发市场的要求较低,大型超市、企事业单位以及省外市场的要求较高。 大多数受访养殖户的主要销售市场为乡村农贸市场或生猪批发市场，分别占比 39% 和 35%，说明大部分养殖户还没有进入高端市场。浙江受访养殖户以大型超市、企事业单位为主要销售市场的比重较高，达 16%，但以省外市场为主要销售市场的浙江养殖户较少。江西、四川受访养殖户中以省外市场为主要销售市场的比重较高，这是由江西、四川作为生猪调出大省的地位决定的。

表 3-20　养殖户外部环境统计

变量	选项	样本数（占比%）			
		浙江	江西	四川	总样本
参与产业化组织	参与	79(54)	90(46)	117(39)	286(45)
	未参与	67(46)	105(54)	180(61)	352(55)
政府扶持	有	91(62)	109(56)	148(50)	348(55)
	无	55(38)	86(44)	149(50)	290(45)
检查次数	0~2 次	33(23)	61(31)	92(31)	186(29)
	3~5 次	101(69)	112(57)	187(63)	400(63)
	6 次及以上	12(8)	22(11)	18(6)	52(8)
主要销售市场	乡村农贸市场	37(25)	80(41)	131(44)	248(39)
	生猪批发市场	72(49)	61(31)	93(31)	226(35)
	大型超市、单位	24(16)	24(12)	24(8)	72(11)
	省外市场	13(9)	30(15)	49(17)	92(15)

注：数据来源于问卷调查。

二、养殖户的生猪标准化养殖情况

参照农业部 2010 年出台的《农业部关于加快推进畜禽标准化规模养殖的意见》，生猪标准化养殖归纳为六大环节，即达到"六化"：生猪良种化、养殖设施化、生产规范化、防疫制度化、污染无害化和监管常态化。本书对养殖户生猪标准化养殖采纳情况的考察主要从这六方面入手，并基于农业部制定的《生猪标准化示范场验收评分标准》和农业行业标准《标准化养殖场 生猪》（NY/T 2661-2014）设置了相关问题，用于评价养殖户的生猪标准化养殖采纳情况（见表 3-21）。

表 3-21　养殖户生猪标准化养殖程度评估

评价环节	评价内容	评价得分
生猪良种化	①生猪品种来源清楚；②种猪检疫合格	一项达标得 1 分,两项都达标得 2 分,两项均不达标得 0 分
养殖设施化	①距离生活饮用水源地、居民区、屠宰加工交易场所和主要交通干线 500m 以上,且方便运输；②水源充足、水质达标和供电稳定；③养殖场占地面积达标；④生活区、生产区、污水处理区与病死猪无害化处理区分开；⑤出猪台与生产区保持严格隔离状态；⑥净污分离,雨污分离,污水处理区配备防雨设施；⑦猪舍面积达标；⑧猪舍功能上可区分为配种妊娠舍、分娩舍、保育舍、生长育肥舍；⑨猪舍配备有通风换气与降温、保暖设备；⑩配有饲料、药物、疫苗等投入品的储藏场所或设施,符合相应的储藏条件	2 项及以下达标得 1 分,3～4 项达标得 2 分,5～6 项达标得 3 分,7～8 项达标得 4 分,9～10 项达标得 5 分
生产规范化	①有科学规范的生猪生产管理规程；②饲料来源可靠；③严格执行饲料添加剂和兽药使用规定；④严格执行休药期	无达标项得 0 分,一项达标得 1 分,两项达标得 2 分,依此类推
防疫制度化	①养殖场周围建设有防疫隔离带；②定期对猪舍进行消毒；③人员进入生产区严格执行更衣、冲洗；④采用"全进全出"的饲养方式；⑤定期进行防疫	无达标项得 0 分,一项达标得 1 分,两项达标得 2 分,依此类推
污染无害化	①有固定的防雨、防渗漏、防溢流的粪储存场所；②生猪粪便能资源化利用；③污水达标排放或农牧结合利用；④病死猪采取焚烧或深埋方式进行无害化处理	无达标项得 0 分,一项达标得 1 分,两项达标得 2 分,依此类推
监管常态化	①有生产记录档案；②有防疫档案；③有病死猪处理档案；④育肥猪戴有耳标	无达标项得 0 分,一项达标得 1 分,两项达标得 2 分,依此类推

　　注:本表在中华人民共和国农业行业标准《标准化养殖场 生猪》(NY/T 2661-2014)、农业部《标准化示范场创建评分验收标准》和相关专家意见建议的基础上整理。

(一)生猪良种化情况

　　生猪品种是生猪标准化养殖产前控制的第一道关口,关系着生猪标准化养殖的全过程。 生猪良种意味着优越的生产性能、较低的病死率和较好的质量水平。 品种来源清楚的土种猪和三元猪都属于良种,土种猪的优势在于耐粗饲、抗病力、产仔率和肉质,三元猪的优势在于饲养周期、饲料转化率和瘦肉率（李长强等，2013；王海涛，2012）。经调查发现，养殖户的生猪良种化水平普遍较高，得 2 分的养殖户占比 78%，仅有 7% 的养殖户生猪品种来源不清楚且种猪未经过检疫。浙江省的生猪良种化程度最高，90% 的养殖户得 2 分；四川省养殖户的生猪良种化程度较低，但也有 71% 的养殖户得 2 分（见表 3-22）。

表 3-22　样本养殖户生猪良种化评分情况

得分	浙江		江西		四川		总样本	
	频数	占比（%）	频数	占比（%）	频数	占比（%）	频数	占比（%）
2	131	90	157	81	210	71	498	78
1	10	7	28	14	56	19	94	15
0	5	3	10	5	31	10	46	7

注：数据来源于问卷调查。

从生猪良种化分项情况看（见表 3-23），生猪品种来源清楚的有 558 户，占 87%；种猪检疫合格养殖户有 533 户，占 84%。浙江养殖户生猪品种来源清楚有 139 户，种猪检疫合格有 133 户，分别占比 95% 和 91%，高于江西和四川。

表 3-23　样本养殖户生猪良种化分项情况

项目	浙江		江西		四川		总样本	
	频数	占比（%）	频数	占比（%）	频数	占比（%）	频数	占比（%）
①品种来源清楚	139	95	177	91	242	81	558	87
②种猪检疫合格	133	91	166	85	234	79	533	84

注：数据来源于问卷调查。

（二）养殖设施化情况

养殖设施化是生猪标准化养殖的物质基础和保障，也是各级政府大力投资的环节。表 3-24 列示了样本养殖户养殖设施化的评分情况，得满分 5 分的养殖户并不多，占比仅为 16%；得 3 分的养殖户最普遍，占比 39%，共 246 户；32% 的养殖户分数少于 3 分，各省份的情况类似，表明养殖户的养殖设施化水平普遍不高，大多数养殖场的设备设施不能满足标准化养殖的需要。

表 3-24 样本养殖户养殖设施化评分情况

得分	浙江		江西		四川		总样本	
	频数	占比（%）	频数	占比（%）	频数	占比（%）	频数	占比（%）
5	27	18	33	17	41	14	101	16
4	23	16	24	12	39	13	86	13
3	67	46	78	40	101	34	246	39
2	19	13	32	17	71	24	122	19
1	10	7	28	14	45	15	83	13

注：数据来源于问卷调查。

从表 3-25 的养殖设施化分项情况看，各省份的养殖户都对养殖场布局、养殖场供水电以及养殖场面积等生猪养殖必需条件较为重视，大多数养殖户这 3 项要求都能达标。 养殖户达标率较低的项目主要涉及生猪安全、生猪防疫、污染治理等内容，如"生活区、生产区、污水处理区与病死猪无害化处理区分开""猪舍功能上可区分为配种妊娠舍、分娩舍、保育舍、生长育肥舍""猪舍配备有通风换气与降温、保暖设备"以及"配有饲料、药物、疫苗等投入品的储藏场所或设施，符合相应的储藏条件"这 4 项。

表 3-25 样本养殖户养殖设施化分项情况

项 目	浙江	江西	四川	总样本
①距离生活饮用水源地、居民区、屠宰加工交易场所和主要交通干线 500m 以上，且方便运输	121（83%）	162（83%）	260（88%）	543（85%）
②水源充足、水质达标和供电稳定	110（75%）	157（81%）	240（81%）	507（79%）
③养殖场占地面积达标	103（71%）	139（71%）	224（75%）	466（73%）
④生活区、生产区、污水处理区与病死猪无害化处理区分开	84（58%）	110（56%）	153（52%）	347（54%）
⑤出猪台与生产区保持严格隔离状态	92（63%）	108（55%）	181（61%）	381（60%）

项 目	浙江	江西	四川	总样本
⑥净污分离,雨污分离,污水处理区配备防雨设施	54(37%)	53(27%)	60(20%)	167(26%)
⑦猪舍面积达标	90(62%)	119(61%)	184(61%)	393(61%)
⑧猪舍功能上可区分为配种妊娠舍、分娩舍、保育舍、生长育肥舍	67(46%)	59(30%)	75(25%)	201(32%)
⑨猪舍配备有通风换气与降温、保暖设备	88(60%)	88(45%)	106(36%)	282(44%)
⑩配有饲料、药物、疫苗等投入品的储藏场所或设施,符合相应的储藏条件	72(49%)	81(42%)	90(30%)	243(38%)

注:数据来源于问卷调查。

(三)生产规范化情况

生产规范化是保障生猪养殖质量安全的重要环节,包括饲料来源、饲料添加剂、兽药的施用、休药期的执行等等。 由表 3-26 可知,养殖户中生产规范化得 4 分满分的比重并不高,仅为 27% 左右;但有 44% 的养殖户得 3 分,说明生产规范化情况总体较好,只是有待提高。 浙江省养殖户生产规范化程度高于江西和四川,并且没有得 0 分的养殖户。

表 3-26 样本养殖户生产规范化评分情况

得分	浙江		江西		四川		总样本	
	频数	占比(%)	频数	占比(%)	频数	占比(%)	频数	占比(%)
4	48	33	58	30	69	23	175	27
3	75	51	89	46	119	40	283	44
2	17	12	34	17	83	28	134	21
1	6	4	12	6	17	6	35	6
0	0	0	2	1	9	3	11	2

注:数据来源于问卷调查。

从表 3-27 养殖户生产规范化的分项情况看,大多数养殖户都能达到"饲料来源可靠""严格执行饲料添加剂和兽药使用规定"和"严格执行休药期"，但近一半养殖户没有科学规范的生猪生产管理规程，因此有必要加强对养殖户的技术培训和技术指导。

表 3-27 样本养殖户生产规范化分项情况

项目	浙江	江西	四川	总样本
①有科学规范的生猪生产管理规程	84(58%)	120(62%)	146(49%)	350(55%)
②饲料来源可靠	120(82%)	153(78%)	223(75%)	496(78%)
③严格执行饲料添加剂和兽药使用规定	122(84%)	147(75%)	202(68%)	471(74%)
④严格执行休药期	131(90%)	159(82%)	245(82%)	535(84%)

注：数据来源于问卷调查。

（四）防疫制度化情况

防疫制度化是提升生猪养殖质量安全水平，降低人畜健康威胁和生猪病死率的关键环节，政府对防疫环节的补助也具有普惠性质。但样本养殖户的防疫制度化情况并不容乐观（见表 3-28），得满分 5 分的养殖户仅占 14% 左右，得 2～3 分的养殖户居多，表明样本养殖户的防疫水平较低且不全面。浙江养殖户的防疫制度化程度高于江西和四川养殖户。

表 3-28 样本养殖户防疫制度化评分情况

得分	浙江		江西		四川		总样本	
	频数	占比(%)	频数	占比(%)	频数	占比(%)	频数	占比(%)
5	18	12	29	15	41	14	88	14
4	28	19	27	14	37	12	92	15
3	64	44	77	39	89	30	230	36
2	21	15	43	22	65	22	129	20
1	13	9	13	7	45	15	71	11
0	2	1	6	3	20	7	28	4

注：数据来源于问卷调查。

从表 3-29 养殖户防疫制度化分项情况看，"定期进行防疫"和"定期对猪舍进行消毒"执行情况最好，有 532 户养殖户定期给生猪打防疫针，占比达

83％；有449户养殖户定期对猪舍进行消毒，浙江养殖户定期防疫和消毒比例最高，这说明大多数养殖户能够意识到防疫、猪舍消毒的重要性。但执行"养殖场周围建设有防疫隔离带""人员进入生产区严格执行更衣、冲洗"和"全进全出"的养殖户比重不高，特别是仅有28％的养殖户执行"全进全出"制度。不严格执行"全进全出"制度易引起不同批次出栏的生猪之间传播疫病。以上分析表明，养殖户防疫工作远不到位，只能达到最基本要求，这也是中国生猪养殖疫病频繁发生的原因。

表3-29　样本养殖户防疫制度化分项情况

项目	浙江	江西	四川	总样本
①养殖场周围建设有防疫隔离带	77(53％)	112(57％)	112(38％)	301(47％)
②定期对猪舍进行消毒	116(79％)	135(69％)	198(67％)	449(70％)
③人员进入生产区严格执行更衣、冲洗	79(54％)	118(61％)	167(56％)	364(57％)
④采用"全进全出"的饲养方式	43(29％)	58(30％)	80(27％)	181(28％)
⑤定期进行防疫	134(92％)	160(82％)	238(80％)	532(83％)

注：数据来源于问卷调查。

(五)污染无害化情况

生猪养殖污染无害化是实现生猪养殖业可持续发展的重要环节。生猪养殖污染物主要包括生猪粪尿、生猪养殖污水以及病死猪。由表3-30可知，养殖户的污染无害化程度还很低，得4分满分的养殖户仅占24％，大多数养殖户得0～2分。浙江养殖户污染无害化水平最高，四川养殖户污染无害化水平最低。

表3-30　样本养殖户污染无害化评分情况

得分	浙江		江西		四川		总样本	
	频数	占比(％)	频数	占比(％)	频数	占比(％)	频数	占比(％)
4	47	32	53	27	53	18	153	24
3	47	32	26	13	44	15	117	18

续　表

得分	浙江		江西		四川		总样本	
	频数	占比(%)	频数	占比(%)	频数	占比(%)	频数	占比(%)
2	33	23	67	34	102	34	202	32
1	16	11	42	22	82	28	140	22
0	3	2	7	4	16	5	26	4

注:数据来源于问卷调查。

　　从表3-31养殖户污染无害化的分项情况看,执行了病死猪无害化处理的养殖户比例最高,可能的原因是政府对病死猪无害化处理有补贴以及近年来对出售病死猪肉等处罚力度加大。"生猪粪便能资源化利用"以及"污水达标排放或农牧结合利用"的养殖户分别占53%和44%,表明许多养殖户没有无害化处理生猪养殖粪便及污水,只是直接还田或随意丢弃。 浙江养殖户生猪养殖废弃物的资源化利用率最高,而四川省最低,反映了东部省份的环境规制水平要高于西部省份。

表3-31　样本养殖户污染无害化分项情况

项目	浙江	江西	四川	总样本
①有固定的防雨、防渗漏、防溢流的粪储存场所	102(70%)	122(63%)	171(58%)	395(62%)
②生猪粪便能资源化利用	109(75%)	103(53%)	125(42%)	337(53%)
③污水达标排放或农牧结合利用	88(60%)	84(43%)	108(36%)	280(44%)
④病死猪采取焚烧或深埋方式进行无害化处理	112(77%)	157(81%)	226(76%)	495(78%)

注:数据来源于问卷调查。

(六)监管常态化情况

　　监管常态化是实现猪肉可追溯的重要条件,也是有效管理生猪养殖各环节的保证。 表3-32列示了养殖户监管常态化的评分情况,得4分满分的养殖户占比并不高,仅为21%,大多数养殖户得分0～2分,表明许多养殖户没有实现对生猪养殖常态化的全面监管。 浙江养殖户的监管常态化情况略好于江西和四川。

表 3-32　样本养殖户监管常态化评分情况

得分	浙江		江西		四川		总样本	
	频数	占比（％）	频数	占比（％）	频数	占比（％）	频数	占比（％）
4	34	23	45	23	54	18	133	21
3	38	26	23	12	41	14	102	16
2	47	32	67	34	87	29	201	31
1	23	16	54	28	102	35	179	28
0	4	3	6	3	13	4	23	4

注：数据来源于问卷调查。

表 3-33 列示了样本养殖户监管常态化的分项情况，各省份养殖户的生产记录档案执行情况普遍较好，占比 81％的养殖户有生产记录档案。 有防疫档案、病死猪处理档案或佩戴耳标的养殖户占比普遍不高，表明大多数养殖场只是出于加强猪场管理目的简单记录生猪养殖基本情况。

表 3-33　样本养殖户监管常态化分项情况

项目	浙江	江西	四川	总样本
①有生产记录档案	116（79％）	155（80％）	243（82％）	514（81％）
②有防疫档案	100（69％）	109（56％）	157（53％）	366（57％）
③有病死猪处理档案	60（41％）	79（40％）	95（32％）	234（37％）
④育肥猪戴有耳标	91（62％）	94（48％）	120（40％）	305（48％）

注：数据来源于问卷调查。

第五节　本章小结

本章基于宏观统计数据、文献资料和养殖户调研数据分析了中国生猪养殖业现状、区域布局与标准化养殖情况，为后续的研究奠定了坚实的基础。

研究结果表明：现阶段，中国生猪养殖总量显著提高，生产性能不强，规模化养殖水平依然不高，生猪养殖产业化组织初步发展。 中国生猪养殖业区域布局分异特征明显，生猪主产区的布局符合比较优势原则。 约束发展区猪肉产量占全国比重逐渐下降，向重点发展区收敛。 重点发展区和潜力增长区的猪肉产量占全国比重逐渐上升。 适度发展区的猪肉产量占全国比重最低，且基本保持稳定。

宏观层面的中国生猪标准化养殖现状主要表现为生猪养殖效率低下、生猪养殖质量安全问题时有发生、生猪养殖环境污染问题突出等三个方面。 从生猪养殖效率的角度看，中国许多省份的生猪养殖业劳动生产率低下，能繁母猪生产性能弱，平均生猪胴体重偏低。 生猪养殖质量安全问题主要体现在施药行为不规范、防疫制度不健全、病死猪未无害化处理等方面。 生猪养殖环境污染问题则主要表现为许多省份的农地猪粪承载压力增大，以及生猪养殖温室气体排放。 目前，中国生猪标准化养殖的相关制度正逐步建立，包括相关法律法规的出台、相关标准的制订以及猪肉可追溯体系建设等。

为从微观层面考察中国生猪标准化养殖现状，对生猪养殖业产业集聚程度较高的浙江、江西和四川的 638 个养殖户进行了问卷调查。 结果表明：养殖户的标准化养殖采纳程度普遍不高，尤其是在"养殖设施化""防疫制度化""污染无害化"等环节，许多养殖户没有按标准化养殖的要求执行。

第四章　产业集聚的生猪标准化养殖发展效应研究

　　改革开放以来，随着中国生猪养殖业不断发展，生猪养殖业的区域化、专业化发展趋势日益明显，呈现出显著的产业集聚现象。 国内外研究表明，农业产业集聚促进了一国或某一地区农业生产率以及国际竞争力的提高。 生猪标准化养殖是中国生猪养殖业可持续发展的必由之路，是保障生猪质量安全、提高养殖效率和解决环境污染问题的一剂良药。 生猪养殖效率、生猪养殖污染治理情况反映了地区生猪标准化养殖发展程度。 那么，生猪养殖业产业集聚能否显著提高生猪养殖效率，降低生猪养殖污染，从而提升中国生猪标准化养殖水平？ 本章基于中国 31 个省区市（不含港澳台地区）的宏观数据，对生猪养殖产业集聚的生猪标准化养殖发展效应进行深入研究，首先分析了中国生猪养殖业产业集聚的现状及其形成的影响因素，然后从增长效应和环境效应两个方面研究了生猪养殖业产业集聚对生猪标准化养殖发展的影响，验证产业集聚是否能够促进生猪标准化养殖发展，最后对如何提升产业集聚的生猪标准化养殖发展效应做了拓展性研究。

第一节　中国生猪养殖业产业集聚现状与形成因素

一、中国生猪养殖业产业集聚现状分析

目前，国内已有不少文献涉及农业产业集聚现状，主要研究对象为种植业，专门针对生猪养殖业产业集聚的研究尚不多见。本章以中国 31 个省份 1979—2015 年的生猪养殖相关数据，对生猪养殖业产业集聚全貌、省域格局以及时空特征进行深入分析。

（一）数据来源与指标说明

1. 数据来源

本章以生猪养殖业作为研究对象，以 1979—2015 年为研究时间段，数据来源于《中国畜牧兽医年鉴》《中国农村统计年鉴》《中国农业统计资料》《中国统计年鉴》和《新中国 60 年农业统计资料汇编》，并以中国 31 个省区市（不含港澳台地区）作为研究区域。

2. 指标说明

产业集聚通常采用地理集中指标或地区专业化指标衡量，地理集中反映产业的区域分布，以区域为自变量；地区专业化反映区域中的产业分布，以产业为自变量，具体的指标有区位基尼系数、赫芬达尔指数、区位商和集中率等。基于生猪养殖业的特点以及国内外研究对农业产业集聚指标的选择，本书选取区位基尼系数、集中率以及区位商指标衡量生猪养殖业产业集聚程度。

（1）区位基尼系数

区位基尼系数是描述产业地理分布不平衡性的指标（Krugman，1991；梁琦，2003）。计算公式为：

$$GINI = \frac{1}{2n^2 \, s_k} \sum_{i=1}^{n} \sum_{j=1}^{n} \mid s_i^k - s_j^k \mid \tag{4-1}$$

式中，$GINI$ 代表区位基尼系数，k 表示生猪养殖业，n 为省份数量，i、j 代表不同省份，$\overline{s_k}$ 代表猪肉产量[①]的各省份平均份额，s_i^k、s_j^k 分别代表 i 省份和 j 省份的猪肉产量占全国猪肉总产量的份额。区位基尼系数值在 0 ~ 1 之间变化，若 $GINI$ 为 0，表示生猪养殖业在各地区分布情况完全相同，不存在产业集聚现象；若 $GINI$ 为 1，则表示生猪养殖业完全集中于某一个地区。

（2）集中率

集中率为某产业规模最大的前几个省份的产量占全国的份额。计算公式为：

$$CR_{n,\,k} = \sum_{i=1}^{n} s_i^k \qquad (4\text{-}2)$$

式中，k 代表生猪养殖业，n 代表省份数量，s_i^k 表示 i 省份猪肉产量占全国份额。集中率指标的优势在于简便、直观，能将生猪养殖业的产业集中度指向具体的地区。

（3）区位商

区位商也称专业化率，是衡量地区专业化的重要指标。地区专业化是产业集聚在空间上的表现形式，反映了某些产业在特定地区的集聚程度，专业化特征明显的地区表明该地区的产业集聚程度相对较高。传统的区位商计算公式为：

$$lq_i = \frac{p_i / m_i}{P / M} \qquad (4\text{-}3)$$

式中，p_i 代表 i 省份的猪肉产量，m_i 代表 i 省份的肉类产量，P 代表全国猪肉总产量，M 代表全国肉类总产量。如果 $lq_i > 1$，表明生猪养殖业在 i 省份的专业化程度高于全国平均水平；如果 $lq_i = 1$，表明 i 省份的生猪养殖业专业化程度等于全国平均水平；如果 $lq_i < 1$，表明 i 省份的生猪养殖业专业化程度低于全国平均水平。lq_i 越高，意味着 i 省份生猪养殖业的产业集聚程度越高。

---

① 中国国家统计局计算猪肉产量的公式为：猪肉产量＝出栏肥猪头数×平均每头肥猪出售重量×肥猪产肉率(％)。本书以猪肉产量衡量各地区生猪养殖业产量，优势在于克服了生猪出栏量等指标存在的各地区出栏生猪主产品产量差异情况，以及易受生猪价格波动影响等困难。

由于传统的区位商指标是一个相对指标，排除了区际产业规模差异，导致部分生猪养殖总量小的省份区位商较大，而部分生猪养殖总量大的省份区位商较小。为此，本书借鉴 Flegg 等（2000）的 flq 公式，考虑各省份的生猪养殖规模权重，将传统的区位商公式改进为：

$$flq_i = lq_i \times \lambda \qquad\qquad (4\text{-}4)$$

式中，$\lambda = [\log_2(1 + p_i/P)]^\delta$，$\delta$ 为敏感度，取 $\delta = 0.3$ 代表中等敏感度。

（二）中国生猪养殖业产业集聚的时空特征

1. 中国生猪养殖业产业集聚的时间特征

如图 4-1 所示，由 1979—2015 年生猪养殖业区位基尼系数值[①]可知，中国生猪养殖业地理分布存在着明显的不平衡性，最低值为 2012 年的 0.4663，最高值为 1988 年的 0.5161，表明生猪养殖业的产业集聚程度始终较高。改革开放以来，生猪养殖业的产业集聚趋势大致可划分为 4 个阶段：

第一阶段为 1979—1987 年。在此期间，生猪养殖业区位基尼系数总体呈上升趋势。1979—1987 年属于改革开放的初期阶段，随着农村家庭联产承包责任制等一系列农业农村重大体制机制改革的深入推进，生猪养殖业专业化经营迅速发展，四川、江苏、湖南、山东、广东等生猪养殖业传统优势省份的生猪养殖量均大幅增长，四川等生猪养殖大省的生猪养殖量占全国比重也有所提高，缓解了猪肉长期以来供不应求的情况。

第二阶段为 1988—1993 年。生猪养殖业区位基尼系数始终在高位运行，且呈下降态势。1988 年，为缓解中国副食品供给偏紧的局面，农业部提出了"菜篮子工程"。1988—1993 年属于"菜篮子工程"的第一阶段，建立了中央和地方的畜牧业生产基地及良种繁育、饲料加工等服务体系，建立了 2000 多个集贸市场，初步形成了肉类产品的大市场大流通格局，逐步满足了城乡居民对猪肉

---

① 区位基尼系数易受省份个数变动的影响，因此将 1996 年之后重庆与四川的猪肉产量数据相加，从而分析的省区市数目为 30 个。在集中率的计算中，也采用了相同的数据处理方法。

产品的需求，但生猪养殖质量安全和环境污染问题还没有引起社会各界的广泛关注。在这一时期，绝大多数省份的生猪养殖总量都有所提高，一定程度上分化了产业集聚，但生猪养殖业的产业集聚程度依然较高。

第三阶段为 1994—2004 年。区位基尼系数值在这一阶段基本保持在 0.48～0.49 的高位，变动幅度不大，但是经历了 1994—1999 年的下降阶段和 2000—2004 年的上升阶段。该阶段中国城镇化进程加快，区域交通条件不断完善，促进了生猪养殖业向中部省份、西南省份和东北地区等粮食主产区集聚。此外，随着 2001 年中国加入 WTO，猪肉产品的国际竞争压力加大，进一步促进了生猪养殖业的区域专业化。总之，自然资源禀赋、城镇化发展以及外部竞争压力等因素共同促进了该时期生猪养殖业的产业集聚。

第四阶段为 2005—2015 年。生猪养殖业区位基尼系数值在这一时期总体稳中有升。随着东部沿海地区和江南水网地区农用地成本、劳动力成本以及环境规制力度的上升，生猪养殖业进一步向山东、河北等东部农业大省、东北地区以及云南等西南省份迁移。此外，这一时期随着城乡居民对猪肉产品的要求由数量增长升级为质量提升，也促进了生猪养殖业集聚状态趋于稳定。

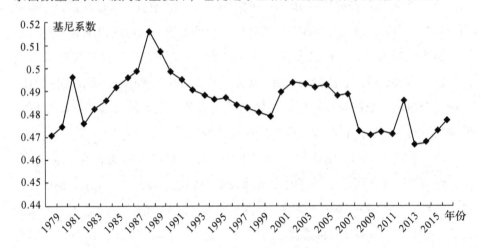

图 4-1   1979—2015 年生猪养殖业区位基尼系数

注：根据《中国畜牧兽医年鉴》整理计算。

2.中国生猪养殖业产业集聚的空间特征

图 4-2 反映了 1979—2015 年中国生猪养殖业集中率的变化情况。由集中

率指标可知，中国生猪养殖业产业集聚现象十分明显，且呈"先升后降"的趋势，在 1988 年前后达到最高值。 猪肉产量最高的前 5 个省份在全国所占份额始终在 40％以上，猪肉产量最高的前 3 个省份在全国所占份额始终在 30％以上，猪肉产量最高的省份始终占全国份额的 10％以上。 从区域分布看，四川一直以来都是猪肉产量最高的省份，但自 1989 年以来，其猪肉产量占全国份额处于缓慢下降的态势。 湖南猪肉产量占全国份额的排名也较为稳定，处于第 2—3 名。 山东的情况与湖南相似。 江苏在生猪养殖业区域布局中的地位逐年下降。 1979—1983 年间，江苏是生猪养殖业第二大省份，但 1995 年之后，江苏生猪养殖业在全国的地位降至 5 名开外。 广东的情况与江苏类似。猪肉产量份额上升的省份包括河南、河北、湖北。 以上分析说明，尽管从集中率看生猪养殖业的产业集聚程度变动不明显，但是区域猪肉产量排名却明显发生了改变，位于黄淮平原的河南、山东以及位于华北平原的河北正逐步取代位于东部沿海的江苏和广东成为新的产业集聚区域，并出现了"北猪南运"的现象（张振、乔娟，2011）。

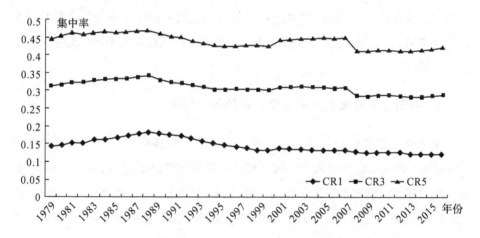

图 4-2 1979—2015 年生猪养殖业集中率

注：根据《中国畜牧兽医年鉴》整理计算。

经计算可知，中国生猪养殖业区位商分布及其变动有以下几个方面的特征：

第一，各省份历年的生猪养殖业产业集聚程度存在明显的差异，四川、湖南等生猪养殖大省的产业集聚程度始终较高，新疆、西藏、青海和内蒙古等西部省份的产业集聚程度始终处于最低水平。

第二，生猪养殖业产业集聚程度的区域梯度特征明显。东南沿海地区、华北粮食主产区、中部地区以及西南地区的生猪养殖集聚程度明显高于西部地区和东北地区，即生猪养殖业产业集聚程度由南往北逐渐降低。

第三，生猪养殖业产业集聚区域转移态势鲜明，表现为由沿海地区向内陆地区集聚的趋势。1979年，作为沿海地区的山东、江苏和广东等省份的产业集聚程度等级最高，之后逐渐降低。1991—2015年产业集聚逐步转移至中部地区的河南、湖南、湖北、江西等省份以及华南地区的广西和西南地区的云南。

第四，生猪养殖业产业集聚区域呈现出连片化态势，即集聚程度高的地区趋于与集聚程度高的地区地理上接近，而集聚程度低的地区趋于与集聚程度低的地区地理上接近。内蒙古、宁夏、甘肃、青海、西藏、新疆等地理上接近的西部省份的生猪养殖产业集聚度均偏低，四川、云南等地理上接近的西南省份以及河南、湖南、湖北、江西等地理上接近的中部省份生猪养殖产业集聚度均偏高，而东北省份以及东南沿海省份的生猪养殖产业集聚度均处于全国中等水平。

二、中国生猪养殖业产业集聚形成的影响因素

基于农业区位理论（杜能，1997）、H-O资源禀赋理论、比较优势理论（李嘉图，2005）、产业发展"雁行理论"等区域经济学理论，本书分析了资源禀赋，规模报酬递增、外部性与产业关联，技术进步，市场需求，城镇化与非农就业机会，交通条件，政府政策等因素对中国生猪养殖业产业集聚形成的影响。

（一）资源禀赋

H-O资源禀赋理论和新古典贸易理论认为，产业集聚的区位选择取决于比较优势，而比较优势取决于当地资源禀赋的丰裕程度。资源禀赋作为产业集聚的初始条件和"第一先天优势"，是诱导产业集聚、地区产业专业化发展

的重要因素。 生猪养殖业产业集聚同样受地区资源禀赋影响。 根据生猪养殖业的特点,本书从饲料资源、劳动力资源、土地资源和水资源等四方面进行分析。

1.饲料资源

生猪养殖业属于耗粮型畜牧业,玉米、豆粕等原料是生猪饲料的重要构成部分。 随着中国生猪养殖总量的不断增加以及耕地面积的减少,中国已成为玉米净进口国。 2015 年中国玉米进口量为 473 万吨,显现出"人畜争粮"的局面,中国的"粮食安全"也将演变为"饲料安全"。 因此,地区有充足的粮食产量,特别是有较高的玉米产量,是生猪养殖业产业集聚和发展的重要保障。 由图 4-4 可知,山东、河南、湖北、湖南、四川等省份既是产粮大省,也是生猪养殖业集聚程度高的省份,东北各省份的粮食产量均很高,属于生猪养殖业潜力发展区域。

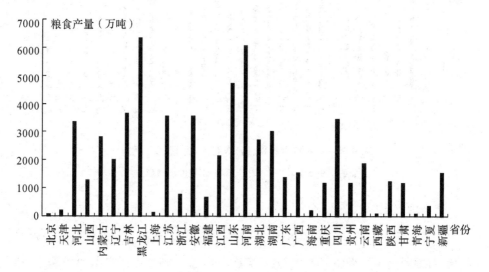

图 4-4 2015 年中国各省份粮食产量(万吨)

注:根据《中国农村统计年鉴》整理计算。

2.劳动力资源

畜禽养殖业净收入是中国农村居民净收入的重要组成部分。 2015 年牧业净收入占农村居民第一产业净收入的 16％左右,人均牧业净收入达 488.7 元,是 1990 年的 5.68 倍。 发展生猪养殖业需要投入大量的劳动力资源,特别是中国的生猪养殖业以中小规模养殖场和散养户为主以及养殖场自动化水平较低的现状，决定了单位劳动力的养殖效率不高。一个生猪养殖业从业人员通常只能饲养不到 150 头商品猪，远低于畜牧业发达国家人均饲养 2000 头以上的水平，因此农村劳动力资源充足的地区更容易促进生猪养殖业的产业集聚。如图 4-5 所示，山东、河南、湖北、湖南、四川、云南等生猪养殖业产业集聚程度较高省份的农村劳动力数量位于全国前列。

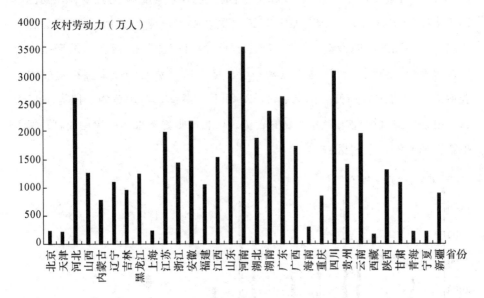

图 4-5　2015 年中国各省份农村劳动力数量(万人)

注：根据《中国统计年鉴》《中国农村统计年鉴》整理计算。

3. 土地资源

土地资源也是影响生猪养殖业产业集聚的重要因素，生猪标准化养殖对养殖用地面积有严格要求，如每头能繁母猪需 40m² 以上的占地面积。然而，中国人多地少，且政府对耕地设置了保护面积，导致建设几百亩、上千亩的大规模养猪场是非常困难的（王林云，2011）。因此，土地资源丰裕的地区有利于生猪养殖业产业集聚。如图 4-6 所示，农地面积较大的地区生猪养殖业集聚程度较高，但是农地面积最高的几个西部省份的生猪养殖业集聚程度却偏低，原因在于这些地区水资源短缺，自然环境较为恶劣，生猪养殖业只能适度地发展。

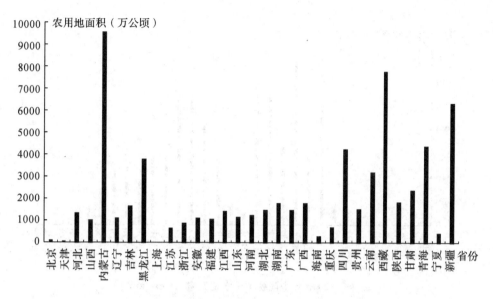

图 4-6　2008 年中国各省份农地面积(万公顷)

注:根据《中国统计年鉴》整理计算。

4.水资源

生猪养殖业需要消耗大量的水资源，水是生猪繁育、生长过程中所必需的物质，生猪养殖场 30%～50% 的水量都用于生猪饮用，每头能繁母猪日耗水量高达 90L，生猪每饲喂 1kg 粉料需要消耗 2L 至 5L 水，此外水资源还广泛运用于生猪养殖场清洁、消毒、供暖和饲料加工等方面（扈映、王丹，2017）。 因此，水资源短缺是制约生猪养殖业地理集中的瓶颈，生猪养殖业趋向于在水资源丰裕的地区集聚。 中国是一个水资源空间分布非常不平衡的国家，由图 4-7 可知，上海、江苏、浙江、安徽、福建、江西、广东、海南等东南华南沿海地区或江南水网地区的水资源较为丰富，对应的生猪养殖业产业集聚程度也较高；西南华南地区的四川、重庆、贵州、云南、广西等省份的水资源也较为丰富，对应中国生猪养殖业的重点发展区与潜力发展区，相应的生猪养殖业产业集聚程度也居全国前列。 上述分析表明，水资源分布情况是与生猪养殖业产业集聚情况高度相关的，水资源充足的地区更有利于生猪养殖业的地理集中和专业化发展。

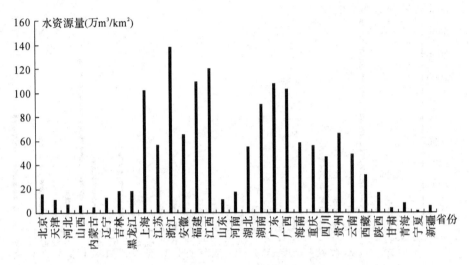

图 4-7   2015 年中国各省份水资源量(万 m³/km²)

注：根据《中国统计年鉴》整理计算。

(二)规模报酬递增、外部性与产业关联

新古典模型的完全竞争市场和规模报酬不变的假定无法解释中国生猪养殖业产业地理集中的现实。 为分析生猪养殖业的产业集聚现象，需要引入规模报酬递增与外部性机制。 生猪养殖业产业集聚的动力来源于分工和专业化协作带来的外部性，属于地方化集聚经济的范畴，即由于产业集聚程度的提高，生猪养殖户之间的关联更为密切，使得单个养殖户的成本能够随着地区生猪养殖总量的提高而降低。

此外，根据新经济地理理论，产业关联是促进和强化生猪养殖业产业集聚的原因，生猪养殖业的后向关联促进了地区饲料加工行业、兽药行业以及种畜行业的发展，前向关联则促进了地区屠宰加工行业和销售行业的集聚，如河南、山东、河北等生猪主产区的饲料产业和屠宰加工行业也呈现出集群的态势，从而有利于降低生猪养殖户的投入要素成本和交易成本。 从这个层面上看，生猪养殖业产业集聚是具有自我强化和内生性特点的，集聚水平通过循环累积因果效应而不断增强。 如图 4-8 所示，山东、河南、湖北、湖南等生猪养殖业集聚程度高的省份饲料产业的集聚程度也较高；如图 4-9 所示，山东、河南、湖北、湖南、四川等省份的规模以上生猪定点屠宰企业较为集中，这表明生猪养殖业集聚促进了前后向产业关联，并进一步强化了这些地区的产业集聚趋势。

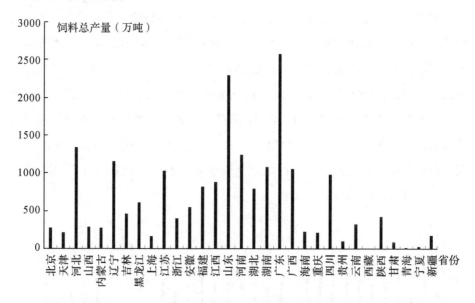

图 4-8　2015 年中国各省份饲料总产量(万吨)

注:根据《中国农业统计资料》整理计算。

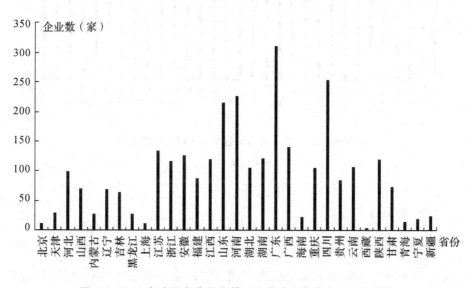

图 4-9　2015 年中国各省份规模以上生猪定点屠宰企业数(家)

注:根据《中国农业统计资料》整理计算。

(三)技术进步

生猪标准化养殖包含了一系列先进的生猪养殖技术，包括生猪繁育技术、养殖场管理技术、养殖污染无害化处理技术和病死猪无害化处理技术，养殖户采纳生猪标准化养殖需要较高的文化素质以及系统的培训。 技术进步与人力资本对农业产业集聚的作用日益增强（Lee、Schrock，2002），是促进产业集聚形成的高级因素。 技术溢出效应所产生的规模报酬递增，促进生猪养殖业在地理上集中。 由图 4-10 可知，东部地区和中部地区就业人员的文化程度较高，为生猪标准化养殖技术溢出和生猪养殖业产业集聚创造了条件。 然而，西南地区就业人员的文化程度较低而生猪养殖业产业集聚度较高，这不利于产业集聚规模效应的发挥。

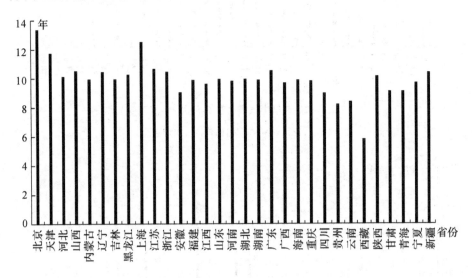

图 4-10　2015 年中国各省份就业人员文化程度(年)

注：根据《中国劳动统计年鉴》整理计算。

(四)市场需求

波特认为本地市场需求是产业集群形成的重要条件，Losch 也认为产业应位于靠近市场的区域。 克鲁格曼的"源市场效应"则指出，源市场是产业集聚向心力的重要来源，企业应位于市场需求量大的地区。 随着中国城乡居民生活水平的提高,居民对食品消费需求逐渐由温饱型向品质型转变。如图 4-11 所示,中国城乡居民人均猪肉年消费量不断提高,其中城镇居民的人均猪肉年消费量由 1990 年的 18.46kg 上升至 2015 年的 20.7kg,农村居民的人均猪肉年消费量由 1990 年的 10.54kg 上升至 2015 年的 19.5kg。猪肉消费量的提高扩大了猪肉市场需求规模,从而促进了生猪养殖业的产业集聚。

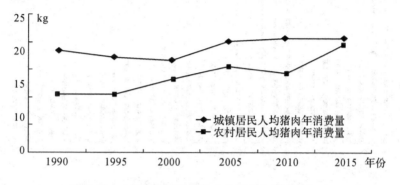

图 4-11 中国城乡居民历年人均猪肉年消费量(kg)

注:根据《中国统计年鉴》整理计算。

(五)城镇化与非农就业机会

城镇化对生猪养殖业产业集聚的影响是两方面的:一方面,中国城镇化率的不断提高以及城镇人口数量的激增为生猪养殖业开拓了巨大的消费市场,促进了生猪养殖业发展水平和集聚水平的提高。如图 4-11 所示,中国城镇居民历年人均猪肉年消费量始终高于农村居民。但另一方面,伴随着城镇化率提高而来的城市规模的扩大和农村劳动力非农就业机会的增加,不少地区的产业实现了"腾笼换鸟",增加了生猪养殖业用地成本和劳动力的机会成本,对这些地区生猪养殖业的集聚产生了负效应。如图 4-12 所示,生猪养殖业主要集聚于城镇化率较低和非农收入较低的地区。

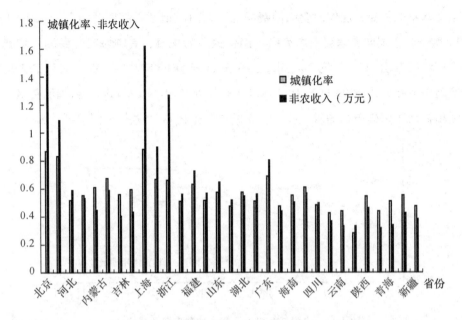

图 4-12　2015 年中国各省份城镇化率与农村人均非农收入(万元)

注:根据《中国统计年鉴》《中国农村统计年鉴》整理计算。

(六)交通条件

基于农业区位论，运输成本在很大程度上影响着农业产业的区位布局以及农业产业的集聚与扩散。交通条件反映了运输成本的高低，交通条件便利的地区的区位条件更加优越，降低了农产品主产地与主销地之间的运输成本，促进了农业产业向具有比较优势、资源优势的地区集聚。

发展生猪养殖业需要调入大量饲料和调出生猪及生猪养殖废弃物，这都会带来巨大的运输成本。随着国民经济的不断发展，人口逐渐由农村地区向城镇地区迁移、由中西部地区向东部沿海地区迁移，进一步造成了生猪主产地与主销地之间的时空分离，只有便捷的交通条件才能实现生猪远距离运输和生鲜消费。改革开放以来，中国的交通条件日益完善，全国铁路里程由1978 年的 5.17 万 km 增长至 2015 年的 12.10 万 km，全国公路里程由 1978 年的 89.02 万 km 增长至 2015 年的 457.73 万 km，为全国跨区域商品猪和饲料的流通创造了优良条件。由图 4-13 可知，生猪养殖业往往集聚于交通条件适中的地区，交通最为便捷的东部沿海地区成为了生猪主销区，便于从其他区域调入生猪；而交通最为落后的西部地区则因为交通条件的制约而限制了生猪养殖业的集聚与发展。

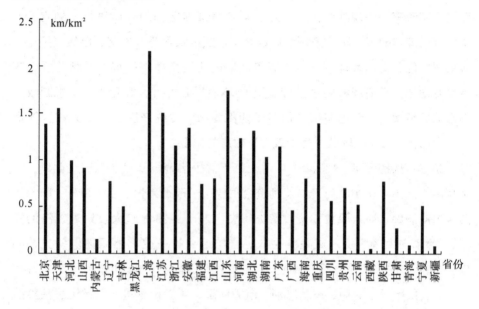

图 4-13　2015 年中国各省份交通条件(km/km²)

注：根据《中国统计年鉴》整理计算。

(七)政府政策

政府政策是调节经济活动的"有形之手"，既为各地区生猪养殖业的健康可持续发展提供良好的外部环境，也能通过相关政策规划、环境规制政策和扶持政策优化中国生猪养殖业区域布局和产业集聚的形成与演变。主要表现为以下几个方面：

第一，发展规划政策。生猪养殖业区域发展规划政策对于生猪养殖业产业集聚区域的演变有重要的引导作用。《全国生猪生产发展规划（2016—2020 年）》提出生猪养殖业要根据资源禀赋和环境承载能力优化调整生猪生产结构和区域布局，以促进生猪养殖业区域协调发展，将生猪养殖区域划分为重点发展区、约束发展区、潜力增长区和适度发展区。许多省份根据自身实际情况陆续出台了相应的生猪养殖业发展规划。如浙江省出台实施了《畜牧业布局结构调整优化方案》之后，全省养殖场户减少 14 万户，生猪存栏量调减 800 万头。

第二，环境规制政策。 随着生猪养殖废弃物污染问题的日益严峻，各类环境规制政策和法规陆续出台，对生猪养殖禁养区和限养区进行了划定，如《畜禽规模养殖污染防治条例》规定禁止在饮用水水源保护区、自然保护区、城镇居民区、文化教育科学研究区等区域内建设畜禽养殖场，对禁养区内的生猪养殖场进行清理和关停。 各地区的环境规制力度存在差别，从规制政策出台的数量看，呈现出东部省份多于西部省份、传统产区多于新兴产区的格局（虞祎，2012），导致"污染天堂"效应的出现。

第三，扶持政策。 例如中央财政每年对生猪调出大县予以资金奖励，每个县原则上不少于 100 万元，奖励资金主要用于改造猪舍、引进良种、防治污染、防疫消毒、补助保费和贷款等方面，有利于生猪养殖大县集聚经济的发挥。 除了向生猪养殖户或龙头企业、合作组织等产业化组织提供各类补贴外，各级政府还可为生猪养殖业产业集聚提供配套的公共物品（李渝萍，2007），如市场、交通、技术培训、市场信息、环境设施等，以促进生猪养殖业前后向关联产业集聚。

第二节　产业集聚的生猪标准化养殖增长效应研究

生猪养殖效率反映了单位资源投入的猪肉产量，是区域生猪标准化养殖水平的重要体现。 长期以来，农业生产效率增长问题得到国内外学者广泛关注。 在新古典经济理论完全竞争和规模报酬不变的假定下，劳动、土地、资本等要素禀赋以及技术进步和制度进步等被认为是农业经济增长的源泉，忽视了农业产业地理集聚因素对生产效率的影响。 然而，在现实经济问题中，交易成本、运输成本、不完全竞争、规模报酬递增和外部性是广泛存在的，地理因素会实质性地影响农业生产效率，从而带来区域农业不平衡发展。 经验证据表明，农业的区域专业化生产、形成农业产业集聚区是推动农业生产效率提高的有效途径（Winsberg，1980）。

随着中国生猪养殖业的快速发展，政府对生猪养殖业布局优化也愈发重视，《全国生猪优势区域布局规划（2008—2015年）》以及《全国生猪生产发展规划（2016—2020年）》均在各个时期对中国生猪养殖业地理集中问题做了引导和调整，以期提高中国各地区的生猪养殖业资源配置效率，促进生猪养殖业国际竞争力的提高。上一节的分析表明，中国生猪养殖业存在明显的产业集聚现象，那么产业集聚是否提升了生猪养殖效率？本节基于拓展的生猪养殖生产函数，运用固定效应模型、两阶段最小二乘法估计、广义矩估计和空间杜宾模型等方法，研究生猪养殖业产业空间集聚是否能促进区域单位资源投入下的猪肉产量增长，即研究产业集聚的增长效应，并进一步考察其非线性关系、空间溢出效应和区域差异性。

一、理论分析与研究假设

(一)理论分析

从动态的角度看，产业集聚是各类生产要素在某个特定的地理空间区域内不断汇聚的过程（毛军，2006）。产业集聚的增长效应也可称为集聚经济，其源于经济活动在空间上的集中所产生的额外经济利益，例如效益增加和成本节约。集聚经济的内涵虽然丰富，但其本质属于外部性的范畴。在地理空间上接近的经济主体之间会因为集聚经济带来的正外部性而获得经济效率的普遍提高，生产和交易的集中降低了公共设施的分摊成本，劳动力市场的共享降低了企业的信息成本和劳动者搜寻成本并促进了技术溢出，具有关联关系的企业之间进行交易还能节约运输费用、谈判成本和监督成本。具体而言，集聚经济主要体现在生产效率、交易效率、竞争效率和创新效率等四个方面（张宏升、赵云平，2007）。

1.生产效率

产业集聚主要从外部规模经济、资源配置效率和技术应用与扩散三个方面提高产业生产效率。

（1）外部规模经济。外部规模经济是由于区域分工与专业化生产带来的众多相互关联的经济主体集中在特定空间地区生产、交易所产生的规模经济。 与分散生产经营的农户、企业相比，产业集聚区集中了大量从事生产、加工、销售的同类企业或农户，关联关系广泛存在，集聚区内的基础设施等不可分物品能被更多生产者共享，中间投入品的生产和使用成本更低，而且能够实现劳动力资源的共享，从而使区域内生产主体获得稳定的专门人才技能供给，这些因素都产生了外部规模经济。

（2）资源配置效率。 农业产业集聚促进了区域资本、土地、劳动力、技术等生产要素的优化配置，提高了机械化、自动化、智能化设备的应用，如美国的玉米种植业存在明显的产业集聚现象，伊利诺伊州玉米的单产超过亚拉巴马州3倍以上（魏后凯，2011）。

（3）技术应用与扩散。 农业产业集聚拉近了劳动者之间的时空距离，增加了农业技术人员之间以及技术人员与农户之间面对面交流的机会，提高了普通农户"干中学"的效果，加快了农业知识获取和技术扩散的进程，从而使生产效率得以提高。

2. 交易效率

农业产业集聚能够降低运输成本和交易成本，从而提高交易效率。 一是运输成本的降低。 农业产业的运输成本较高，而空间位置接近的农户、加工企业和市场减少了保鲜、运输和库存费用，降低了运输成本。 二是通过产业集聚能够构建起社会网络，增加社会资本，减少信息不对称、谈判成本和监督成本（Coleman，1988）。 由于产业聚集区域内的农户、企业之间的距离较近，关联经济主体之间交流机会多，双方便于建立正式的或非正式的联系，容易建立起声誉机制和长期合作机制，减少了道德风险等机会主义行为，并节约了双方的搜寻成本、谈判成本和监督成本。

3. 竞争效率

农业产业集聚会强化区域内经济主体的竞争关系，包括农户之间、产业化组织之间的竞争，竞争的结果带来区域产业对外竞争优势的提高，从而增强了该地区产业抵御市场风险、增加产业附加值的能力。 在竞争压力和超额利润的作用下，地区产业主体必然会在品牌、质量、技术、营销、服务等方面形成差异化竞争，避免了恶性竞争，推动地区产业由竞争走向合作。产业主体之间还能建立监督机制，如创建行业协会、申请地理标志产品等，提高产品知名度、标准化程度和质量安全水平。

4.创新效率

熊彼特（1990）认为，技术创新往往集中于某些产业或部门，依赖于产业主体之间的竞合关系，并演进为"创新孵化器"，因此需要产业集聚的形成。产业集聚能为区域技术创新提供良好的环境，增加了企业员工的沟通机会，促进了信息交流以及技术扩散，人们容易激发出创新性思维，实现知识外溢。

上述分析表明，产业集聚能够带来集聚经济，能有效提升集聚区域产业的经济效率。但有的研究认为，产业集聚对于经济效率的提升并不是线性的和长期的。产业集聚在获得集聚经济的同时，也会由于过度集聚带来集聚不经济。所谓集聚不经济，指的是生产活动过于集中造成的成本增加和效率降低。集聚不经济通常来源于以下几个方面：（1）地区资源不足和交通条件受限导致的能源和资源供应短缺，产生了拥挤成本；（2）区域水资源紧张、土地价格攀升、供电不足等因素导致生产成本大幅上升；（3）环境污染严重、住房拥挤，劳动者的生活品质下降；（4）地区基础设施和社会公共服务不足以应对产业发展的需要；（5）企业间过度竞争、市场饱和引发企业及部分要素资源向其他地区迁移。Williamson（1965）基于对产业集聚与经济发展关系的研究，提出了"威廉姆森"假说，认为在经济发展的初期阶段，产业集聚能显著促进经济效率提升，但达到某一门槛值后，随着拥挤等集聚不经济效应逐步显现，产业集聚对经济效率提升的作用变小，甚至制约了经济增长（徐盈之等，2011），即产业集聚的经济增长效应呈"倒U型"曲线。

（二）研究假设

基于上述理论分析，做出以下研究假设。

假设一:生猪养殖业产业集聚有显著的增长效应，能够提升地区生猪养殖效率，促进了生猪标准化养殖发展。

假设二:生猪养殖业产业集聚对养殖效率的影响呈"倒U型"曲线关系，

即过度集聚产生了集聚不经济，会制约产业集聚的增长效应。

二、模型设定与数据说明

(一)模型设定

从生猪养殖业产业层面看，集聚经济的存在意味着生产活动表现出加总的规模报酬递增特征，随着生产要素投入的增加，地区产出以更快的速度增加，产业生产率随着集聚水平的提高而上升。本书在典型的区域产业生产函数中加入产业集聚因素：

$$pork_{it} = f(agg_{it}, K_{it}, L_{it}, \theta_{it}) \qquad (4\text{-}5)$$

式中，i代表省份，t代表年份，$pork_{it}$代表i省份t年的猪肉产量，agg_{it}代表i省份t年的生猪养殖业产业集聚程度，K_{it}表示i省份t年的生猪养殖物质资本投入量，L_{it}表示i省份t年的生猪养殖劳动力投入量，θ_{it}代表影响i省份t年猪肉产量的其他因素。假定集聚经济以乘数的形式影响产出，则式（4-5）可进一步变换为：

$$pork_{it} = g(agg_{it})z(K_{it}, L_{it}, \theta_{it}) \qquad (4\text{-}6)$$

基于生猪养殖业的特点，以各省份生猪养殖业区位商（flq）衡量生猪养殖业的产业集聚程度，以各省份的能繁母猪年末存栏量（sow）衡量生猪养殖业物质资本投入量，以各省份生猪养殖业劳动者数（labor）[1]衡量生猪养殖业劳动力投入量。考虑到人力资本、生猪养殖规模化程度、地区饲料资源、交通条件等因素可能对生猪养殖效率产生影响，将这些因素归纳为影响地区猪肉产量增长的其他因素，其中：人力资本（hu）以各地区就业人员受教育程度[2]衡量，生猪养殖规模化程度（scale）用年出栏 500 头以上生猪的养殖场数

---

[1] 生猪养殖业劳动者数采用估算的方式获得，估算方式为生猪养殖业就业人口数＝农村人口数/（1＋总抚养比）×（人均经营性收入/人均纯收入）×人均牧业收入占经营收入比×（地区生猪产值/牧业总产值）。各收入类变量均换算为 2001 年不变价格。

[2] 各地区就业人员受教育程度采用加权平均的受教育年限估算（Barro、Lee，2001），即根据各受教育层次就业人员占比乘以对应的教育层次年限，分别为未上过学 0 年、小学 6 年、初中 9 年、高中 12 年、大专 15 年、本科 16 年、研究生 19 年。

目占年出栏 50 头以上生猪养殖场数目的比重计算，地区饲料资源以各省份玉米产量占全国比重（maize）衡量，交通条件（road）以各省份的交通密度[①]衡量。因此，式（4-6）可拓展为如下形式：

$$pork_{it} = g(flq_{it})z(sow_{it}, labor_{it}, hu_{it}, scale_{it}, maize_{it}, road_{it})$$

（4-7）

借鉴 Greenwood 和 Jovanovic（1989）、Ciccone 和 Hall（1996）、吕超和周应恒（2011）、邓宗兵等（2013）、吴建寨等（2015）的研究，将式（4-7）设定为包含产业集聚因素的 C-D 生产函数模型，如下式所示：

$$pork_{it} = A_0 e^{\beta_1 flq_{it}} sow_{it}^{\beta_2} labor_{it}^{\beta_3} hu_{it}^{\beta_4} e^{\beta_5 scale_{it} + \beta_6 maize_{it} + \beta_7 road_{it} + \varepsilon_{it}} \quad （4-8）$$

将（4-8）式两边取自然对数可得：

$$\ln pork_{it} = \alpha_0 + \beta_1 flq_{it} + \beta_2 \ln sow_{it} + \beta_3 \ln labor_{it} + \beta_4 \ln hu_{it}$$
$$+ \beta_5 scale_{it} + \beta_6 maize_{it} + \beta_7 road_{it} + \varepsilon_{it} \quad （4-9）$$

式中，α_0 为常数项，β_1 至 β_7 为回归系数，ε_{it} 为随机误差项。为验证"威廉姆森"假说是否成立，在式（4-9）中加入生猪养殖业产业集聚的平方项，如下所示：

$$\ln pork_{it} = \alpha_0 + \beta_1 flq_{it} + \beta_2 flq_{it}^2 + \beta_3 \ln sow_{it} + \beta_4 \ln labor_{it}$$
$$+ \beta_5 \ln hu_{it} + \beta_6 scale_{it} + \beta_7 maize_{it} + \beta_8 road_{it} + \varepsilon_{it} \quad （4-10）$$

（二）数据说明

本节对中国 31 个省区市（不含港澳台地区）2001—2015 年 465 个观测值的面板数据进行了实证研究，数据均来源于各类统计年鉴[②]。其中，各省份猪肉产量、肉类产量、玉米产量、农村人口、农村人均纯收入及其构成数据等来源于历年的《中国农村统计年鉴》；各省份能繁母猪年末存栏量、生猪养殖场数量等来源于历年的《中国畜牧兽医年鉴》和《中国农业统计资料》；各省份就业人员受教育程度数据来源于历年的《中国劳动统计年鉴》。各变量的名称、单位及统计描述见表 4-1。

---

① 交通密度采用各省份铁路里程与等级公路里程之和与各省份面积之比衡量。
② 极个别缺失数据采用趋势外推法补齐。

表 4-1　生猪养殖产业集聚增长效应模型的变量说明与统计描述

变量名称	单位	均值	中值	最小值	最大值	标准差
被解释变量						
猪肉产量（pork）	万吨	158.83	133.40	0.80	541.30	132.90
解释变量						
区位商（flq）	指数	0.3553	0.3891	0.0063	0.6979	0.1706
能繁母猪数量（sow）	万头	153.35	127.54	5.08	560.40	135.24
生猪养殖劳动者数（labor）	万人	64.83	50.51	0.37	274.81	61.95
人力资本（hu）	年	8.86	8.89	3.02	13.44	1.43
玉米产量占比（maize）	比例	0.0323	0.0152	0.0000	0.1578	0.0381
生猪规模化养殖程度（scale）	百分数（%）	6.61	5.51	0.00	25.34	4.83
交通条件（road）	km/km²	0.5998	0.4667	0.0059	2.1683	0.4599

本节首先运用固定效应估计、两阶段最小二乘法估计和广义矩估计对全部 31 个省区市（不含港澳台）历年的观测值进行了实证研究；其次基于空间杜宾模型在空间邻接权重矩阵、地理距离空间权重矩阵、收入距离空间权重矩阵和经济距离空间权重矩阵的设定下分析了生猪养殖业产业集聚的经济空间溢出效应；再次基于《全国生猪生产发展规划（2016—2020 年）》将中国 31 个省区市（不含港澳台）划分为重点发展区、约束发展区、潜力增长区和适度发展区，研究了生猪养殖业产业集聚对中国不同生猪养殖区域生猪养殖业的增长效应；最后进行了实证模型的稳健性检验。

三、增长效应的实证结果分析：基本模型

本节首先对生猪养殖业产业集聚增长效应的基本模型式（4-9）和式（4-10）进行了估计，估计结果见表 4-2。

F 检验和 Hausman 检验结果表明，应该选择固定效应模型作为估计方法。由方程①和方程②的固定效应模型估计结果可知，在能繁母猪存栏量、生猪养殖业劳动者数等其他因素不变的条件下，生猪养殖业产业集聚（flq）对地区猪肉产量有显著的正向影响，表明产业集聚经济效应促进了生猪养殖业生产效率的提高。产业集聚水平每增加 0.01 将使得地区猪肉产量平均增

表 4-2　生猪养殖业产业集聚增长效应的基本模型估计结果

	FE		2SLS		DIF-GMM		SYS-GMM	
	①	②	③	④	⑤	⑥	⑦	⑧
lnpork	2.4964***							
	(0.2001)							
l.lnpork					0.2731***	0.3631***	0.2568**	0.2605***
					(0.0999)	(0.0901)	(0.1135)	(0.0944)
flq		6.5406***	2.2441***	6.1777***	3.5103***	12.5115***	2.6419***	7.3853***
		(0.5562)	(0.3806)	(0.9152)	(1.1786)	(3.1208)	(0.8290)	(2.4924)
flq²		-5.9526***		-5.8341***		-12.0263***		-7.0017***
		(0.6055)		(1.1239)		(3.8796)		(3.2989)
lnsow	0.3017***	0.3066***	0.2913***	0.2919***	0.5275***	0.4524***	0.4912***	0.4375***
	(0.0427)	(0.0399)	(0.0641)	(0.0514)	(0.1086)	(0.1118)	(0.1368)	(0.1073)
lnlabor	-0.0721***	-0.0798***	-0.0710***	-0.0777***	-0.2023***	-0.2092***	-0.1058	-0.1312*
	(0.0219)	(0.0255)	(0.0236)	(0.0232)	(0.0489)	(0.0466)	(0.0779)	(0.0692)
lnhu	0.3807***	0.3611***	0.3345***	0.3201***	0.2480*	0.2085*	0.4488***	0.3706***
	(0.0919)	(0.0812)	(0.0728)	(0.0671)	(0.1501)	(0.1266)	(0.1469)	(0.1304)
scale	0.0063	0.0073	0.0047	0.0057	0.0029	0.0023	-0.0034	-0.0025
	(0.0062)	(0.0066)	(0.0036)	(0.0035)	(0.0048)	(0.0045)	(0.0039)	(0.0041)
maize	0.9902***	1.2783***	1.0281***	1.3977***	1.3541	2.8286	1.4784	3.0579
	(0.2861)	(0.2164)	(0.5248)	(0.4897)	(2.6086)	(3.7989)	(3.2319)	(3.8429)

续 表

lnpork	FE		2SLS		DIF-GMM		SYS-GMM	
	①	②	③	④	⑤	⑥	⑦	⑧
road	-0.1210*	-0.1636***	-0.1033	-0.1444**	-0.4457***	-0.5219***	-0.1761	-0.2434*
	(0.0598)	(0.0535)	(0.0659)	(0.0655)	(0.1544)	(0.1735)	(0.1570)	(0.1408)
C	1.6509***	1.1941***			-0.0291	-1.2998**	-0.3629	-0.5052
	(0.2637)	(0.2398)			(0.5222)	(0.6159)	(0.4268)	(0.4452)
F	86.20	124.25	44.16	45.09				
	(0.0000)	(0.0000)	(0.0000)	(0.0000)				
wald					247.16	431.41	687.85	634.39
					(0.0000)	(0.0000)	(0.0000)	(0.0000)
R^2	0.5179	0.5748	0.4922	0.5534				
Hausman	119.66	121.50						
	(0.0000)	(0.0000)						
AR(1)					-1.5809	-1.9529	-1.5701	-1.6803
					(0.1139)	(0.0508)	(0.1164)	(0.0929)
AR(2)					1.2015	1.4591	0.5843	0.6108
					(0.2296)	(0.1446)	(0.5590)	(0.5413)
sargan					29.3026	28.6831	29.2372	29.0501
					(0.2090)	(0.2323)	(0.2541)	(0.2618)
N	465	465	434	434	403	403	434	434

注：估计系数下方括号内数值为稳健标准误，***、**、*分别表示1%、5%和10%显著性水平上显著。

加 2.49%。　方程②中加入了产业集聚变量的平方项后，产业集聚一次项的系数显著为正值，而平方项的系数显著为负值，表明随着生猪养殖业产业集聚水平的不断提高，产业集聚在产生集聚经济的同时也出现了集聚不经济，集聚不经济制约了生猪养殖业效率的进一步提高，"威廉姆森"假说是成立的，即产业集聚对生猪养殖业效率增长的影响为"倒 U 型"曲线关系，如图 4-14 所示。　由方程②可以计算出当产业集聚增长效应的转折点为 0.5494，此时在其他条件不变时，产业集聚每增加 0.01 将使区域猪肉产量增长 1.79%。　目前，除湖北、湖南、四川、云南的部分年份产业集聚水平高于转折点 0.5494 外，其他绝大多数省份的产业集聚水平均低于 0.5494，而且高于转折点的省份的增长效应也高于大多数产业集聚水平低的省份，这表明在现阶段，总体而言提高中国生猪养殖业的产业集聚程度将促进养殖效应的提升。

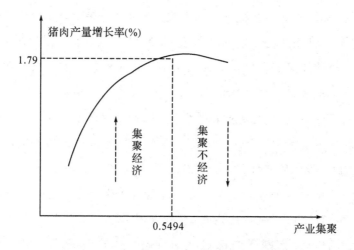

图 4-14　产业集聚对猪肉产量增长率的影响

　　其他控制变量对地区猪肉产量的影响也基本与预期相符。　能繁母猪存栏量（sow）对猪肉产量有显著的正向影响，表明在其他条件不变的情况下，提高地区猪肉产量需要增加物质资本投入量。　生猪养殖劳动力数（labor）对猪肉产量有显著的负向影响，表明在其他条件不变的情况下，增加地区生猪养殖劳动力数反而降低了猪肉产量，原因在于中国生猪养殖劳动力存在大量冗余，劳动的边际报酬出现了递减。　2015 年生猪养殖从业人员平均饲养 83 头商品猪，远低于饲养 150～200 头商品猪的正常劳动强度水平[①]。 人力资本（hu）对猪肉产量的正向影响，说明在其他条件不变的情况下，提高劳动者的人力资本存量有利于生猪标准化养殖相关技术的创新和扩散，从而促进养殖效率的提高。 生猪规模化养殖程度（scale）对猪肉产量的影响为正，但没有通过显著性检验，表明提高生猪规模化养殖水平对生猪养殖效率的提升并不明显。 可能的原因是：第一，中国生猪养殖业的规模化水平不高，规模化对地区生猪养殖整体效率的提升有限；第二，不少生猪养殖场虽然扩大了养殖规模，但依然采用传统的养殖模式，规模效益不明显。 玉米产量占比（maize）对地区猪肉产量有显著的正向影响，表明当其他条件不变时，玉米产量占比高的地区生猪养殖效率较高，原因在于玉米等饲料资源丰富的地区发展生猪养殖业具有先天优势，饲料资源更容易获得，养殖效率得到提高。交通条件（road）对地区猪肉产量的影响显著为负，表明当其他条件不变时，铁路和公路越密集的地区越不利于生猪养殖效率的提高。 原因在于：第一，交通条件优越的地区更容易实现人口集中和附加值较高的新兴产业集聚，提高了地区土地价格，对生猪养殖业产生"挤出效应"，制约了生猪养殖业的发展。 第二，交通线路施工以及车辆噪音会降低母猪的受胎成功率，流产、早产现象增多，生猪死亡率上升。 出于环保的需要也要求生猪养殖场远离交通干线[②]，因此交通线路密集的地区压缩了生猪养殖业的增长空间。 第三，由于人口在交通条件好的地区集中，这些地区成为生猪主销区或生猪调入区，便利的交通条件降低了生猪运输成本，使得生猪养殖业可以向周边交通条件相对欠发达的资源禀赋优势区域发展，这一结论与周力（2011）和虞祎（2012）的研究相同。

Ottaviano 和 Martin（2001）认为，经济增长与产业集聚是相互增强的过程，两者之间存在循环因果关系，即经济增长促进了产业集聚，而产业集聚又

---

① 劳均生猪养殖量取决于养殖场现代化和规模化水平，如果饲养工作完全由人工操作，每个饲养员在正常劳动强度下可饲养 150 头至 200 头商品猪。在现代化规模化养殖场，每个饲养员可养殖 2000 头以上商品猪。

② 农业部《标准化示范场创建评分验收标准》规定生猪养殖场选址需距离主要交通干线 500 米以上。

进一步强化了经济增长。 罗能生等（2009）认为，产业集聚与经济增长互为内生关系，即产业集聚引发了区域经济增长，而经济增长会吸引生产要素的集聚，从而促进新一轮的经济增长。 针对生猪养殖业产业集聚变量可能存在的内生性问题，运用两阶段最小二乘法（2SLS），以滞后一期的区位商作为工具变量进行估计，结果见表 4-2 的方程③和方程④所示。 由方程③可知，产业集聚对地区猪肉产量的影响显著为正；由方程④可知，产业集聚对地区猪肉产量的影响呈"倒 U 型"曲线关系，且显著；其他控制变量对地区猪肉产量的影响方向和显著性检验情况也与方程①和方程②的结论相同，这表明方程①和方程②的估计结果是稳健的。

为了刻画地区猪肉产量的动态变化，考察生猪养殖业是否存在"路径依赖"，将滞后一期的猪肉产量作为解释变量加入式（4-9）和式（4-10）中，将基本模型拓展为动态面板数据模型。 在动态面板数据模型中，滞后的被解释变量通常与误差项相关，固定效应面板数据模型的估计结果是有偏、非一致的（Wooldridge，2003；Roodman，2009），因此本书运用差分广义矩估计方法（DIF-GMM）（Arellano、Bond，1991）和系统广义矩估计方法（SYS-GMM）（Blunddell、Bond，1998）进行估计分析，结果见表 4-2 的方程⑤、方程⑥、方程⑦和方程⑧，以避免动态面板数据模型的内生性问题。 自相关检验 AR（2）的结果表明无法拒绝"扰动项的差分不存在二阶自相关"的原假设，表明模型是合理的；过度识别检验 sargan 检验的结果表明无法拒绝"所有工具变量均有效"的原假设，表明回归分析中所使用的工具变量是有效的。 方程⑤、方程⑥、方程⑦和方程⑧的估计结果均表明，滞后一期的地区猪肉产量对当期的猪肉产量有显著的正向影响，说明地区生猪养殖业存在"路径依赖"，前期生猪养殖效率较高的地区对当期地区生猪养殖效率有积极的影响。 产业集聚变量的一次项和平方项对猪肉产量的影响方向和显著性与采用固定效应模型和两阶段最小二乘法的估计结果相同，说明研究结论是稳健的。

四、增长效应的实证结果分析：空间溢出效应

地理学第一定律认为，事物都是相互关联的，距离较近事物的关联性更强（Tobler，1970）。 高斯定理中的空间单位独立假定可能不成立，普通最小二乘法估计不再适用。 Griffith（1992）提出的空间统计方法能够分析经济现象的空间溢出效应，为存在空间相关性的经济活动的分析提供了更可靠的解释。

许多研究表明，农业经济活动存在空间溢出效应：贺亚亚（2016）的研究表明，中国各省份的农业产值存在着显著的空间正相关关系，农业集聚经济存在着明显的空间正溢出效应；李炬霖等（2017）的研究发现，中国渔业始终存在着显著的地理集聚与空间自相关性，且具有正向的省际空间溢出效应。中国各省份的生猪养殖业并不是孤立发展的，彼此之间存在着相互作用关系。 因此，本书采用空间经济学理论与方法研究生猪养殖业产业集聚的增长效应，探讨集聚经济的空间溢出效应是否存在，以及空间溢出效应的大小。

（一）空间杜宾模型的构建

空间滞后模型（SAR）、空间误差模型（SEM）和空间杜宾模型（SDM）是主要的空间计量模型类型。 与前两者相比，空间杜宾模型将空间滞后被解释变量和空间滞后解释变量对解释变量的影响同时加以考虑（Lesage、Pace，2008），便于分析空间外部性和溢出效应。 在空间杜宾模型基本形式的基础上，本书研究生猪养殖业产业集聚空间溢出效应的模型构建如下：

$$\ln pork_{it} = \alpha_0 l_n + \beta_1 flq_{it} + \beta_2 flq_{it}^2 + \beta_3 \ln sow_{it} + \beta_4 \ln labor_{it} + \beta_5 \ln hu_{it}$$
$$+ \beta_6 scale_{it} + \beta_7 maize_{it} + \beta_8 road_{it} + \rho W \ln pork_{it} + \gamma_1 W flq_{it}$$
$$+ \gamma_2 W flq_{it}^2 + \gamma_3 W \ln sow_{it} + \gamma_4 W \ln labor_{it} + \gamma_5 W \ln hu_{it} + \gamma_6 W scale_{it}$$
$$+ \gamma_7 W maize_{it} + \gamma_8 W road_{it} + \mu_{it} \tag{4-11}$$

（4-11）式中，W 为空间权重矩阵，ρ 为空间自回归系数。

（二）空间权重矩阵设定

设定四种空间权重矩阵：空间邻接权重矩阵、地理距离空间权重矩阵、收入距离空间权重矩阵和经济距离空间权重矩阵。 具体的设定方式如下：

（1）空间邻接权重矩阵，是一种二进制空间权重矩阵，刻画了空间地区之间的邻接关系。根据 Rook 相邻规则，有公共边界的区域视为相邻。定义如下：

$$w_{ij} = \begin{cases} 0 & 区域\ i,\ j\ 不相邻 \\ 1 & 区域\ i,\ j\ 相邻 \end{cases} \tag{4-12}$$

式中，i、j 代表不同区域，下同。

（2）地理距离空间权重矩阵（Paas、Schlitte，2006），认为距离越近的地区联系越紧密，以两地省会城市距离 d_{ij} 平方的倒数为权重，则距离越近，权重越大；距离越远，权重越小。定义如下：

$$w_{ij} = \begin{cases} 0 & i = j \\ 1/d_{ij}^2 & i \neq j \end{cases} \tag{4-13}$$

（3）收入距离空间权重矩阵（林光平等，2006），认为收入差距越小的省份联系越紧密，以两地区实际人均收入水平 y_i 和 y_j 之差绝对值为权重。定义如下：

$$w_{ij} = \begin{cases} 0 & i = j \\ 1/|y_i - y_j|d_{ij}^2 & i \neq j \end{cases} \tag{4-14}$$

（4）经济距离空间权重矩阵，以两地区人均收入水平之积 $y_i y_j$ 除以距离平方为权重。定义如下：

$$w_{ij} = \begin{cases} 0 & i = j \\ y_i y_j/d_{ij}^2 & i \neq j \end{cases} \tag{4-15}$$

（三）空间自相关检验

空间自相关指邻近区域的变量取值相似。高值集聚在一起或低值集聚在一起称为正空间自相关，高值与低值集聚在一起称为负空间自相关，随机分布的变量则不存在空间自相关。使用空间计量方法的前提是数据存在空间自相关性，莫兰指数 I（Moran's I）是检验空间自相关性最常用的指标，取值介于 $-1 \sim 1$ 之间，大于 0 为正空间自相关，小于 0 为负空间自相关。计算公式如下：

$$I = \frac{\sum_{i=1}^{n}\sum_{j=1}^{n} w_{ij}(x_i - \overline{x})(x_j - \overline{x})}{S^2 \sum_{i=1}^{n}\sum_{j=1}^{n} w_{ij}} \tag{4-16}$$

式中，S^2 为样本方差。

各省份猪肉产量的空间自相关系数及检验结果见表 4-3。 在不同类型的空间权重矩阵设定下，猪肉产量的空间自相关系数均显著大于 0，表明各省份的猪肉产量存在显著的正空间自相关关系，即猪肉产量高的省份与猪肉产量高的省份聚集，而猪肉产量低的省份与猪肉产量低的省份聚集。

表 4-3　2001—2015 年猪肉产量的空间自相关系数

W	年份	2001	2003	2005	2007	2009	2011	2013	2015
空间邻接权重	Moran's I	0.269***	0.254***	0.224**	0.274***	0.266***	0.272***	0.257***	0.246***
	Z	2.650	2.532	2.249	2.649	2.598	2.638	2.512	2.413
	P	(0.004)	(0.006)	(0.012)	(0.004)	(0.005)	(0.004)	(0.006)	(0.008)
地理距离权重	Moran's I	0.123**	0.117**	0.114*	0.145**	0.146**	0.155**	0.154**	0.154**
	Z	1.726	1.666	1.619	1.945	1.959	2.051	2.044	2.033
	P	(0.042)	(0.048)	(0.053)	(0.026)	(0.025)	(0.020)	(0.020)	(0.021)
收入距离权重	Moran's I	0.136	0.125	0.139	0.170*	0.170*	0.178*	0.176*	0.145
	Z	1.207	1.136	1.226	1.435	1.438	1.493	1.475	1.225
	P	(0.114)	(0.128)	(0.110)	(0.076)	(0.075)	(0.068)	(0.070)	(0.110)
经济距离权重	Moran's I	0.097*	0.090*	0.084*	0.115**	0.116**	0.124**	0.123**	0.125**
	Z	1.468	1.394	1.315	1.652	1.664	1.748	1.743	1.755
	P	(0.071)	(0.082)	(0.094)	(0.049)	(0.048)	(0.040)	(0.041)	(0.040)

（四）估计结果分析

由表 4-4 的生猪养殖业产业集聚增长效应的空间杜宾模型估计结果可知，在各类空间权重矩阵设定下，被解释变量地区猪肉产量的空间自回归系数 ρ 均为显著的正值，表明地区猪肉产量存在显著的空间溢出效应，与生猪养殖效率高的省份邻近或经济联系紧密的省份的生猪养殖效率也相对较高。

在空间杜宾模型的估计结果中，解释变量对被解释变量的影响可分解为直接效应（Direct effect）、间接效应（Indirect effect）和总效应（Total effect）。 本省份解释变量对被解释变量的影响及通过对其他省份被解释变量的影响对本省份的回馈是直接效应，其他省份解释变量对本省份被解释变量

表 4-4 生猪养殖业产业集聚增长效应的空间杜宾模型估计结果

lnpork	空间邻接权重矩阵 ①	地理距离权重矩阵 ②	收入距离权重矩阵 ③	经济距离权重矩阵 ④
flq	4.6203*** (1.3327)	5.1038*** (1.4038)	6.5766*** (1.3229)	5.1682*** (1.4206)
flq^2	-3.3705* (1.7559)	-3.9722** (1.7627)	-5.9106*** (1.5999)	-4.0816** (1.8478)
lnsow	0.2430*** (0.0839)	0.2546*** (0.0860)	0.2603*** (0.0826)	0.2631*** (0.0856)
lnlabor	0.0768 (0.0531)	0.0675 (0.0717)	0.0763 (0.0772)	0.0631 (0.0856)
lnhu	-0.0168 (0.0921)	-0.0493 (0.1262)	-0.1163 (0.1255)	-0.0845 (0.1395)
scale	0.0073 (0.0050)	0.0061 (0.0057)	0.0057 (0.0051)	0.0055 (0.0057)
maize	0.2090 (0.9225)	-0.0072 (0.7747)	0.8027 (0.6837)	0.3374 (0.8348)
road	-0.0711 (0.1608)	-0.1851 (0.1271)	-0.1595 (0.1091)	-0.2145 (0.1329)
w*flq	0.2542 (1.4776)	3.2773 (2.0296)	-0.5488 (1.2701)	3.5306 (2.6300)
$w*flq^2$	-1.3264 (1.9093)	-7.0379*** (2.6322)	-1.8739 (1.8925)	-7.5121** (3.6920)
w*lnsow	0.1779 (0.1087)	0.0619 (0.1177)	0.0819 (0.0805)	-0.0796 (0.1099)
w*lnlabor	-0.2038*** (0.0421)	-0.1629*** (0.0617)	-0.1913*** (0.0544)	-0.1425** (0.0542)
w*lnhu	0.2848* (0.1603)	0.2758 (0.2219)	0.4100** (0.1930)	0.4953* (0.2709)
w*scale	-0.0146* (0.0075)	-0.0087 (0.0097)	-0.0131* (0.0072)	-0.0067 (0.0098)
w*maize	-3.5619 (2.5205)	-4.3537 (2.2574)	-2.6057 (1.5994)	-4.6496* (2.3971)
w*road	-0.0861 (0.1561)	0.0205 (0.1305)	-0.0194 (0.0873)	0.0719 (0.1141)

续表

lnpork	空间邻接权重矩阵 ①		地理距离权重矩阵 ②		收入距离权重矩阵 ③		经济距离权重矩阵 ④	
ρ	0.3785***	(0.0815)	0.4305***	(0.1305)	0.4370***	(0.0666)	0.3869***	(0.1194)
R^2	0.6946		0.6713		0.6752		0.6419	
Direct effect								
flq	4.7735***	(1.3592)	5.5520***	(1.3313)	6.9186***	(1.3852)	5.5175***	(1.3500)
flq²	−3.5714***	(1.8077)	−4.7029***	(1.6946)	−6.6109***	(1.7247)	−4.6690***	(1.7996)
Indirect effect								
flq	2.8524	(2.2141)	9.3184***	(3.0798)	3.5246**	(1.7361)	8.6915**	(3.7130)
flq²	−3.6634	(2.8584)	−14.8119***	(4.3368)	−6.8483**	(2.7324)	−14.2029***	(5.4364)
Total effect								
flq	7.6259**	(3.0424)	14.8705***	(3.2435)	10.4432***	(2.7687)	14.2090***	(3.8664)
flq²	−7.2347*	(3.8533)	−19.5147***	(4.6314)	−13.4593***	(3.9891)	−18.8719***	(5.8533)
N	465		465		465		465	

注：估计系数右方括号内数值为稳健标准误。***、**、*分别表示1%,5%和10%显著性水平上显著。

的影响及通过对其他省份被解释变量的影响对本省份的回馈是间接效应,直接效应与间接效应之和为总效应。 由表 4-4 可知,在各类空间权重矩阵设定下,产业集聚一次项的直接效应均显著为正值,产业集聚平方项的直接效应均显著为负值,为"倒 U 型"曲线关系,表明各省份的生猪养殖产业集聚对本省份的生猪养殖效率有直接影响,且通过对其他省份的影响,对本省份的生猪养殖效率产生了空间回馈效应。 在地理距离权重矩阵、收入距离权重矩阵和经济距离权重矩阵的设定下,产业集聚一次项的间接效应均显著为正值,产业集聚平方项的间接效应均显著为负值,也为"倒 U 型"曲线关系,表明其他省份生猪养殖产业集聚及其对其他省份生猪养殖效率的影响对本省份生猪养殖效率带来了影响,且在其他省份产业集聚水平较低时,表现为集聚经济,在其他省份产业集聚水平较高时,表现为集聚不经济。 从生猪养殖业产业集聚的空间总效应看,产业集聚带来的集聚经济产生了正的空间溢出效应。 将四种空间权重设定下的集聚经济最大值进行平均后发现,产业集聚每提高 0.01 将促进猪肉产量平均增加 2.39%,高于不考虑空间溢出效应时的 1.79%。

五、增长效应的实证结果分析:区域差异

《全国生猪生产发展规划（2016—2020）》将中国 31 个省区市（不含港澳台）生猪养殖业未来发展的定位做了划分,分为重点发展区、约束发展区、潜力增长区和适度发展区。 各类区域生猪养殖业在资源禀赋、产业条件和居民消费偏好等方面存在明显差异。 那么,生猪养殖业产业集聚对各类区域的增长效应是否存在显著差异? 这是一个值得深入考察的问题。

表 4-5 基于固定效应面板数据模型估计了不同类型区域生猪养殖业产业集聚的增长效应,方程①、方程③、方程⑤、方程⑦只加入了产业集聚变量的一次项,方程②、方程④、方程⑥、方程⑧加入了产业集聚变量的一次项和平方项。

估计结果表明:生猪养殖业产业集聚对重点发展区、潜力增长区、适度发展区猪肉产量均有显著正向影响,表明产业集聚增强了这些区域的生猪养殖效率。 从估计系数的大小看,产业集聚对适度发展区和潜力增长区的增长效

表 4-5　分地区生猪养殖产业集聚增长效应的回归结果

lnpork	重点发展区		约束发展区		潜力增长区		适度发展区	
	FE	FE	FE	FE	FE	FE	FE	FE
	①	②	③	④	⑤	⑥	⑦	⑧
flq	1.0056**	3.3611	1.0709	4.1461	3.4085***	4.9956***	5.7994***	17.3274***
	(0.3807)	(2.2026)	(0.7229)	(2.8397)	(0.3989)	(1.3532)	(0.4010)	(1.6889)
flq²		-2.3999		-4.1159		-2.7729		-25.9137***
		(2.0376)		(2.9088)		(1.8599)		(3.7346)
lnsow	0.6122***	0.5857***	0.5637***	0.5671***	0.1295***	0.1116**	0.1406**	0.0168
	(0.0709)	(0.0594)	(0.0885)	(0.0802)	(0.0379)	(0.0465)	(0.0589)	(0.0512)
lnlabor	-0.2388***	-0.2378***	0.0456	0.0603	-0.1588**	-0.1918**	-0.1221***	-0.1579***
	(0.0333)	(0.0342)	(0.0454)	(0.0483)	(0.0698)	(0.0854)	(0.0340)	(0.0284)
lnhu	0.2022	0.1481	0.3277	0.3564	0.5059***	0.4345**	0.3970**	0.5301***
	(0.1584)	(0.1708)	(0.3446)	(0.3183)	(0.1468)	(0.1527)	(0.1483)	(0.1349)
scale	-0.0066***	-0.0065***	0.0062	0.0084	-0.0236**	-0.0214**	0.0138	-0.0103
	(0.0019)	(0.0020)	(0.0051)	(0.0056)	(0.0086)	(0.0077)	(0.0109)	(0.0109)
maize	-0.4702	-0.4979	-11.1129	-11.6607	2.1254***	2.1103***	8.9821***	-1.3969
	(0.7217)	(0.7074)	(9.2684)	(9.3435)	(0.3507)	(0.3093)	(2.2444)	(2.0142)

续　表

	重点发展区		约束发展区		潜力增长区		适度发展区	
	FE	FE	FE	FE	FE	FE	FE	FE
	①	②	③	④	⑤	⑥	⑦	⑧
Inpork								
road	-0.0582	-0.0557	-0.1071	-0.1388	0.2434	0.1602	-0.6289***	0.2051
	(0.0389)	(0.0392)	(0.1000)	(0.1081)	(0.2264)	(0.2687)	(0.0506)	(0.1727)
C	2.2697***	1.9843**	1.0041	0.4065	2.3926***	2.6159***	0.7600***	0.2781
	(0.7305)	(0.7647)	(0.6436)	(0.8228)	(0.5292)	(0.6178)	(0.2494)	(0.2126)
F	270.35	362.75	34.33	80.60	225.71	723.88	285.79	164.54
	(0.0000)	(0.0000)	(0.0000)	(0.0000)	(0.0000)	(0.0000)	(0.0000)	(0.0000)
R^2	0.7288	0.7345	0.5994	0.6175	0.8449	0.8505	0.6088	0.7715
N	105	105	165	165	90	90	105	105

注:估计系数下方括号内数值为稳健标准误,***、**、*分别表示1%、5%和10%显著性水平上显著。

应最为明显，产业集聚水平每增长 0.01 将带来地区猪肉产量分别平均增长 5.79％和3.41％，对重点发展区也有 1.01％的平均增幅。 可能的原因是适度发展区多为西北地区，生猪养殖业产业集聚程度低，因而集聚经济效应明显；潜力增长区多为东北省份和西南省份，是未来中国生猪产业的增长点，所以集聚经济效应也较为明显；重点发展区虽然生猪养殖总量大，但是集聚水平较高且未来生猪总量增幅缓慢，集聚不经济对集聚经济产生了抵消作用。 值得注意的是，产业集聚对约束发展区猪肉产量的影响不显著，表明其对约束发展区生猪养殖效率的提升没有明显的效果，原因在于约束发展区的生猪养殖业发展空间受资源环境限制，且集聚水平较高（如湖北、湖南等省份），产生了集聚不经济，抵消了集聚经济的正向作用。 包含生猪养殖业产业集聚一次项和平方项的各方程估计结果表明，只有适度发展区符合"威廉姆森"假说，且转折点为 0.3343，低于全国平均的 0.5494，说明在适度发展区，集聚不经济现象更早出现，这是因为发展生猪养殖业需要消耗大量水资源，适度发展区部分省份水资源短缺严重，缺乏发展生猪养殖业的基础性条件。

其他控制变量的估计结果表明：生猪养殖劳动者数对重点发展区、潜力增长区和适度发展区的猪肉产量均有显著的负向影响，说明生猪养殖劳动力在这些地区是存在冗余的。 人力资本对潜力增长区和适度发展区的猪肉产量有显著的正向影响，这两个区域的就业人员受教育程度较低，因此增加人力资本存量的增长效应更为明显。 生猪规模化养殖程度对重点发展区和潜力增长区有显著的负向影响，表明在这些地区生猪养殖规模化程度的提高并没有带来规模效益，原因在于不少大规模养殖场的管理方式和技术装备落后，管理难度大，生猪发病率高，养殖效率较低。 玉米产量占比对潜力增长区和适度发展区的猪肉产量有显著的正向影响，适度发展区部分省份（如青海、西藏）的玉米产量占比较低，该地区增加玉米产量有利于解决饲料供应问题，从而促进生猪养殖效率提高。 交通条件对适度发展区猪肉产量的影响显著为负，原因在于适度发展区的不少省份居民不以猪肉作为主要肉类消费，交通条件的改善便于从生猪主产区调入生猪，进一步削弱了当地的生猪养殖业竞争力。

六、稳健性检验

为了保证估计结果的可靠性，基于变更估计方法和变量替换对生猪养殖业产业集聚的增长效应进行了稳健性检验，估计结果见表4-11的方程①、方程②、方程③。（1）变更估计方法：采用最大似然估计法（MLE），通过自抽样（bootstrap）300次，对模型（4-10）式进行估计，结果表明生猪养殖业产业集聚变量的一次项和平方项的估计系数方向及其显著性没有改变。（2）变量替换：将生猪养殖业产业集聚变量的计算由基于猪肉产量和肉类总产量的区位商（flq）替换为基于实际生猪养殖业产值和农林牧渔业总产值的区位商（falq），将地区生猪养殖业产量以猪肉产量（pork）衡量替换为以生猪年出栏量（pig）衡量，再次对模型（4-10）式做了固定效应和SYS-GMM估计，结果表明生猪养殖业产业集聚变量的一次项和平方项的估计系数方向及其显著性没有改变，且SYS-GMM估计模型合理且不存在过度识别问题。各控制变量的估计系数方向和显著性也基本与之前的估计结果相符。上述分析表明，本研究对生猪养殖业产业集聚增长效应的分析是稳健的、可靠的。

第三节 产业集聚的生猪标准化养殖环境效应研究

一、理论分析与研究假设

（一）理论分析

生猪标准化养殖要求污染无害化处理和资源化利用，农业供给侧改革也要求全面推进畜禽养殖业废弃物资源化利用，因此生猪养殖业污染状况改善是标准化养殖水平提高的重要体现。马歇尔、雅各布斯外部性理论（Jacobs，1969）以及新经济地理理论，均关注产业的集聚经济能否促进经济效率提升，上面的研究结论也证实了生猪养殖业产业集聚经济及其空间溢出效应的确存在。那么，生猪养殖业产业集聚能否产生环境正外部性，改善生猪养殖业带来的环境污染？

从逻辑上分析，产业集聚与地区环境污染之间必然存在着紧密关联，污染是产业发展带来的副产品，并内生于产业集聚的过程之中。产业集聚对环境污染的影响实质上是一种外部性，可能是环境正外部性，也可能是环境负外部性。一些研究认为，产业集聚伴随着产出和污染总量的增加，是环境污染恶化的重要原因（Verhoef、Nijkamp，2002）。也有不少学者认为，产业集聚对环境有三方面改善作用，产生了环境正外部性（谢荣辉、原毅军，2016）：一是基于新经济地理学，产业集聚与地区环境污染存在显著的空间关联（豆建民、张可，2015）。产业集聚能带来企业技术溢出效应和技术外部性（师博、沈坤荣，2013），促进地区环保技术协同创新和空间溢出（Jacobs，1969；Zeng、Zhao，2009），污染问题随着环保技术的提高而缓解（Grossman、Krueger，1991）。二是基于"俱乐部理论"，产业集聚促进了环保设施等基础设施的共享（Buchanan，1965），降低了单个企业的污染防治成本，产生了污染防治的规模效应，并促进集聚区域内环保技术创新和环保产业发展。三是从产业共生循环的视角出发（张玉梅，2015），在共生循环、耦合发展的产业集群内资源能实现共享、再生和再用，从而减少污染物排放。

也有研究认为，产业集聚对环境污染的影响为非线性，原因是在不同产业集聚水平上，环境正外部性与环境负外部性存在孰强孰弱的问题。研究结论并不一致，如"U型"关系（刘习平、盛三化，2016）、"倒U型"关系（黄娟、汪明进，2016）、"N型"与"倒N型"关系（李伟娜等，2010；曹杰、林云，2016）。

（二）研究假设

基于上述理论分析，做出如下研究假设。

假设三：生猪养殖业产业集聚能够产生显著的环境正外部效应，提升产业集聚能改善生猪养殖污染问题。

假设四：生猪养殖业产业集聚对生猪养殖污染的影响呈非线性关系。

二、模型设定与数据说明

（一）模型设定

根据 Grossman 和 Krueger（1995）的研究，地区环境污染状况可以分解为产业结构、生产规模和环保技术三个因素。 即：

$$e_{it} = f(str_{it}, y_{it}, tec_{it}) \tag{4-17}$$

式中，e 代表地区污染物排放量，str 代表地区产业结构，y 代表地区生产规模，tec 代表地区环保技术。 结合生猪养殖业的特点，生猪养殖业产业集聚（flq）反映了地区产业构成和专业化程度，可作为地区产业结构代理变量；以地区猪肉产量（pork）代表地区生猪养殖业生产规模；以人力资本（hu）反映地区环保技术水平，人力资本存量高的地区更容易实现环境技术应用和创新；以农地猪粪承载强度（poll）衡量生猪养殖业环境污染量。 因此式（4-17）拓展为：

$$poll_{it} = f(flq_{it}, pork_{it}, hu_{it}) \tag{4-18}$$

进一步地，在式（4-18）的基础上加入生猪规模化养殖程度（scale）和交通条件（road）作为控制变量，可得估计模型为：

$$poll_{it} = \alpha_0 + \beta_1 flq_{it} + \beta_2 \ln pork_{it} + \beta_3 \ln hu_{it}$$
$$+ \beta_4 scale_{it} + \beta_5 road_{it} + \varepsilon_{it} \tag{4-19}$$

在式（4-19）的基础上加入生猪养殖业产业集聚（flq）的平方项（flq^2），以考察产业集聚与生猪养殖业污染的非线性关系，即：

$$poll_{it} = \alpha_0 + \beta_1 flq_{it} + \beta_2 flq_{it}^2 + \beta_3 \ln pork_{it} + \beta_4 \ln hu_{it}$$
$$+ \beta_5 scale_{it} + \beta_6 road_{it} + \varepsilon_{it} \tag{4-20}$$

（二）数据说明

本节对中国 31 个省区市（不含港澳台地区）2001—2015 年 465 个观测值的面板数据进行了实证研究，数据均来源于各类统计年鉴。 其中，农地猪粪承载强度（poll）的估算方法见式（4-21）：

$$poll_{it} = pig_{it} \times (398.00 + 656.70 \times 0.57) \times (180/365)/land_i$$

$$(4\text{-}21)$$

pig_{it} 为各省份生猪出栏量，$land_i$ 为各省份农地面积，398.00（kg/头）为生猪年粪便排泄量，656.70（kg/头）为生猪年猪尿排泄量，0.57 为猪尿的猪粪当量换算系数（杨朝飞，2002），180 天为生猪养殖周期。各变量统计描述见表 4-6。

表 4-6　生猪养殖产业集聚环境效应模型的变量说明与统计描述

变量名称	单位	均值	中值	最小值	最大值	标准差
被解释变量						
农地猪粪承载强度（poll）	吨/公顷	0.7663	0.6712	0.0006	4.9814	0.6949
解释变量						
区位商（flq）	指数	0.3553	0.3891	0.0063	0.6979	0.1706
猪肉产量（pork）	万吨	158.83	133.40	0.80	541.30	132.90
人力资本（hu）	年	8.86	8.89	3.02	13.44	1.43
生猪规模化养殖程度（scale）	百分数（%）	6.61	5.51	0.00	25.34	4.83
交通条件（road）	km/km²	0.5998	0.4667	0.0059	2.1683	0.4599

本节首先运用固定效应估计、两阶段最小二乘法估计和广义矩估计对全部 31 个省区市历年的观测值进行了实证研究；其次基于空间杜宾模型在空间邻接权重矩阵、地理距离空间权重矩阵、收入距离空间权重矩阵和经济距离空间权重矩阵的设定下分析了生猪养殖业产业集聚环境效应的空间溢出效应；再次基于《全国生猪生产发展规划（2016—2020 年）》将中国 31 个省区市划分为重点发展区、约束发展区、潜力增长区和适度发展区，研究了生猪养殖业产业集聚对中国不同生猪养殖区域生猪养殖业的环境效应；最后进行了实证模型的稳健性检验。

三、环境效应的实证结果分析：基本模型

本节首先对生猪养殖业产业集聚环境效应的基本模型式（4-19）和式（4-20）进行了估计，结果见表 4-7。

表 4-7　生猪养殖产业集聚环境效应的基本模型估计结果

poll	FE		2SLS		DIF-GMM		SYS-GMM	
	①	②	③	④	⑤	⑥	⑦	⑧
l. poll					0.1751***	0.2156***	0.7242	0.7415
					(0.0193)	(0.0321)	(1.2144)	(1.2663)
flq	−2.4044***	−6.5831***	−2.5995***	−7.5689***				
	(0.6965)	(1.6602)	(0.7695)	(1.8862)				
flq²		5.7756***		7.2034***				
		(1.6869)		(1.9142)				
l. flq					−1.5876***	−5.8289***	−9.1061***	−13.4603**
					(0.5996)	(1.9228)	(3.5809)	(6.5429)
l. flq²						5.6557***	6.9850	
						(2.1373)	(16.9671)	
lnpork	1.1276***	1.2114***	1.1176***	1.2057***	1.3001***	1.3086***	1.0235***	1.0109**
	(0.1256)	(0.1227)	(0.1923)	(0.2210)	(0.3536)	(0.3374)	(0.2962)	(0.4822)
lnhu	−0.6504**	−0.6964***	−0.4456***	−0.4763***	−0.2639	−0.2543	−0.0491	0.0006
	(0.2505)	(0.2597)	(0.1253)	(0.1409)	(0.2077)	(0.2372)	(4.0009)	(2.2908)
scale	0.0124	0.0103	0.0009	−0.0008	0.0117**	0.0125	−0.0389	−0.0378
	(0.0081)	(0.0076)	(0.0049)	(0.0048)	(0.0053)	(0.0081)	(0.1778)	(0.1409)

续 表

poll	FE		2SLS		DIF-GMM		SYS-GMM	
	①	②	③	④	⑤	⑥	⑦	⑧
road	-0.2201*	-0.1772	-0.0625	-0.0191	-0.3641***	-0.3209***	0.5479	0.5245
	(0.1058)	(0.1035)	(0.1058)	(0.1015)	(0.1175)	(0.1176)	(0.7384)	(0.6915)
C	-1.9789***	-1.6792**			-3.9441***	-3.4368***	-1.1221	-0.6688
	(0.5838)	(0.6744)			(1.0036)	(0.8858)	(6.9701)	(4.1019)
F	35.85	585.77	10.22	7.94				
	(0.0000)	(0.0000)	(0.0000)	(0.0000)				
wald					158.07	152.68	70.35	103.19
					(0.0000)	(0.0000)	(0.0000)	(0.0000)
R²	0.5148	0.5428	0.5409	0.5670				
Hausman	149.39	192.40						
	(0.0000)	(0.0000)						
AR(1)					-1.4442	-1.6556	-0.5378	-0.4985
					(0.1487)	(0.0978)	(0.3907)	(0.6181)
AR(2)					-0.8989	-0.6414	-0.8522	-0.5611
					(0.3687)	(0.5213)	(0.3941)	(0.5747)
sargan					27.1453	27.1218	29.7311	24.5962
					(0.2977)	(0.2988)	(0.7964)	(0.9411)
N	465	465	403	403	403	403	434	434

注：估计系数下方括号内数值为稳健标准误，***、**、*分别表示1%、5%和10%显著性水平上显著。

　　由方程①和方程②的 F 检验和 Hausman 检验可知，选择固定效应模型进行估计。 由估计结果可知：生猪养殖业产业集聚（flq）对农地猪粪承载强度（poll）有显著的负向影响，即产业集聚有显著的环境正外部性。 在其他条件不变的情况下，产业集聚（flq）每提高 0.01 将平均降低农地猪粪承载强度（poll）0.0240。 方程②在方程①的基础上加入了产业集聚的平方项（flq²），估计结果为产业集聚一次项系数显著为负、平方项系数显著为正，说明生猪养殖业产业集聚对生猪养殖业环境污染的影响是非线性的，且为"U型"曲线关系，如图 4-15 所示。 由方程②可以计算得产业集聚达 0.5699 为"U型"曲线的转折点，此时在其他条件不变的情况下，产业集聚每增加0.01 将降低农地猪粪承载强度 0.0188。 产业集聚环境效应的"U型"曲线关系表明产业集聚对生猪养殖业环境污染产生了先抑制后恶化的作用。 当区域内生猪养殖业产业集聚处于形成和增长阶段时，由于环保技术和知识溢出、公共污染防治设施的共享利用以及环保产业的发展，产业集聚产生了环境正外部性，降低了生猪养殖业环境污染。 当生猪养殖业产业集聚进一步提高时，地区的资源环境承载能力出现瓶颈，产业集聚的环境负外部性逐渐增强，抵消并超越了环境正外部性。 当前中国绝大多数省份的生猪养殖业产业集聚程度均处于环境正外部性的区间内，表明在现阶段，提高中国生猪养殖业的产业集聚水平有利于发挥其环境正外部性，缓解影响生猪养殖业发展的污染问题，从而提高地区生猪标准化养殖水平。

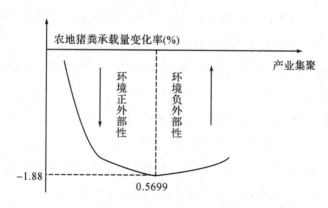

图 4-15　产业集聚对农地猪粪承载强度变化率的影响

其他控制变量对农地猪粪承载强度的影响方向和显著性也基本与预期相符。猪肉产量（pork）对农地猪粪承载强度有显著的正向影响，表明在其他条件不变的情况下，增加地区生猪养殖总量将加剧生猪养殖业污染，这也正是中国部分沿海发达省份出台调减生猪养殖总量政策的原因。人力资本（hu）对农地猪粪承载强度有显著的负向影响，表明在其他条件不变的情况下，增加地区劳动者的人力资本有利于促进环保技术的创新、扩散和应用，从而实现生猪养殖业污染的降低。生猪规模化养殖程度（scale）对农地猪粪承载强度的影响不显著，大规模生猪养殖场虽然更有资金实力采用先进的环保技术和设施，能够实现污染防治的规模效应，但是其猪粪尿等废弃物排泄对周边有限的农地带来很大的承载压力，因而并不能有效降低农地猪粪承载强度。在方程①中，交通条件对农地猪粪承载强度有显著的负向影响；在方程②中，交通条件对农地猪粪承载强度的影响为负，但没有通过显著性检验，表明交通条件等基础设施的改善可能实现了对生猪养殖业污染状况的缓解，原因在于便捷的交通条件可能更便于养殖场猪粪的运输、出售和加工，减少了其对周边农田的环境威胁。

产业集聚与环境污染可能互为因果（李勇刚、张鹏，2013），为了避免内生性问题出现，采用两阶段最小二乘法，以滞后两期的产业集聚变量作为当期产业集聚变量的工具变量，对基本模型式（4-19）和式（4-20）进行了估计，结果见表4-7的方程③和方程④。由方程③可知，产业集聚对农地猪粪承载强度的影响显著为负；由方程④可知，产业集聚对农地猪粪承载强度的影响呈"U型"曲线关系，且显著；其他控制变量对农地猪粪承载强度的影响方向和显著性检验情况也与方程①和方程②结论基本相同，这表明方程①和方程②估计结果是稳健的。

为了考察生猪养殖业环境污染是否存在"路径依赖"，并考察产业集聚对生猪养殖业污染的滞后效应，将滞后一期的农地猪粪承载强度及产业集聚变量作为解释变量加入式（4-19）和式（4-20）中，将基本模型拓展为动态面板数据模型。本书运用DIF-GMM和SYS-GMM进行估计，结果见表4-7的方程⑤、方程⑥、方程⑦和方程⑧，以避免动态面板数据模型的内生性问题。自相关检验AR（2）的结果无法拒绝"扰动项的差分不存在二阶自相关"的原假设，表明模型是合理的；过度识别检验 sargan 检验的结果无法拒绝"所有工具变量均有效"的原假设，表明回归分析中所使用的工具变量是有效的。方程⑤、方程⑥估计结果表明，滞后一期的农地猪粪承载强度对当期的农地猪粪承载强度有显著的正向影响，说明生猪养殖业污染存在"路径依赖"，前期农地猪粪承载强度较高的地区对当期农地猪粪承载强度有正向的影响。滞后一期产业集聚变量的一次项和平方项对农地猪粪承载强度的影响方向和显著性与采用固定效应模型和两阶段最小二乘法的估计结果相同，说明产业集聚对生猪养殖业污染存在显著的滞后效应。

四、环境效应的实证结果分析：空间溢出效应

产业集聚与环境污染均是在特定地域内形成的，两者存在着空间相关性（豆建民、张可，2015）。少数学者的研究已经涉及集聚与污染空间相关性。如高爽等（2011）的研究表明，不同制造业的集聚与水污染存在差异性的空间关联；Qian（2014）、吴玉鸣和田斌（2012）、马丽梅和张晓（2014）的研究发现，中国环境污染在省域和城市层面存在着显著的空间相关性。中国各省份生猪养殖业污染也可能存在着显著的空间相关性。因此，本书采用空间经济学理论与方法研究生猪养殖业产业集聚环境效应，考察产业集聚环境正外部性的空间溢出效应。

（一）空间杜宾模型的构建

为了分析产业集聚环境正外部性的空间溢出效应，本书采用空间杜宾模型进行估计分析。模型构建如下：

$$poll_{it} = \alpha_0 l_n + \beta_1 flq_{it} + \beta_2 flq_{it}^2 + \beta_3 \ln pork_{it} + \beta_4 \ln hu_{it} + \beta_5 scale_{it}$$
$$+ \beta_6 road_{it} + \rho W poll_{it} + \gamma_1 W flq_{it} + \gamma_2 W flq_{it}^2 + \gamma_3 W \ln pork_{it}$$
$$+ \gamma_4 W \ln hu_{it} + \gamma_5 W scale_{it} + \gamma_6 W road_{it} + \mu_{it} \qquad (4\text{-}22)$$

（二）空间自相关检验

运用 Moran's I 指数，农地猪粪承载强度空间自相关系数及检验见表 4-8。

表 4-8　2001—2015 年生猪污染量的空间自相关系数

w	年份	2001	2003	2005	2007	2009	2011	2013	2015
空间邻接权重	Moran's I	0.299***	0.377***	0.487***	0.519***	0.471***	0.473***	0.498***	0.476***
	Z	3.767	4.000	4.495	4.713	4.410	4.397	4.503	4.275
	P	(0.000)	(0.000)	(0.000)	(0.000)	(0.000)	(0.000)	(0.000)	(0.000)
地理距离权重	Moran's I	0.139***	0.197***	0.269***	0.265***	0.240***	0.244***	0.248***	0.211***
	Z	2.461	2.826	3.289	3.210	3.016	3.028	3.010	2.584
	P	(0.007)	(0.002)	(0.001)	(0.001)	(0.001)	(0.001)	(0.001)	(0.005)
收入距离权重	Moran's I	0.213**	0.278***	0.331***	0.266***	0.243**	0.244**	0.288***	0.145
	Z	2.284	2.477	2.565	2.085	1.974	1.962	1.805	1.225
	P	(0.011)	(0.007)	(0.005)	(0.019)	(0.024)	(0.025)	(0.036)	(0.110)
经济距离权重	Moran's I	0.120**	0.180***	0.255***	0.249***	0.224***	0.226***	0.226***	0.181***
	Z	2.213	2.660	3.209	3.107	2.895	2.900	2.837	2.317
	P	(0.013)	(0.004)	(0.001)	(0.001)	(0.002)	(0.002)	(0.002)	(0.010)

Moran's I 指数均显著大于 0，表明各农地猪粪承载强度存在显著的正空间自相关关系，即农地猪粪承载强度高的省份与农地猪粪承载强度高的省份聚集，而农地猪粪承载强度低的省份与农地猪粪承载强度低的省份聚集。

(三) 估计结果分析

由表 4-9 的生猪养殖业产业集聚环境效应的空间杜宾模型估计结果可知，在各类空间权重矩阵设定下，被解释变量农地猪粪承载强度的空间自回归系数 ρ 均为显著的正值，表明农地猪粪承载强度存在显著的空间溢出效应，与农地猪粪承载强度的省份邻近或经济联系紧密的省份的农地猪粪承载强度也相对较高。

在各类空间权重矩阵设定下，产业集聚一次项的直接效应均显著为负值，产业集聚平方项的直接效应均显著为正值，为"U 型"曲线关系，表明各省份的生猪养殖产业集聚对本省份的农地猪粪承载强度有直接影响，且通过对其他省份的影响，对本省份的农地猪粪承载强度产生了空间回馈效应，对生猪养殖业污染产生了先抑制后恶化的作用。 在各类空间权重矩阵的设定

表 4-9 生猪养殖产业集聚环境效应的空间杜宾模型估计结果

poll	空间邻接权重矩阵 ①	地理距离权重矩阵 ②	收入距离权重矩阵 ③	经济距离权重矩阵 ④
flq	-7.2104*** (2.3906)	-7.4673*** (2.5386)	-7.4873** (3.0757)	-7.1668*** (2.4309)
flq²	5.5196** (2.3487)	5.7143** (2.6918)	6.0815** (2.8888)	5.4421** (2.7046)
lnpork	1.4924*** (0.4889)	1.5238*** (0.4934)	1.4048*** (0.5154)	1.4910*** (0.4671)
lnhu	-0.2443 (0.1712)	-0.3267 (0.2009)	-0.3386* (0.1527)	-0.3109* (0.1863)
scale	0.0149** (0.0060)	0.0189*** (0.0069)	0.0157** (0.0068)	0.0192*** (0.0069)
road	0.0875 (0.1607)	0.0977 (0.1082)	0.0051 (0.1158)	0.0773 (0.1096)
w*flq	1.8505 (1.7273)	3.2092 (3.9337)	1.0357 (1.9284)	5.1045 (3.9987)
w*flq²	1.2156 (2.6564)	-0.9407 (5.1939)	-0.3647 (2.3717)	-4.2224 (5.2532)
w*lnpork	-0.7406** (0.3323)	-0.8397* (0.4497)	-0.4423 (0.2931)	-0.8248* (0.4525)
w*lnhu	-0.1927 (0.3051)	0.1472 (0.3340)	-0.3305 (0.2989)	0.1439 (0.3415)
w*scale	-0.0057 (0.0097)	-0.0193* (0.0104)	-0.0020 (0.0085)	-0.0229* (0.0108)
w*road	-0.2527* (0.1475)	-0.2286* (0.1234)	-0.2154* (0.1039)	-0.2192* (0.1151)
ρ	0.2637*** (0.0687)	0.2255*** (0.0626)	0.1357** (0.0569)	0.2275*** (0.0884)
R²	0.6001	0.6037	0.5791	0.5962
Direct				
flq	-7.2852*** (2.3545)	-7.4776*** (2.4953)	-7.5858** (2.9943)	-7.0915*** (2.3698)

续　表

	空间邻接权重矩阵①	地理距离权重矩阵②	收入距离权重矩阵③	经济距离权重矩阵④
poll				
flq²	5.7369** (2.4160)	5.7914** (2.7545)	6.1691** (2.9220)	5.3765* (2.7836)
Indirect				
flq	0.0136 (2.0287)	2.0285 (4.5661)	0.1913 (2.0473)	4.5934 (4.6491)
flq²	3.3164 (3.1604)	0.2722 (6.1566)	0.3397 (2.4849)	−4.1392 (6.3831)
Total				
flq	−7.2716** (3.1608)	−5.4491 (5.2685)	−7.3939*** (2.8753)	−2.4982 (5.1440)
flq²	9.0533** (4.4140)	6.0636 (7.0956)	6.5088* (3.8670)	1.2373 (7.4569)
N	465	465	465	465

注：估计系数右方括号内数值为稳健标准误，***、**、*分别表示1%、5%和10%显著性水平上显著。

下，产业集聚一次项的间接效应和平方项的间接效应均不显著，表明产业集聚环境效应的空间溢出效应主要来源于直接效应。从生猪养殖业产业集聚的空间总效应看，在空间邻接权重矩阵和收入距离权重矩阵设定下，产业集聚的环境正外部性产生了空间溢出效应，当以收入距离权重矩阵设定下的环境正外部性达到最大值时，产业集聚每提高 0.01 将使农地猪粪承载强度平均降低 0.0209，高于不考虑空间溢出效应时的 0.0188。

五、环境效应的实证结果分析：区域差异

表 4-10 基于固定效应面板数据模型估计了不同类型区域生猪养殖业产业集聚的环境效应，方程①、方程③、方程⑤、方程⑦只加入了产业集聚变量的一次项，方程②、方程④、方程⑥、方程⑧加入了产业集聚变量的一次项和平方项。

估计结果表明：生猪养殖业产业集聚对约束发展区和潜力增长区的农地猪粪承载强度有显著的负向影响，表明产业集聚在这些地区产生了环境正外部性。从估计系数的大小看，产业集聚对约束发展区的环境效应最为明显，产业集聚水平每增长 0.01 将减少约束发展区农地猪粪承载强度 0.0361，原因在于约束发展区人口集中、水网密集、农地资源稀缺，对产业集聚的环保技术溢出效应产生了倒逼机制，促进了环境正外部性的发挥；此外约束发展区政府的环境规制政策也更严格，环保投资力度大，促进了环境公共设施的共享和环保产业的发展。值得注意的是，产业集聚对重点发展区和约束发展区的农地猪粪承载强度的影响不明显，原因在于这些地区环境容量相对较大且环境规制政策不如约束发展区严格（虞祎，2012），产业集聚的环境正外部性还没有充分体现。

其他控制变量的估计结果表明：猪肉产量（pork）对重点发展区、约束发展区和潜力增长区的农地猪粪承载强度有显著的正向影响，表明生产规模对地区环境污染的影响在这些区域成立；猪肉产量对适度发展区农地猪粪承载强度的影响不明显，原因在于适度发展区生猪养殖总量较小，生产规模的环境效应不明显。人力资本（hu）对约束发展区、潜力增长区和适度发展区的农地猪粪承载强度均有显著的负向影响，表明人力资本存量的增加促进了这

表 4-10 分地区生猪养殖产业集聚环境效应的回归结果

poll	重点发展区		约束发展区		潜力增长区		适度发展区	
	FE ①	FE ②	FE ③	FE ④	FE ⑤	FE ⑥	FE ⑦	FE ⑧
flq	0.7494	−0.7547	−3.6079**	−4.3185**	−0.2519	−1.3907*	0.2572	0.7113
	(0.4258)	(1.4897)	(1.4586)	(1.5864)	(0.1861)	(0.6521)	(0.1921)	(0.4068)
flq²		1.5471		0.9238		2.1667*		−0.8687
		(1.2178)		(2.5453)		(1.1563)		(0.6388)
lnpork	0.7466***	0.7656***	1.9881***	1.9929***	0.2520***	0.2570***	0.0529	0.0384
	(0.0868)	(0.0731)	(0.1428)	(0.1367)	(0.0502)	(0.0445)	(0.0361)	(0.0219)
lnhu	−0.0379	−0.0127	−0.6295*	−0.6324*	−0.1134*	−0.0752	−0.0259	−0.0179**
	(0.1845)	(0.1648)	(0.3329)	(0.3284)	(0.0633)	(0.0669)	(0.0174)	(0.0078)
scale	0.0019	0.0019	0.0188**	0.0182*	−0.0019	−0.0054	−0.0009	−0.0014*
	(0.0024)	(0.0023)	(0.0083)	(0.0089)	(0.0043)	(0.0062)	(0.0008)	(0.0006)
road	0.0561	0.0522	−0.4734***	−0.4631***	0.3268***	0.3339***	0.0762***	0.1013**
	(0.0507)	(0.0462)	(0.1080)	(0.1127)	(0.0729)	(0.0642)	(0.0221)	(0.0341)
C	−3.3079***	−3.1199***	−5.0446***	−4.9494***	−0.6634***	−0.6670***	−0.0534	−0.0706*
	(0.7311)	(0.7878)	(0.6229)	(0.6427)	(0.1304)	(0.1525)	(0.0586)	(0.0361)

续 表

poll	重点发展区		约束发展区		潜力增长区		适度发展区	
	FE	FE	FE	FE	FE	FE	FE	FE
	①	②	③	④	⑤	⑥	⑦	⑧
F	85.66	98.00	234.19	189.13	182.89	149.17	169.34	30.75
	(0.0000)	(0.0000)	(0.0000)	(0.0000)	(0.0000)	(0.0000)	(0.0000)	(0.0000)
R^2	0.7988	0.8016	0.8308	0.8310	0.7227	0.7439	0.6437	0.6547
N	105	105	165	165	90	90	105	105

注:估计系数下方括号内数值为稳健标准误，***，**，*分别表示1%，5%和10%显著性水平上显著。

133

些地区环保技术的推广和创新，从而实现了生猪养殖业环境问题的改善。 然而，人力资本（hu）对重点发展区农地猪粪承载强度的影响不明显，表明重点发展区承接环保技术的力度还应加强。 生猪规模化养殖程度（scale）对约束发展区的农地猪粪承载强度有显著的正向影响，对适度发展区农地猪粪承载强度有显著的负向影响，原因在于约束发展区的农地资源稀缺，大规模养殖场对周边农地的环境压力更大，而适度发展区农地资源丰富，农牧结合较好。 交通条件（road）对约束发展区农地猪粪承载强度有显著的负向影响，而对潜力增长和适度发展区农地猪粪承载强度有显著的正向影响，原因在于约束发展区良好的交通条件促进了生猪养殖废弃物的运输和加工，实现了废弃物的循环利用；而在潜力增长区和适度发展区，由于环保产业还处于起步阶段，大量生猪养殖废弃物没有被资源化利用，反而通过交通条件的改善而进一步扩散，造成了更大程度的污染问题。

六、稳健性检验

为了保证估计结果的可靠性，基于变更估计方法和变量替换对生猪养殖业产业集聚的环境效应进行了稳健性检验，估计结果见表 4-11 的方程④、方程⑤、方程⑥。 （1）变更估计方法：采用最大似然估计法（MLE），通过自抽样（bootstrap）300 次，对模型（4-20）式进行了估计，结果表明生猪养殖业产业集聚变量的一次项和平方项的估计系数方向及其显著性没有改变。 （2）变量替换：将生猪养殖业产业集聚变量的计算由基于猪肉产量和肉类总产量的区位商（flq）替换为基于实际生猪养殖业产值和农林牧渔业总产值的区位商（falq），将地区生猪养殖业产量以猪肉产量（pork）衡量替换为以生猪年出栏量（pig）衡量，将地区生猪养殖业污染以农地猪粪承载强度（poll）衡量替换为以耕地猪粪承载量（spoll）衡量，再次对模型（4-20）式做了固定效应和 SYS-GMM 估计，结果表明结论基本一致，且 SYS-GMM 估计模型合理且不存在过度识别问题。 各控制变量的估计系数方向和显著性也基本与之前的估计结果相符。 上述分析表明：本研究对生猪养殖业产业集聚环境效应的分析是稳健的、可靠的。

表 4-11 稳健性检验

变量	lnpork	lnpig	lnpig	变量	poll	spoll	poll
	MLE	FE	SYS-GMM		MLE	FE	SYS-GMM
	①	②	③		④	⑤	⑥
flq	6.8428***			flq	−12.0222***		
	(1.8493)				(4.1350)		
flq²	−6.1062***			flq²	10.6394***		
	(2.2059)				(3.8803)		
falq		1.4133***	1.3043**	falq		1.0115	
		(0.4331)	(0.5745)			(0.5964)	
falq²		−1.1199***	−1.2449**	falq²		−1.1986**	
		(0.2825)	(0.5132)			(0.4794)	
lnsow	0.3417***	0.4100***	0.4621***	l. falq			−5.5431*
	(0.0889)	(0.0602)	(0.1271)				(3.0938)
lnlabor	−0.0508	−0.0766**	−0.0236	l. falq²			3.8304*
	(0.0531)	(0.0358)	(0.0560)				(1.9733)
lnhu	0.3837***	0.0339	0.3869**	lnpork	1.2037***		
	(0.1429)	(0.0830)	(0.1561)		(0.4677)		
scale	0.0081	0.0095	−0.0076**	lnpig		2.3625***	0.4872**
	(0.0057)	(0.0076)	(0.0031)			(0.1557)	(0.2061)
maize	1.6799	1.4907***	1.8772	lnhu	−1.3344***	−0.3328	0.7588
	(1.5032)	(0.3219)	(2.1712)		(0.4735)	(0.2740)	(0.4941)
road	−0.1369	−0.1297**	−0.0158	scale	−0.0465	0.0026	−0.0218*
	(0.1258)	(0.0471)	(0.1194)		(0.0291)	(0.0117)	(0.0127)
l. pig			0.4287***	road	1.1683*	−0.1932	0.2789**
			(0.1229)		(0.6799)	(0.1759)	(0.1199)
C	0.7699	5.0611***	0.9451**	l. poll			0.6642***
	(0.5326)	(0.2978)	(0.4622)				(0.0376)
				C	0.4834	−13.6298***	−3.6158**
					(1.2768)	(0.7909)	(1.6519)

续　表

变量	lnpork	lnpig	lnpig	变量	poll	spoll	poll
	MLE	FE	SYS-GMM		MLE	FE	SYS-GMM
	①	②	③		④	⑤	⑥
F				F		379.77	
		(0.0000)	447.15			(0.0000)	
wald	200.51		1251.79	wald	34.45		510.45
	(0.0000)		(0.0000)		(0.0000)		(0.0000)
R^2		0.3980		R^2		0.6491	
AR(1)			−1.7162	AR(1)			−1.0702
			(0.0861)				(0.2845)
AR(2)			−1.2001	AR(2)			0.4108
			(0.2301)				(0.6812)
sargan			27.2887	sargan			27.8497
			(0.3416)				(0.3148)
N	465	465	434	N	465	465	434

注：估计系数下方括号内数值为稳健标准误，＊＊＊、＊＊、＊分别表示1％、5％和10％显著性水平上显著。

第四节　产业集聚生猪标准化养殖发展效应的提升：一个拓展性的分析

中国生猪养殖业的产业集聚态势明显，生猪养殖业加速向优势区域聚集。基于本章对生猪养殖业产业集聚的增长效应和环境效应的考察，产业集聚的提高实现了集聚经济和环境正外部性，促进了地区生猪养殖业效率的提高和环境污染的改善，提高了区域生猪标准化养殖发展水平。然而，目前生猪养殖业产业集聚的层次还是低水平的，中国各地区生猪养殖业"小生产、大市场"的格局依然没有改变，生猪养殖户的组织化程度低，政府对生猪标准化养殖补贴资金不足并偏向于少数大规模养殖场。因此，生猪养殖业产业集聚带来的集聚经济和环境正外部性还远没有充分发挥出来。

如何提升产业集聚带来的生猪标准化养殖发展效应？ 基于国内外理论与实证研究，本书认为有两条重要的途径：一是组织发展；二是政策扶持。 如图 4-16 所示。

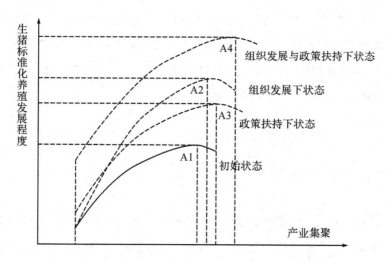

图 4-16　产业集聚下发展生猪标准化养殖的提升路径

在初始状态的低层次产业集聚下，生猪养殖场只是单纯地在区域内集中，没有实现上下游产业关联，养殖户直接面向市场交易，也没有获得政府的政策扶持，集聚经济与环境正外部性的效应是非常有限的，产业集聚最多只能将区域生猪标准化养殖发展推动到 A1 的较低水平。

在初始状态产业集聚的基础上，如果区域内的各类产业化组织（如龙头企业、合作社、专业协会）大量出现并迅速发展，并与区域内集聚的大量生猪养殖户有机结合形成关联关系，即产业化组织与生猪养殖户建立起非正式与正式的互补联系，那么产业集聚将逐步升级为区域内部既有分工又有协作的产业集群。 农业产业集群内的分工协作主要指的是纵向专业化分工协作，主要为产前、产中、产后的专业化分工和相关服务体系的支撑（黄海平等，2010）。 产业集群的发展促进了技术溢出，节约了交易成本，提升了创新能力，并形成强劲、持续的竞争优势（Porter，1998），能够将产业集聚带来的生猪标准化养殖发展效应推升至 A2 的较高水平。

目前，中国生猪养殖户的文化程度较低，并且以中小规模为主的生猪养殖户群体没有足够的资金对生猪养殖场进行标准化改扩建或投资生猪养殖污染防治设施。 因此，政府的政策扶持对区域内的生猪标准化养殖发展是至关重要的，政府的资金支持降低了生猪养殖户采纳生猪标准化养殖的成本，补偿了环境正外部性，政府组织的技术培训则降低了养殖户的学习成本，能够将产业集聚带来的生猪标准化养殖发展效应推升至 A3 的较高水平。

综上，在组织发展与政策扶持的共同作用下，产业集聚的生猪标准化养殖发展效应能提升至 A4 的较高水平。

第五节　本章小结

本章考察了中国生猪养殖业产业集聚的现状及其形成机制，并从增长效应和环境效应两个角度研究了产业集聚的生猪标准化养殖发展效应，最后对产业集聚下发展生猪标准化养殖的提升路径做了拓展性的研究。

基于区位基尼基数、集中率和改进的区位商指数，本书发现中国生猪养殖业存在明显的产业空间集聚现象，并表现为由南往北逐渐降低的梯度特征和由沿海地区向内陆地区集聚的区域转移趋势。

生猪养殖业产业集聚的形成主要受资源禀赋，规模报酬递增、外部性与产业关联，技术进步，市场需求，城镇化与非农就业机会，交通条件等因素的影响。 饲料、劳动力、土地和水资源丰富的地区容易形成生猪养殖业的产业集聚。 外部性、产业关联、技术进步以及市场需求也促进了生猪养殖业产业集聚的形成和强化。 城镇化水平高、非农就业机会多、交通条件优越的地区实现了产业的"腾笼换鸟"，降低了生猪养殖业产业集聚水平。

产业集聚对区域生猪标准化养殖存在显著的增长效应，提高了地区生猪养殖效率，且产业集聚对生猪养殖业效率增长的影响为"倒 U 型"曲线关系，"威廉姆森"假说是成立的。 在现阶段，中国生猪养殖业的产业集聚对绝大多数省份表现为集聚经济。 产业集聚的增长效应也存在空间溢出，从而进一步提高了集聚经济水平。 从地区差异情况看，产业集聚对适度发展区和潜力增长区的增长效应最为明显。

　　产业集聚对区域生猪标准化养殖存在显著的环境正外部性，缓解了地区生猪养殖业污染问题，且产业集聚对农地猪粪承载强度为"U 型"曲线关系，即产业集聚对生猪养殖业污染产生了先抑制后促进的作用。在现阶段，中国生猪养殖业的产业集聚对绝大多数省份表现为环境正外部性。产业集聚的环境效应也存在空间溢出，但这种空间溢出效应主要是由直接效应带来的。从地区差异情况看，约束发展区的产业集聚环境正外部性最为明显。

　　提升产业集聚生猪标准化养殖发展效应的路径主要包括组织发展和政策扶持。通过产业化组织的发展，产业集聚能够提升为产业集群，从而有利于促进技术溢出，降低交易成本，提升区域产业创新能力。政策扶持则降低了生猪养殖户采纳标准化养殖的成本和风险，补偿了正外部性。

第五章 组织发展、政策扶持的生猪标准化养殖发展效应研究

由前面的分析可知，中国生猪养殖业逐渐向优势区域聚集，实现了集聚经济和环境正外部性，提升了区域生猪标准化养殖水平。 然而，目前产业集聚的生猪标准化养殖发展效应还是低层次的，需要通过区域内产业组织与扶持政策这两条途径促进产业集聚的经济效应和环境正外部性。 那么，产业化组织、政策扶持是否能对生猪标准化养殖发展产生积极的推动作用？ 本章基于638个生猪养殖户的调研数据，对产业化组织、政策扶持的生猪标准化养殖发展效应进行实证研究。 具体包括两方面内容：一是考察参与产业化组织与获得扶持政策是否能够实现生猪养殖户标准化养殖程度的提高，二是考察参与产业化组织与获得扶持政策能否提升生猪养殖户采纳标准化养殖的经济效益。

第一节 组织发展、政策扶持提升生猪标准化养殖的理论分析

一、中国生猪养殖户发展标准化养殖面临的困境

（一）生猪养殖户直接参与市场交易的逆向选择问题

中国生猪养殖业生产格局以直接参与市场交易的中小规模养殖户为主，

导致了"小生产、大市场"的困境。由于生猪养殖业周期长、受自然条件影响大、价格呈周期性波动，且猪肉具有"经验品"和"信任品"的属性，养殖户和其他主体之间的生猪安全友好程度等信息是不对称的。标准化养殖猪肉与普通猪肉的定价没有明显差异，市场机制不能反映猪肉安全友好属性，会出现逆向选择问题。假设生猪养殖户均直接参与市场交易，提供安全友好程度 S_{min} 至 S_{max} 范围的生猪。S_{min} 指最低的安全友好程度，代表传统生猪养殖方式；S_{max} 指最高的安全友好程度，代表生猪标准化养殖。生猪养殖成本[①]与安全友好程度正相关，传统生猪养殖的边际成本和平均成本为 MC_t 和 AC_t，生猪标准化养殖的边际成本和平均成本为 MC_s 和 AC_s。

假设采纳生猪标准化养殖的养殖户以较高价格 R_s 出售生猪，均衡时的经济利润为：$M_s = 0$。若采用传统生猪养殖的养殖户也按价格 R_s 出售生猪，则利润为：

$$M_t = (R_s - R_t)Q_3 - \int_{Q_2}^{Q_3} (MC_t - R_t)dq > 0 \qquad (5\text{-}1)$$

因此，有 $M_t > M_s = 0$，采用传统养殖的养殖户有逆向选择的激励。由于猪肉的安全友好程度难以通过反复购买或凭借经验判断，消费者只愿意支付对应中等安全友好程度猪肉的价格 R_m，此时采用生猪标准化养殖的养殖户收益不足以抵偿成本，被采用传统生猪养殖的养殖户挤出市场。如此恶性循环，采纳生猪标准化养殖的养殖户将逐渐被挤出市场（吴学兵，2014）。由上述分析可知，纯粹市场机制无法激励养殖户采纳生猪标准化养殖。

(二)生猪标准化养殖的风险性、正外部性问题

1.风险性与生猪标准化养殖发展

生猪标准化养殖将效率、品质和环保等要求涵盖整个养殖环节，包含可持续农业新技术，增加了不确定性，主要有两方面的风险：一是高投入的风险。参与生猪标准化养殖需要购建符合生猪标准化养殖要求的猪舍、生产设

---

① 此处的生猪养殖成本不仅包括养殖环节发生的饲料成本、人工成本和土地成本等直接成本，还包括购建生猪标准化养殖场的固定资产投资折旧以及难以量化的养殖户学习成本和努力成本。

施、防疫设施和环保设施，这些设施设备均为回收期较长的专用性资产投资，资本套牢的风险大。 二是低收益的风险。 主要表现在两个方面。 ①技术的不确定性。 生猪养殖自然风险较大，采纳生猪标准化养殖要求养殖户学习和掌握养殖技术规范，由于养殖户文化程度普遍不高，增加了生猪标准化养殖的收益风险。 ②市场的不确定性。 消费者的消费水平、消费者的质量安全意识、市场的准入机制、经销商的道德风险等因素均会引发市场风险，造成了生猪标准化养殖收益波动性和不确定性。

持有不同风险态度和主观风险的农户对可持续农业技术的采纳程度是不同的（喻永红等，2006）。 分析如下：

（1）风险态度与生猪养殖户标准化养殖采纳决策

养殖户决策依据的边际收益曲线与其风险态度相关（见图 5-1）。 风险偏好的生猪养殖户对收益前景有较为乐观的预期，其采纳程度为 D_1；风险规避的生猪养殖户对收益前景的预期较为悲观，其采纳程度为 D_2；风险中性生猪养殖户的决策基于历史收益情况，其采纳程度为 D_e（其中 $D_1 > D_e > D_2$）。风险偏好的生猪养殖户在收益前景好时能获得超额收益，但在收益前景差时，则会蒙受损失；风险规避的生猪养殖户失去了获得超额收益的机会，无论收益前景好坏都只获得稳定的低收益。 西方学者普遍认为，农户是风险厌恶的，在"农户风险厌恶"的理论框架下，生猪养殖户的标准化采纳程度是不足的。

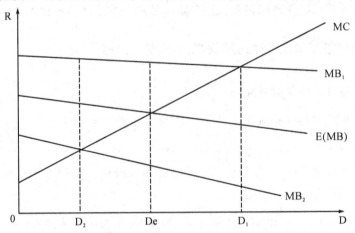

图 5-1　不同风险态度下的生猪标准化养殖采纳程度

（2）主观风险与生猪养殖户标准化养殖采纳决策

主观风险表现为养殖户对生猪标准化养殖的认知程度不高、信息不充分，高估采纳生猪标准化养殖成本或低估采纳生猪标准化养殖收益，导致生猪标准化养殖的采纳程度不高（见图5-2）。 生猪养殖户主观的边际成本为 MC_1，高于实际的边际成本 MC^*。 当边际成本位于 MC_1 时，生猪标准化养殖采纳程度为 D_1；低于实际成本位于 MC 时，生猪标准化养殖采纳程度为 D^*，带来了经济效率损失。

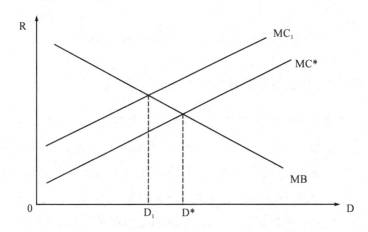

图5-2　主观风险下的生猪标准化养殖采纳程度

2. 正外部性与生猪标准化养殖发展

生猪标准化养殖包含的可持续农业技术具有正外部性，主要体现为生态效益和社会效益。 生猪标准化养殖提高了猪肉质量安全水平，减少了生猪养殖场产地环境污染，增加了社会经济剩余和社会总福利。 从社会福利最大化的角度看，生猪标准化养殖的最优采纳程度应该是边际社会成本等于边际社会收益。 然而，生猪养殖户在采纳生猪标准化养殖时只会考虑边际私人收益 MPB 和边际成本 MC，不考虑社会边际收益 MSB 及边际外部收益 MEB，从而实现个人效用最大化而不是社会效用最大化。 因此，在市场机制下，其采纳程度无法达到社会最优 D^*，只能达到个人最优的 D_1，显然 $D_1 < D^*$（见图 5-3）（喻永红等，2006）。

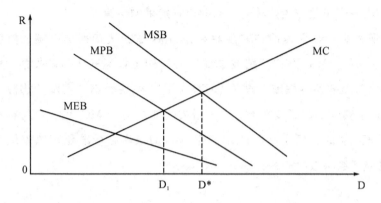

图 5-3　正外部性与生猪标准化养殖采纳程度

二、产业化组织发展生猪标准化养殖的作用分析

在产业集聚基础上演化形成的产业集群，是提升产业集聚生猪标准化养殖发展效应的关键。产业集群是一种介于市场与等级制之间的经济组织形式，是由农户、龙头企业、合作社及相关服务机构组成的一种网络化的有机产业群落。在这一社会化网络中，各类经济主体相互联系、密切交易，促进了分工与协作，提高了集群竞争力。在集群内部各种类型的交易活动中，由产业化组织带动形成的纵向协作组织模式对于提升生猪养殖户的标准化养殖程度最为重要。

产业化组织带动形成的纵向协作本质上是产业化组织与生猪养殖户之间建立的契约安排（Mighell et al.，1963；Martinez，1999，2002；夏英，2001）。生猪养殖户需要按照产业化组织的要求进行标准化养殖，如果生猪不符合标准化养殖的标准，将造成产业化组织收益损失或成本增加；如果产业化组织压价收购或拒收满足生猪标准化养殖要求的生猪，将损害养殖户的利益。可根据产业化组织的类型划分为四种模式："企业＋养殖户"模式①、"合作社＋养殖户"模式②、"协会＋养殖户"模式③和"基地＋养殖户"模式④。

纵向协作形式由松散到紧密依次为市场交易、销售契约、合作组织契约、生产契约和纵向一体化（Mighell、Jones，1963；Frank、Henderson，1992；Oliver et al.，1993；Martinez，2002；MacDonald et al.，2004；周立群、曹利群，2002；郭红东，2005；应瑞瑶、王瑜，2009；吴学兵，2014）。市场交易和纵向一体化之间的纵向协作形式被称为准纵向一体化，越紧密的纵向协作对缔约人的控制能力越强（孙艳华等，2007；贾晋、蒲明，2010）。市场交易模式是指农户直接参与市场交易，农产品的供求通过市场机制实现，银货两讫之后，消费者与农户的买卖关系也就随之结束。纵向一体化是指农业企业自行建立农业基地或采用"反租倒包"或"租地—雇工经营"等方式从事农产品生产，将生产全过程置于自己的严格管理之下（胡定寰等，2006；曾艳、陈通，2009），农户将农产品的生产经营决策权转让给企业，成为企业控制的农产品基地中的雇工，企业通过获得剩余控制权和索取权，整合了资源，扩大了规模，提高了农产品质量和生产效率。产业化组织带动的生猪标准化

---

① "企业＋养殖户"模式是以屠宰加工企业、商贸企业等为龙头企业，与养殖户签订契约，组成利益共同体，建立稳定的产销关系。该模式利用了龙头企业资本雄厚、市场拓展能力突出的特点，解决了生猪养殖户采纳标准化养殖的收益问题，使得推广生猪标准化养殖具有自我实现性。但应防止龙头企业侵占养殖户利益，或将养殖风险、市场风险和环境责任全部转嫁给养殖户。

② "合作社＋养殖户"模式是指生猪养殖户在自愿互利的基础上组织成立合作社，实施生猪标准化养殖，扩大了养殖户覆盖面，是政府基层机构的重要补充（李中华、高强，2009）。紧密型合作社不仅提供相关服务，还拥有生猪养殖的决策权，严格实行"几统一"，如统一良种、统一饲料、统一兽药、统一防疫、统一治污、统一销售等。但合作社的资金实力和约束力较弱，且容易出现"搭便车"行为。

③ 生猪养殖协会是由村干部、生猪养殖大户或畜牧业推广部门等群体发起成立的社团法人，通常设立会员代表大会、监事会和理事会等三个基本机构，管理原则为"民办、民管、民受益"。其优势在于：组织成本低、周期短、覆盖面较广，便于为生猪养殖户会员提供优质的培训和中介服务。

④ "基地＋养殖户"模式是通过设立生猪标准化养殖示范基地，在政府或产业化组织的引导和带动下，以基地为平台带动生猪养殖户采纳标准化养殖的推广模式。优点在于：降低了交易成本，实现了规模经济，促进了技术溢出等集聚效应。

养殖主要指准纵向一体化，交易双方为了克服生猪"小生产、大市场"的困境，对定价制度、质量要求、数量要求、奖励机制和惩罚机制等要素做了契约安排，从而能实现准租金最大化。 销售契约仅安排了农产品的销售价格、数量、质量、交易场所和交易期限等，并不涉及生产环节；生产契约则在销售契约的基础上包括了农产品生产环节的相关契约，缔约双方进行了专用性资产投资，从而对缔约双方的控制力度更强。 合作组织契约作为一种契约安排介于销售契约与生产契约之间。

产业化组织带动形成的纵向协作对于发展生猪标准化养殖有以下功能：

第一，弥补了市场价格无法反映农产品品质的缺陷，为交易主体确立了质量惯例（王庆、柯珍堂，2010）。 通过签订和执行纵向协作契约，产业化组织能为养殖户提供技术指导和各环节投入产出的质量安全控制，甚至可以建立猪肉可追溯系统以反馈质量安全信息，从而解决市场交易的信息不对称问题。

第二，有助于解决生猪养殖业的"小生产"与"大市场"矛盾，是生猪养殖业产业化的有效途径。 中国生猪养殖业存在明显的"小农经济"与"大市场"的对接问题。 产业化组织可以将分散的中小养殖户组织起来，与产业化组织对接参与市场竞争，大大提高了生猪养殖户的市场谈判能力。 通过签订纵向协作契约，产业化组织向生猪养殖户提供生产要素和标准化养殖技术，并按契约收购生猪。 生猪养殖户不用担心生猪销售问题，而产业化组织可以有效地稳定货源，提高养殖效率，控制生猪品质，从而实现标准化养殖生猪的"优质优价"。

第三，有助于降低生猪标准化养殖的自然风险和市场风险。 由产业化组织带动的纵向协作促进了农业产业链的信息沟通（王庆、柯珍堂，2010），一方面，纵向协作约定了农产品收购价格和数量，转移了农户的部分市场风险，增强了农户收入的稳定性；另一方面，农户对销售渠道和市场供求信息能更有效地掌握，产业化组织则可以获得稳定的供货渠道（胡莲，2008）。

第四，通过纵向协作可以降低各类交易成本，如谈判成本、搜寻成本和监督成本（Williamson，1991）。 农产品的"经验品"和"信任品"属性决定了市场交易需要耗费巨大的事前和事后交易成本。 产业化组织与农户通过签订纵向协作契约，可以建立长期稳定的合作关系，促使生猪标准化养殖强化内部监督，从而节约交易成本。

三、政策扶持提升生猪标准化养殖的作用分析

"小生产、大市场"下的生猪标准化养殖发展困境以及生猪标准化养殖的风险性和外部性问题属于市场失灵问题，需要政府的"有形之手"参与调节。政策扶持在提升生猪标准化养殖中的作用体现在以下几个方面：

第一，建立健全规范化的生猪市场交易环境。以产地认证、绿色无公害认证等作为猪肉质量安全市场价值的载体，完善猪肉可追溯体系，制订国家统一的绿色无公害猪肉产品标志，建立猪肉市场的准入制度，将标准化养殖生猪和普通生猪进行有效区分，逐步解决市场交易的逆向选择问题，使生猪标准化养殖实现"优质优价"。

第二，提高养殖户对生猪标准化养殖的认知程度，使养殖户获得更全面的生猪标准化养殖知识。这可以降低养殖户的主观风险，从而优化其采纳决策。Feder 等（2003）的研究发现，其他农户的行为是农户重要的信息来源，当信息变得复杂时，农户更偏好以技术培训机构作为信息来源。教育可以提高一个决策者获得辨识和理解信息的能力，从而降低决策风险（林毅夫，1994）。因此，政府通过生猪标准化养殖的技术培训、信息服务和宣传工作，可以增加生猪养殖户的知识并促进生猪养殖户采纳标准化养殖。

第三，通过政府扶持降低生猪养殖户采纳标准化养殖的额外成本，补偿生猪标准化养殖带来的正外部性，降低风险。政府补贴包括多种类别，其中：资金奖励和设备补贴减少了养殖户改扩建生猪标准化养殖场的投资支出；创建生猪标准化规模养殖示范场为发展生猪标准化养殖提供了示范效应；价格补贴降低了养殖户市场风险；保障了标准化养殖的溢价收入；良种补贴推进了生猪良种化；疫苗补贴促进了防疫制度化；有机肥补贴、病死猪无害化处理补贴和沼气池补贴则有利于实现污染处理无害化与资源化。

第二节　组织发展、政策扶持对养殖户标准化养殖程度的影响

一、理论分析与研究假设

基于农户理论、计划行为理论和国内外相关研究，同时结合中国生猪养殖业具体特点，将影响养殖户生猪标准化养殖采纳程度决策的因素归纳为个体特征、家庭特征、养殖特征、生猪标准化养殖认知、外部环境等方面。其中，养殖户个体特征包括性别、年龄、受教育程度、风险态度和健康状况等，养殖户家庭特征包括家庭年均收入、成员是否有干部、是否兼业等，养殖特征包括养殖规模、养殖年限和料肉比等，生猪标准化养殖认知包括质量安全认知、环境认知和预期收益认知等，外部环境包括是否加入产业化组织、是否获得政策扶持、主要销售市场、有无养殖培训、政府检查次数、获得贷款的难易程度、获得土地的难易程度和所在地区等。

1. 个体特征

（1）性别：农村女性受传统文化的约束程度更高，女性知识交流和受教育的机会均少于男性，故在对新型农业技术知识的理解上女性也要相对弱于男性（储成兵，2015）。养殖户的性别可能会影响生猪标准化养殖采纳决策，因为男性比女性更愿意尝试风险较大的生产性活动（苏芳，2011）。因此，本书假设：男性养殖户的生猪标准化养殖采纳程度比女性更高。（2）年龄：生猪养殖户的阅历和心理成熟度受年龄的影响很大，导致了对采纳生猪标准化养殖持不同态度。年龄越大的养殖户因思维方式固化，对新的养殖技术的接纳能力变弱，其生猪养殖方式越可能趋于保守。因此，本书假设：年龄越大的养殖户采纳生猪标准化养殖的程度越低。（3）受教育程度：养殖户的受教育程度越高，接收和处理信息的能力就越强；采纳生猪标准化养殖需要养殖户具备较高的文化程度，从而更有效地掌握各阶段操作规程。因此，本书假设：受教育程度较高的养殖户生猪标准化养殖的采纳程度越高。（4）

风险态度：生猪标准化养殖物质投资和人力资本投资更大，并且面临着较大的市场风险和经营风险。风险偏好型的养殖户对于新技术、新管理方式更容易接受。本书假设：风险偏好型养殖户对生猪标准化养殖的采纳程度更高。

（5）健康状况：生猪标准化养殖模式比传统的生猪养殖方式更复杂，需要养殖户花费更多的时间和精力进行各阶段的养殖管理。本书假设：健康状况良好的养殖户采纳生猪标准化养殖的程度更高。

2. 家庭特征

（1）成员是否有干部：家庭成员中有干部的养殖户在当地有着较高的社会地位，比普通养殖户更容易获得生猪标准化养殖资金扶持和土地。干部还应在推广生猪标准化养殖中起示范和带头作用。因此，本书假设：家庭成员中有干部的养殖户采纳生猪标准化养殖的程度更高。（2）是否兼业：在总时间一定的前提下，兼业意味着养殖户用于生猪养殖的时间可能较非兼业养殖户少，这可能会影响采纳生猪标准化养殖的效果，增加采纳生猪标准化养殖的风险。非兼业养殖户对生猪养殖业的投入集中，对养殖的重视以及认知程度高，也更有积极性来学习养殖技术，提高生猪质量安全，降低废弃物排放。所以，本书假设：非兼业养殖户更倾向于采纳生猪标准化养殖。

3. 养殖特征

（1）养殖规模：规模大的养殖户往往投入了较多的专用性资产，一旦出现重大疫情、被查出质量安全不达标或周边环境不合格时，损失是非常大的，因此，规模越大的养殖场承担的风险越高，越倾向于严格遵守生猪标准化养殖规范。规模化是农业标准化的基础，规模大的养猪场采纳生猪标准化养殖更能实现规模经济。本书假设：规模越大的养殖户采纳生猪标准化养殖程度越高。（2）养殖年限：养殖年限越长的养殖户，对生猪养殖的认识越深，积累的养殖经验越丰富，更容易认知标准化养殖的经济效益和安全友好效应。因此，本书假设：养殖年限越长的养殖户采纳生猪标准化养殖的程度越高。（3）料肉比：料肉比低可能是不严格执行休药期或过量使用药物添加剂导致的。因此，本书假设：料肉比低的养殖户生产过程更有可能不规范，其采纳生猪标准化养殖的程度较低。

4. 生猪标准化养殖意识

（1）质量安全意识：根据计划行为理论，生猪养殖质量安全认知决定了养殖户的自觉行为规范和行为态度，即认知安全友好程度越高的养殖户，越重视生猪养殖的安全友好属性，也更愿意采纳生猪标准化养殖。因此，本书假设：质量安全认知程度高的养殖户采纳生猪标准化养殖的程度更高。（2）环保意识：养殖户采纳生猪标准化养殖可以实现生猪养殖废弃物的无害化处理，减少对环境的负面影响。因此，本书假设：环境认知水平较高的养殖户，采纳生猪标准化养殖的程度更高。（3）"优质优价"意识：养殖户生猪标准化养殖需要花费更多的时间、精力和资金，需要在市场上获得更高的售价予以补偿，即实现"优质优价"。因此，本书假设：对生猪标准化养殖"优质优价"意识越高的养殖户采纳生猪标准化养殖的程度更高。

5. 外部环境

（1）是否加入产业化组织：龙头企业、合作社、协会等产业化组织是发展生猪标准化养殖的重要载体。参与产业化组织，与产业化组织签订契约，要求养殖户按照标准化进行生猪养殖，解决了中小规模养殖户"小生产、大市场"的矛盾，增强了按标准化养殖的生猪在市场上的竞争力。因此，本书假设：参与了产业化组织的养殖户采纳生猪标准化养殖的程度更高。（2）是否获得政策扶持：生猪标准化养殖是一种具有正外部性的经济活动，养殖户采纳生猪标准化养殖需要改扩建养殖场，建设沼气池等环保设施，养殖户获得的私人收益少于社会总收益，需要政府给予适当补贴。因此，本书假设：获得政策扶持的养殖户采纳生猪标准化养殖的程度更高。（3）主要销售市场：目前中国生猪养殖户的销售市场大致包括乡村农贸市场、生猪批发市场、大型超市或企事业单位及省外市场，不同销售市场对生猪品质的要求有差别，一般认为乡村农贸市场对生猪品质的要求最低，超市及省外市场对生猪品质的要求最高。因此，本书假设：养殖户以对生猪品质要求高的市场为主要销售市场时，其采纳生猪标准化养殖的程度较高。（4）政府检查次数：政府近年来密集出台了多项农产品质量安全和畜禽养殖污染防治监督政策，对不符合安全友好养殖规范的养殖场多采取罚款、关停等处罚措施，一定程度上扼制了生猪养殖质量安全和环境污染事故的发生。 因此，本书假设：受政府检查次数越多的养殖户，采纳生猪标准化养殖的程度越高。 （5）所在地区：本书以东部地区的浙江省、中部地区的江西省和西部地区的四川省作为中国生猪主产区调查区域，不同地区养殖户的标准化养殖意识、政府管理严格程度和产业化组织发展程度均有所不同。 因此，本书假设：处于不同地区的养殖户采纳生猪标准化养殖程度存在显著差异。

二、模型设定与变量说明

(一)模型设定

本节模型被解释变量为生猪标准化养殖程度，分为若干个等级。 考虑到被解释变量属于多分类有序变量，本书运用有序多分类 Logit 选择模型进行研究。 模型的表达式如下：

$$\ln\left[\frac{p(y \leq j)}{1 - p(y \leq j)}\right] = \alpha_j + \sum_{i=1}^{n} \beta_i x_i \qquad (5\text{-}2)$$

式中，y 为衡量养殖户生猪标准化养殖采纳程度的各个有序多分类变量，x_i 为解释变量，α_j 为截距项，β_i 为解释变量的估计系数。

(二)变量说明

根据理论分析与研究假设，将各个变量的定义和平均值列于表 5-1。

表 5-1　生猪标准化养殖影响因素模型变量说明

变量名称	变量定义	平均值			
被解释变量		浙江	江西	四川	总样本
生猪良种化(breed)	0—2 分	1.86	1.75	1.60	1.71
养殖设施化(faci)	1—5 分	3.26	3.01	2.87	3.00
生产规范化(culti)	0—4 分	3.13	2.97	2.75	2.90
防疫制度化(anti)	0—5 分	3.08	2.99	2.68	2.86
污染无害化(green)	0—4 分	2.82	2.39	2.12	2.36
监管常态化(sup)	0—4 分	2.51	2.24	2.07	2.22

续　表

变量名称	变量定义	平均值			
被解释变量		浙江	江西	四川	总样本
性别(gender)	女性＝0；男性＝1	0.86	0.89	0.77	0.83
年龄(age)	养殖户实际年龄(岁)	46.53	47.07	48.76	47.74
健康状况(health)	差＝1；一般＝2；良好＝3	2.84	2.84	2.80	2.82
文化程度(edu)	小学及以下＝1；初中＝2；高中或中专＝3；大专及以上＝4	2.36	2.16	1.99	2.13
风险态度(risk)	风险规避＝1；风险中立＝2；风险偏好＝3	1.82	1.69	1.61	1.68
党员干部(gov)	无＝0；有＝1	0.10	0.08	0.06	0.08
兼业(part)	兼业＝0；非兼业＝1	0.58	0.53	0.51	0.53
养殖规模(scale)	养殖场年出栏量(头)	692.76	646.12	493.56	585.77
养殖年限(year)	5年及以下＝1；6～10年＝2；11～15年＝3；16～20年＝4；21年及以上＝5	2.44	2.67	3.01	2.78
料肉比(eff)	1.8以下＝1；1.8～2.3＝2；2.4～2.8＝3；2.8以上＝4	2.86	2.31	2.09	2.33
质量安全意识(safe)	无＝1；较小＝2；一般＝3；较大＝4；很大＝5	3.03	2.87	2.36	2.67
环保意识(envir)	无＝1；不太严重＝2；一般＝3；较严重＝4；非常严重＝5	2.22	1.94	1.82	1.95
"优质优价"意识(price)	降低＝1；不变＝2；提高＝3	2.19	2.04	1.89	2.01
产业化组织(organ)	未参加＝0；参加＝1	0.54	0.46	0.39	0.45
政策扶持(help)	无＝0，有＝1	0.62	0.56	0.49	0.55
检查次数(regu)	政府实际检查次数(次)	3.64	3.37	3.06	3.29
主要销售市场(market)	乡村农贸＝1；批发＝2；超市、单位＝3；省外＝4	2.09	2.02	1.97	2.01
所在地区(area)	浙江＝1；江西＝2；四川＝3	1.00	2.00	3.00	2.24

注：变量名称列括号内是变量的英文名。

三、模型估计与结果分析

各个变量间的 VIF 值均低于 5，表明回归模型没有严重的多重共线问题。具体的回归估计结果见表 5-2。从模型的回归结果看，模型整体的拟合度较好，通过了 1% 的显著性水平。

表 5-2　生猪养殖户标准化养殖行为模型估计结果

变量	breed	faci	culti	anti	green	sup
gender	−0.2013	0.1819	0.1133	0.3208	0.1309	0.3084
	(0.3049)	(0.2271)	(0.2383)	(0.2211)	(0.2344)	(0.2516)
age	−0.0037	0.0364*	0.0267	0.0409**	0.0109	0.0206
	(0.0259)	(0.0364)	(0.0198)	(0.0193)	(0.0211)	(0.0210)
health	0.8108***	1.2939***	1.1672***	1.1560***	1.0353***	1.2035***
	(0.2298)	(0.2153)	(0.1937)	(0.2184)	(0.2078)	(0.2475)
[edu=2]	−0.4998	0.1925	0.0901	0.0638	0.0924	0.3029
	(0.3929)	(0.3009)	(0.3024)	(0.2923)	(0.2995)	(0.2952)
[edu=3]	−0.6490	0.5431	0.5093	0.4187	0.5091	0.9375**
	(0.6979)	(0.4346)	(0.4214)	(0.4004)	(0.4219)	(0.4074)
[edu=4]	12.9427***	−0.2449	0.2205	−0.1064	−0.0171	0.5201
	(0.8167)	(0.6389)	(0.6604)	(0.6729)	(0.6524)	(0.6354)
[risk=2]	0.7441**	0.8156***	0.5982**	0.6088***	0.6838***	0.6472***
	(0.3629)	(0.2355)	(0.2355)	(0.2307)	(0.2213)	(0.2328)
[risk=3]	0.5435	0.8848**	0.4126	0.6382*	0.5608	0.4858
	(0.7007)	(0.3668)	(0.3813)	(0.3715)	(0.3779)	(0.3821)
gov	13.6228***	0.6085	0.7256	0.3634	0.4596	−0.0267
	(0.4473)	(0.4037)	(0.4692)	(0.3802)	(0.4765)	(0.4571)
part	0.8966***	0.4138**	0.2741	0.4962***	0.3963**	0.3742*
	(0.2739)	(0.1903)	(0.2024)	(0.1925)	(0.1825)	(0.1915)
scale	−0.0005**	0.0005***	0.0001	0.0004***	0.0004**	0.0004**
	(0.0002)	(0.0001)	(0.0001)	(0.0001)	(0.0002)	(0.0002)

续　表

变量	breed	faci	culti	anti	green	sup
year	0.2832*	0.2528*	0.1644	0.2000	0.3526**	0.2723**
	(0.1648)	(0.1359)	(0.1325)	(0.1233)	(0.1394)	(0.1378)
eff	−0.0479	0.2017*	0.2328*	0.1832	0.1943	0.0769
	(0.1978)	(0.1098)	(0.1258)	(0.1145)	(0.1215)	(0.1194)
safe	0.2144	−0.0003	−0.0488	0.0468	0.2055**	0.0819
	(0.1947)	(0.0959)	(0.1038)	(0.0969)	(0.0985)	(0.1021)
envir	0.3797	0.0468	0.2467**	0.1623	0.1609	0.2777**
	(0.2499)	(0.1120)	(0.1251)	(0.1138)	(0.1199)	(0.1146)
price	0.2937	0.0996	0.2004	0.1607	0.1321	0.0582
	(0.2872)	(0.1937)	(0.1986)	(0.1756)	(0.1906)	(0.1905)
organ	0.3967	0.3679*	0.3950*	0.3870*	0.4068*	0.5786***
	(0.3069)	(0.2171)	(0.2171)	(0.2152)	(0.2115)	(0.2151)
help	0.4344	0.1060	0.3078	0.1685	0.3338*	0.3762**
	(0.2993)	(0.1946)	(0.1904)	(0.1912)	(0.1869)	(0.1838)
regu	0.0019	0.0453	0.0989	0.0797	0.0702	0.1434
	(0.1264)	(0.0764)	(0.0838)	(0.0813)	(0.0805)	(0.0902)
[market=2]	2.0922***	1.9151***	1.7106***	2.0241***	1.8170***	1.6412***
	(0.3875)	(0.2529)	(0.2739)	(0.2546)	(0.2397)	(0.2467)
[market=3]	1.4862**	2.7278***	2.5144***	2.5560***	2.3106***	2.1562***
	(0.6678)	(0.3988)	(0.4336)	(0.3906)	(0.4087)	(0.4069)
[market=4]	3.0735***	2.1264***	2.0147***	2.2531***	1.8887	1.7419***
	(1.1722)	(0.3639)	(0.3704)	(0.3555)	(0.3607)	(0.3474)
[area=2]	−0.6397	−0.0323	0.1737	0.3995*	−0.4438*	−0.0321
	(0.4464)	(0.2307)	(0.2317)	(0.2074)	(0.2361)	(0.2359)
[area=3]	−1.4168***	−0.0833	−0.2138	−0.0142	−0.6871***	−0.0735
	(0.4219)	(0.2256)	(0.2300)	(0.2234)	(0.2267)	(0.2351)
pseudo R^2	0.3537	0.2575	0.2832	0.2597	0.2868	0.2887

变量	breed	faci	culti	anti	green	sup
loglikelihood	−274.2514	−715.8138	−581.9331	−767.5780	−673.8625	−662.6784
wald chi2	5007.77***	425.31***	387.09***	538.41***	448.12***	451.36***
N	638	638	638	638	638	638

注:估计系数下方括号内数值为稳健标准误,＊＊＊、＊＊、＊分别表示1%、5%和10%显著性水平上显著。

根据模型估计结果,参与产业化组织、政策扶持、年龄、健康状况、文化程度、风险态度、党员干部、兼业、养殖规模、养殖年限、料肉比、质量安全意识、环保意识、检查次数、主要销售市场以及地区变化对生猪标准化养殖采纳程度有显著的影响。 具体的分析如下:

1.参与产业化组织

产业化组织对生猪标准化养殖有显著的正向影响,显著提高了养殖设施化、生产规范化、防疫制度化、污染无害化和监管常态化的水平。 这表明养殖户通过参与产业化组织,与产业化组织形成纵向协作关系,提高了组织化程度,克服了"小生产、大市场"的矛盾,降低了生猪标准化养殖交易成本、市场风险。 故表明组织发展实现了生猪标准化养殖采纳程度的提高,与理论预期相符。

2.政策扶持

政策扶持对污染无害化和监管常态化有显著的正向影响,说明政策扶持弥补了养殖户处理生猪养殖污染的成本,促进了养殖户对污染的治理和资源化利用,促进了生猪养殖户采纳标准化养殖,与理论预期相符。 但是政策扶持对生猪标准化养殖的其他方面影响不显著,表明政府的扶持工作不仅要加强,而且应尽力满足养殖户多元化的补偿需求。

其他控制变量的估计系数方向与显著性也基本与预期相符:

(1)年龄

年龄对养殖设施化和防疫制度化的影响显著为正,表明当其他条件不变时,年龄越大的养殖户越重视生猪养殖场的设施改良和进行更严格的生猪防疫。 可能的原因是,年龄大的养殖户精力不如年轻的养殖户,他们更依赖于先进的能节约劳动力的养殖设备，如自动饮水机、自动饲喂系统等。 年龄大的养殖户对生猪养殖的疫病风险认知更深刻，因而更能严格执行防疫制度。

（2）健康状况

健康状况对生猪标准化养殖的各个分项的影响均显著为正，表明当其他条件不变时，健康状况好的养殖户采纳生猪标准化养殖的程度更高。 可见，健康状况好的养殖户有更多的时间和精力从事生猪养殖生产经营活动，为生猪标准化养殖提供了保证。

（3）文化程度

文化程度对生猪良种化和监管常态化的影响显著为正，表明当其他条件不变时，文化程度高的养殖户的生猪良种化程度和监管常态化程度更高。 原因在于，文化程度高的养殖户更能认知仔畜、种猪来源可靠对整个生猪生产性能、出栏率、质量安全的重要性。 文化程度高的养殖户更能理解对生猪养殖进行生产记录、防疫记录、病死猪无害化处理记录、佩戴耳标等监管活动的重要性。

（4）风险态度

风险态度对生猪标准化养殖的各个分项的影响均显著为正，表明当其他条件不变时，风险偏好型的养殖户采纳生猪标准化养殖的程度更高。 风险偏好的养殖户往往更愿意尝试新的生猪养殖技术和管理模式，因此这类养殖户的生猪标准化养殖采纳程度较高。

（5）党员干部

家庭成员中有党员干部的养殖户的生猪良种化程度高。 可能的原因是，党员干部对生猪标准化养殖的认知更强，能自觉采纳生猪标准化养殖，对其他养殖户起到模范带头作用。

（6）兼业

非兼业的养殖户采纳生猪标准化养殖的程度更高，对生猪良种化、养殖设施化、防疫制度化、污染无害化和监管常态化均有显著的正向影响。 原因在于，非兼业的养殖户的家庭收入全部来源于生猪养殖业，对生猪标准化养殖更了解，倾向于采纳生猪标准化养殖以降低养殖风险、提高养殖收益。

(7)养殖规模

养殖规模对养殖设施化、防疫制度化、污染无害化、监管常态化有显著的正向影响，对生猪良种化有显著的负向影响，而对生产规范化影响不显著。表明在其他条件保持不变的前提下，规模大的养殖户采纳生猪标准化养殖的程度更高。原因在于，规模化是标准化养殖的基础，与小规模养殖户相比，中规模养殖户和大规模养殖户采纳生猪标准化养殖更能实现规模经济，从而弥补了标准化养殖的前期资金投入。

(8)养殖年限

养殖年限对生猪良种化、养殖设施化、污染无害化、监管常态化的影响显著为正，表明当其他条件不变时，养殖年限越长的养殖户采纳生猪标准化养殖的程度更高。原因在于，养殖年限长的养殖户积累的养殖经验更丰富，对生猪养殖各环节的认知更清楚，更愿意通过采纳生猪标准化养殖提升质量安全水平，保护产地环境并提高经济效益。

(9)料肉比

料肉比对养殖设施化和生产规范化的影响显著为正，表明当其他条件不变时，料肉比越高的养殖户的养殖设施化和生产规范化程度越高。可能的解释是，料肉比低的养殖户中有不少养殖户过量施用兽药和饲料添加剂，使得生猪生长速度加快，但降低了生猪质量安全，料肉比高则反映出养殖户严格执行了生产规范化的规定。

(10)养殖户质量安全意识和环保意识

质量安全意识对污染无害化有显著的正向影响，环保意识对生产规范化和监管常态化有显著的正向影响。表明在其他条件保持不变的前提下，质量安全意识和环保意识越强的养殖户，能在养殖过程中考虑生猪养殖质量安全和养殖污染问题，从而更意愿采纳生猪标准化养殖。

(11)主要销售市场

批发市场、大型超市、企事业单位、省外市场对生猪标准化养殖有显著的正向影响。表明与乡村农贸市场相比，其他市场对生猪养殖质量安全和产地环境的要求更为严格，因此主要销售市场为批发市场、大型超市、企事业单位、省外市场的养殖户对生猪标准化养殖的采纳程度更高。

（12）所处地区

地区变量为江西对防疫制度化有显著的正向影响，对污染无害化有显著的负向影响；地区变量为四川对生猪良种化有显著的负向影响，对污染无害化有显著的负向影响。这说明浙江养殖户的生猪良种化程度优于四川养殖户。浙江养殖户污染无害化程度优于江西养殖户和四川养殖户，这是因为浙江环境规制较为严格，养殖户环保意识较高。

第三节 组织发展、政策扶持对生猪标准化养殖效益的影响

一、理论分析与研究假设

根据生猪养殖业的特点及相关文献资料，将影响生猪养殖成本[①]和生猪售价的因素归纳为：生猪标准化养殖采纳程度、个体特征、家庭特征、养殖特征和外部环境五个方面。具体影响因素分析和研究假设如下。

1. 生猪标准化养殖采纳程度

养殖户通过采纳生猪标准化养殖，能将资金利用率、劳动生产率和生猪生产性能的潜力加以最大限度挖掘，从而实现最佳的社会效益和经济效益。唐式校（2014）生猪标准化养殖对比试验表明，标准化养殖生猪与未采用标准化养殖生猪相比成本和收益差异显著，采用标准化养殖的生猪平均增重6.66kg/头，饲料成本降低 28.89 元/头，养殖利润提高 77 元/头。王艳花（2012）研究认为标准化生产能提高农户种植收入。因此，本书假设：养殖户的生猪标准化采纳程度越高，其生猪养殖单位成本越低，市场价格优势越明显。

2. 个体特征

（1）性别：由于农村女性交流和学习的机会均少于男性，所以女性在生

――――――――――

① 本节考察的生猪养殖成本只包括养殖环节发生的各项直接成本，如物质成本、人工成本等。

猪养殖过程中对如何优化管理可能不如男性，女性在市场上的谈判地位也弱于男性。 因此，本书假设：男性养殖户的养殖成本比女性低，生猪售价比女性高。 （2）年龄：年龄越大的养殖户从事生猪养殖的时间也越长，对生猪养殖和生猪市场更熟悉。 因此，假设年龄越大的养殖户养殖成本越低，生猪售价越高。 （3）受教育程度：受教育程度高的养殖户可能更善于掌握生猪养殖技术和总结生猪养殖经验，也更了解新型的生猪交易方式。 因此，本书假设：受教育程度越高的养殖户的养殖成本越低，生猪售价越高。 （4）健康状况：健康状况好的养殖户从事生产经营精力更充沛。 因此，本书假设：健康状况好的养殖户的养殖成本低，售价高。

3.家庭特征

家庭特征变量包括：家庭成员是否有干部、劳动力数、是否兼业。 （1）家庭成员是否有干部：有干部的养殖户家庭通常拥有更多的社会资本，与外界也有更多联系和交流，能获得更准确和更丰富的生猪养殖信息，从而提高养殖效率和市场地位。 因此，本书假设：家庭成员中有干部的养殖户的养殖成本低，生猪售价高。 （2）是否兼业：非兼业养殖户的家庭收入都来源于生猪养殖收益，这类养殖户对生猪养殖的成本和收益更加关注，有降低生猪养殖成本和提高生猪售价的强烈意愿。 因此，本书假设：非兼业养殖户的生猪养殖成本更低，生猪售价更高。

4.养殖特征

养殖特征变量包括：养殖规模、养殖年限和养殖效率。 （1）养殖规模：养殖规模大的养殖户往往能够实现规模效益，其在生猪交易市场和饲料采购市场上的议价能力远远强于独立的小规模养殖户。 因此，本书假设：养殖户的生猪养殖规模越大，其养殖成本越低，生猪收购价格越高。 （2）养殖年限：养殖年限长的养殖户积累的养殖经验更丰富，对生猪收购市场行情也可能掌握得更为准确及时。 因此，本书假设：养殖年限越长的养殖户的养殖成本越低，生猪收购价格越高。 （3）料肉比：料肉比较低的养殖户，饲料成本较低，而饲料成本占生猪养殖总成本的比重很大，因此，料肉比较低的养殖户生猪养殖成本较低。 但是料肉比较低的养殖户可能存在滥用饲料添加剂、不严格执行休药期等生产不规范行为，因而生猪质量安全得不到保障，反映在市场上的售价较低。因此，本书假设：养殖效率高的养殖户的养殖成本和生猪售价均较低。

5.外部环境

外部环境变量包括：是否参与产业化组织、是否获得政策扶持、主要销售市场和地区变量。（1）是否参与产业化组织：许多合作社、龙头企业等产业化组织为养殖户提供了统一采购饲料、统一生猪销售等服务，这些服务有利于养殖户降低饲料采购成本，并提升生猪销售价格。因此，本书假设：参与了产业化组织的养殖户的养殖成本较低，生猪销售价格较高。（2）是否获得政策扶持：获得政策扶持的养殖户降低了资金周转压力，在养殖场改扩建等固定投入方面更有优势，在与饲料商和收购商交易时也能给予更优惠的条件。因此，本书假设：获得政策扶持的养殖户的养殖成本较低，生猪售价较高。（3）检查次数：受政府检查次数多的养殖户对养殖过程的管理更为严格，生猪养殖品质和产地保护较好，因而能提高生猪售价。因此，本书假设：受政府检查次数越多的养殖户养殖成本较低，售价较高。（4）主要销售市场：不同销售市场的生猪售价存在一定差异，省外市场、大型超市等市场对生猪品质要求较高，生猪售价也相对较高。因此，本书假设：在主要销售市场不同的养殖户的生猪售价存在显著差异。（5）地区变量：浙江省和江西省的生猪饲养成本高于作为饲料主产区的四川省。因此，本书假设：四川省养殖户的生猪养殖成本和售价低于浙江省和江西省。

二、模型设定与变量说明

(一)模型设定

模型被解释变量为生猪售价（元/kg）和生猪养殖成本（元/kg）。解释变量包括生猪标准化养殖采纳程度、个体特征、家庭特征、养殖特征以及外部环境。由于生猪养殖成本和生猪售价非负连续，运用OLS进行估计。形式如下：

$$Y_i = \beta_0 + \sum_{m=1}^{M} \beta_m X_{im} + \varepsilon_i \qquad (5\text{-}3)$$

式中，Y 为被解释变量生猪养殖成本和生猪售价，X 为解释变量，包括生猪标准化养殖采纳程度、个体特征、家庭特征、养殖特征以及外部环境等。

(二)变量说明

根据理论分析与研究假设，将各个变量的定义和平均值列于表5-3。

表 5-3　生猪标准化养殖效益模型变量说明

变量名称	变量定义	平均值			
被解释变量		浙江	江西	四川	总样本
生猪售价	生猪单位售价(元/kg)	13.69	13.87	13.98	13.89
生猪成本	生猪单位成本(元/kg)	13.07	13.11	13.37	13.23
解释变量		浙江	江西	四川	总样本
生猪良种化(breed)	0—2分	1.86	1.75	1.60	1.71
养殖设施化(faci)	1—5分	3.26	3.01	2.87	3.00
生产规范化(culti)	0—4分	3.13	2.97	2.75	2.90
防疫制度化(anti)	0—5分	3.08	2.99	2.68	2.86
污染无害化(green)	0—4分	2.82	2.39	2.12	2.36
监管常态化(sup)	0—4分	2.51	2.24	2.07	2.22
性别(gender)	女性=0;男性=1	0.86	0.89	0.77	0.83
年龄(age)	养殖户实际年龄(岁)	46.53	47.07	48.76	47.74
健康状况(health)	差=1;一般=2;良好=3	2.84	2.84	2.80	2.82
文化程度(edu)	小学及以下=1;初中=2;高中或中专=3;大专及以上=4	2.36	2.16	1.99	2.13
风险态度(risk)	风险规避=1;风险中立=2;风险偏好=3	1.82	1.69	1.61	1.68
党员干部(gov)	无=0;有=1	0.10	0.08	0.06	0.08
兼业(part)	兼业=0;非兼业=1	0.58	0.53	0.51	0.53
养殖规模(scale)	养殖场年出栏量(头)	692.76	646.12	493.56	585.77

变量名称	变量定义	平均值			
解释变量		浙江	江西	四川	总样本
养殖年限（year）	5 年及以下＝1；6～10 年＝2；11～15 年＝3；16～20 年＝4；21 年及以上＝5	2.44	2.67	3.01	2.78
料肉比（eff）	1.8 以下＝1；1.8～2.3＝2；2.4～2.8＝3；2.8 以上＝4	2.86	2.31	2.09	2.33
产业化组织（organ）	未参加＝0；参加＝1	0.54	0.46	0.39	0.45
政策扶持（help）	无＝0，有＝1	0.62	0.56	0.49	0.55
检查次数（regu）	政府实际检查次数（次）	3.64	3.37	3.06	3.29
主要销售市场（market）	乡村农贸＝1；批发＝2；超市、单位＝3；省外＝4	2.09	2.02	1.97	2.01
所在地区（area）	浙江＝1；江西＝2；四川＝3	1.00	2.00	3.00	2.24

注：变量名称列括号内是变量的英文名。

三、模型估计与结果分析

各变量间的 VIF 值均低于 10，表明模型不存在严重的多重共线性。从估计结果看，调整后的 R^2 均达 0.9 以上，F 统计值也通过了 1％ 的显著性检验，拟合度很好，达到了研究的要求和目标。模型结果具体见表 5-4。

表 5-4　生猪标准化养殖效益模型估计结果

变量	sale		cost	
breed	0.1793***	(0.0367)	−0.0904**	(0.0392)
faci	0.0864**	(0.0337)	−0.0409	(0.0311)
culti	0.2133***	(0.0405)	−0.1105***	(0.0416)
anti	0.1801***	(0.0400)	−0.1425***	(0.0357)
green	0.1357***	(0.0355)	−0.1337***	(0.0410)
sup	0.0276	(0.0372)	−0.0509	(0.0405)
gender	0.0260	(0.0425)	−0.0322	(0.0431)
age	−0.0056	(0.0035)	0.0057	(0.0039)

变量	sale		cost	
health	0.0969***	(0.0369)	−0.0686*	(0.0355)
[edu=2]	0.0519	(0.0535)	−0.1102*	(0.0569)
[edu=3]	0.1009	(0.0736)	−0.0612	(0.0809)
[edu=4]	−0.0572	(0.1016)	0.0275	(0.0997)
[risk=2]	0.0155	(0.0428)	−0.0381	(0.0441)
[risk=3]	−0.0152	(0.0611)	−0.0613	(0.0656)
gov	−0.0097	(0.0577)	−0.0015	(0.0513)
part	−0.0032	(0.0347)	−0.0522	(0.0361)
scale	−0.0001	(0.0000)	0.0001	(0.0000)
year	0.0241	(0.2272)	−0.0258	(0.0251)
eff	0.0618***	(0.0205)	−0.1121***	(0.0241)
organ	1.0804***	(0.0365)	−0.9135***	(0.0365)
help	0.6499***	(0.0344)	−0.3977***	(0.0358)
regu	0.0398***	(0.0119)	−0.0513***	(0.0105)
[market=2]	0.1717***	(0.0431)	−0.2248***	(0.0492)
[market=3]	0.3918***	(0.0628)	−0.3306***	(0.0613)
[market=4]	0.3939***	(0.0636)	−0.2526***	(0.0568)
[area=2]	0.5223***	(0.0392)	−0.2961***	(0.0482)
[area=3]	0.9877***	(0.0412)	−0.3047***	(0.0491)
Cons	9.7759***	(0.2154)	16.2306***	(0.2293)
R-squared	0.9447		0.9174	
F	371.58***		349.08***	
N	638		638	

注:估计系数右方括号内数值为稳健标准误,***、**、*分别表示1%、5%和10%显著性水平上显著。

由估计结果可知:

1. 参与产业化组织、政策扶持对生猪售价有显著的正向影响,对生猪养殖成本有显著的负向影响。 这表明,参与了产业化组织的养殖户能实现更高的售价并降低养殖成本,产业化组织提高了养殖户的市场地位,不少产业化组织通过"市场价＋附加价"的定价方式让养殖户获得了溢价收入。 不少产业化组织对生猪养殖生产资料的统一采购也降低了养殖户的成本。 获得政策扶持的养殖户的生猪售价较高、养殖成本较低，说明政府的扶持政策提高了养殖户的市场竞争力并且降低了养殖户的养殖成本。

2. 生猪标准化养殖变量（除监管常态化以外）对生猪售价有显著的正向影响，对生猪养殖成本有显著的负向影响。 这表明，生猪标准化养殖遵循"统一、简化、协调、优选"的原则，通过制定和实施生猪养殖生产过程各个环节的标准，为生猪养殖业建立健全规范的工艺流程，使养殖户将生猪标准化养殖的先进技术和管理模式加以应用，从而降低养殖成本。 由于生猪标准化养殖保证了生猪养殖质量并保护了生猪养殖产地环境，因此，在市场上的竞争力较普通猪肉更强，能够实现更高的售价。

3. 在养殖户个体特征变量中，养殖户健康状况对生猪售价有显著的正向影响，对生猪养殖成本有显著的负向影响，文化程度对生猪养殖成本有显著的负向影响。 这意味着健康状况良好的养殖户有更多的时间和精力了解生猪养殖行情或进行讨价还价，可以将生猪以更高的价格出售。 健康状况良好的养殖户也有更充足的精力进行生猪养殖场管理活动的优化，从而有效降低了生猪养殖成本。 文化程度较高的养殖户往往掌握了更多的生猪养殖专业知识，能合理安排各项生猪养殖生产活动，实现了养殖成本的降低。

4. 在养殖户养殖特征变量中，料肉比对生猪售价有显著的正向影响，对养殖成本有显著的负向影响。 这是因为料肉比高的养殖户所饲养的生猪质量安全有保障，能以较高的价格出售，而且料肉比高的养殖户所饲养的生猪生产性能较好，病死率低，从而降低了养殖成本。

5. 其他外部环境变量对生猪售价均有显著的正向影响，对养殖成本均有显著的负向影响。 其中，政府检查次数多的养殖户生猪售价较高，养殖成本较低，表明检查监督工作促使养殖户严格执行各项生猪养殖标准，从而提高了生猪品质并降低了养殖成本。 与以乡村农贸市场为主要销售市场的养殖户相比，以批发市场、大型超市、企事业单位、省外为主要销售市场的养殖户的售价较高，养殖成本较低。 原因在于这些市场的准入条件比乡村农贸市场严格，能实现更高的售价。 浙江养殖户的售价较低，养殖成本较高，这一方面是由于浙江省养殖业的地位正在下降,另一方面是因为江西和四川是生猪调出大省,其养殖成本较低。

第四节 本章小结

"小生产、大市场"的生猪养殖业产业格局,以及生猪养殖户参与生猪标准化养殖面临的风险性与外部性,是目前中国生猪标准化养殖程度不高的重要原因。 在产业集聚的基础上,组织发展与政策扶持是进一步发展生猪标准化养殖的关键。 产业化组织带动养殖户参与标准化养殖的纵向协作模式属于产业集群内的分工、协作的组织方式之一,能够提高养殖户的组织化程度,从而降低生猪养殖户采纳标准化养殖的自然风险、市场风险,并节约交易成本。政策扶持则能降低标准化养殖采纳成本,规范生猪市场交易活动并且提高养殖户的养殖技能水平。

实证研究结果表明:第一,组织发展与政策扶持显著提高了生猪养殖户的标准化养殖采纳程度,其中参与产业化组织的养殖户显著提高了养殖设施化、生产规范化、防疫制度化、污染无害化、监管常态化的水平;获得政策扶持的养殖户显著提高了污染无害化和监管常态化的水平。 第二,组织发展与政策扶持显著提高了生猪售价并显著降低了生猪养殖成本,从而提高了生猪养殖效益。

第六章　产业化组织发展生猪标准化养殖的契约安排研究

由产业化组织带动的纵向协作组织模式对于提升生猪养殖户的标准化养殖程度非常重要，参与了产业化组织的生猪养殖户普遍标准化养殖采纳程度较高、养殖收益较高且养殖成本较低。 养殖户参与由产业化组织引导的生猪标准化养殖，与产业化组织进行资金、技术、人力资本、市场等要素的分工协作，实质上是选择了某种契约安排。 由于生猪标准化养殖契约安排包含了对养殖效率、质量和产地环境的严格要求，以及相关技术应用，因此生猪标准化养殖契约兼具"买卖契约"与"技术契约"的属性。 "买卖契约"是生猪标准化养殖契约的基础性内容，"技术契约"则是生猪标准化养殖契约的核心与关键。

配置决策权、分担风险和分配价值是契约安排的 3 个基本内容（Sykuta、Cook，2001）。 生猪养殖户与产业化组织签订的生猪标准化养殖契约是如何配置生产决策权的？ 是如何分担风险的？ 是如何分配准租金的？ 回答这些问题，需要深入研究的是：怎样的契约安排有利于提高生猪标准化养殖程度？ 这样的契约安排又受哪些因素影响？ 如何提高养殖户的履约率？ 本章基于 638 个受访养殖户中参与产业化组织的 286 个养殖户调研数据，对上述问题逐一进行研究。

第一节　契约安排对养殖户标准化养殖采纳程度的影响

一、产业化组织发展生猪标准化养殖的契约安排形式

产业化组织带动的生猪标准化养殖组织模式主要为准纵向一体化，包括销售契约、合作组织契约和生产契约等契约安排形式（王瑜，2008）。

（一）生猪标准化养殖销售契约

生猪标准化养殖销售契约属于较为松散的契约安排。 生猪养殖户与产业化组织虽然签订了契约，对生猪质量和数量有一定的要求，但是养殖户仍然有较完整的生产决策权，产业化组织不支配养殖户具体的养殖过程，也没有进行专用性资产投资，定价制度以市场价格为主。 生猪养殖户的出栏生猪由产业化组织（主要为龙头企业）收购加工后再进行市场出售。

（二）生猪标准化养殖合作组织契约

合作组织属于半紧密性质的契约安排，通常由村党员干部、生猪养殖能人带动周边乡村的养殖户成立。 设立合作组织的主要目的是为养殖户成员提供各项与生猪养殖相关的服务，例如以低于市场价的价格为成员统一提供仔猪、疫苗、饲料等生产要素，对成员集中进行生猪养殖技术培训，创立合作组织品牌，提高成员的市场竞争力。 虽然合作组织对生猪质量、数量和产地环境有一定的要求和规范，但并没有过多参与养殖户成员的生猪养殖生产决策，养殖户成员拥有主要的生产决策权。 生猪出栏时，合作组织与屠宰加工企业或生猪经纪人联络，统一进行生猪运输和销售。

（三）生猪标准化养殖生产契约

生产契约属于紧密的纵向协作形式，产业化组织与生猪养殖户签订的生产契约对生猪品质、品种来源、产地环境等有较为严格的要求。 与销售契约

不同的是，在生产契约下，由于产业化组织投资了大量的专用性资产，为了避免养殖户"敲竹杠"，产业化组织往往拥有部分的生产决策权，如统一向生猪养殖户提供仔猪、饲料、疫苗，集中为养殖户处理养殖污染和病死猪等。生产契约的定价制度通常为"市场价＋附加价"或会给予生猪养殖户"二次返利"。

由以上分析可知，生产契约对养殖户标准化养殖过程的控制能力最强，原因是签订生产契约的产业化组织获得了生猪养殖户较多的生产决策权。此外，以"市场价＋附加价"形式为主的定价制度降低了养殖户风险且分享了准租金，这是生产契约得以履行的重要因素。然而，在现实的生猪养殖户与产业化组织契约安排中，并不能严格区分某份契约属于销售契约还是生产契约，需要深入考察生产决策权安排和定价制度安排的实际情况。

二、受访养殖户的契约安排情况

(一)生猪养殖生产决策权安排情况

参考 Hu, Hendrikse（2009）、Windsperger（2009）和蔡荣（2012）等研究的处理方法，结合中国生猪养殖业现状和受访养殖户的实际情况，本书将生猪养殖生产决策权分解为品种选择、饲料采购、生猪饲养、生猪防疫、兽药采购、兽药施用、出栏时间、粪尿处理、病死猪处理、养殖密度等 10 个方面，以涵盖对生猪标准化养殖采纳程度影响较大的关键决策权。

受访养殖户的生产决策权安排情况见表 6-1。在参与产业化组织的 286 户养殖户中，产业化组织控制超过半数的决策权维度分别为品种选择、饲料采购、生猪防疫、兽药采购和兽药施用，产业化组织控制较少的决策权维度分别为生猪饲养、出栏周期、粪尿处理、病死猪处理和养殖密度。这表明产业化组织对生猪良种化、养殖规范化、防疫制度化等标准化养殖环节的控制程度较高，但是对养殖设备化和污染无害化等环节的控制力度较低。

表 6-1　生猪养殖生产决策权安排情况

决策权维度	养殖户	产业化组织	决策权维度	养殖户	产业化组织
品种选择	35	251	兽药施用	134	152
饲料采购	77	209	出栏周期	157	129
生猪饲养	189	97	粪尿处理	174	112
生猪防疫	97	189	病死猪处理	169	117
兽药采购	114	172	养殖密度	187	99

注:数据来源于问卷调查。

养殖户生产决策权转移数量在 1～10 之间。 生产决策权转移数量为 5 的养殖户有 64 户,占比最高,达 22.38%。 为便于分析,本书将转移数量为 1～3 的养殖户归为转移程度"低"的一组;将转移数量为 4～6 的养殖户归为转移程度"中等"的一组;将转移数量为 7～10 的养殖户归为转移程度"高"的一组(见表 6-2)。

表 6-2　生产决策权转移的数量分布

数量	1	2	3	4	5	6	7	8	9	10
户数	17	18	21	50	64	37	20	20	19	17
(%)	5.94	6.29	7.34	17.48	22.38	12.94	6.99	6.99	6.64	5.94

注:数据来源于问卷调查。

(二)生猪养殖定价制度安排情况

参与产业化组织的 286 个受访养殖户以"市场价"定价的有 185 户,占比 64.69%;以"市场价＋附加价"定价的有 101 户,占比 35.31%。 表明大多数产业化组织以市场价作为定价制度安排,与养殖户分享关系租金的契约安排只占少数。 生猪养殖定价制度安排情况见表 6-3。

表 6-3　生猪养殖定价制度安排情况

	市场价	市场价＋附加价
户数	185	101
比例(%)	64.69	35.31

注:数据来源于问卷调查。

三、研究假设

不同的生猪标准化养殖契约对养殖户行为的控制力度是不同的，契约的控制力度由相应的契约安排决定。 因此，养殖户参与产业化组织的契约安排会影响其生猪标准化养殖采纳程度。 基于不完全契约理论的分析和生猪标准化养殖契约的实际情况，本书做出如下分析与假设。

1.**假设五**:生产决策权转移程度越高的养殖户，采纳生猪标准化养殖的程度越高。 生产决策权转移程度高意味着产业化组织对生猪养殖各环节的控制力度较强，契约安排越接近于生产契约，因此养殖户采纳生猪标准化养殖的可能性更高。

2.**假设六**:以"市场价＋附加价"作为定价制度的养殖户采纳生猪标准化养殖的程度更高。 采用"市场价＋附加价"表明产业化组织与养殖户分享了关系租金，这有利于鼓励养殖户依靠产业化组织的质量要求进行生猪标准化养殖。

3.**假设七**:对生猪养殖安全友好要求程度越高的产业化组织，参与其中的养殖户采纳生猪标准化养殖的程度越高。

4.**假设八**:如果产业化组织提供技术服务，则养殖户采纳生猪标准化养殖的程度更高。 生猪标准化养殖契约不仅仅是"买卖合同"，同时也是"技术合同"。 技术服务是许多产业化组织的契约安排之一。 技术服务有助于对生猪养殖户的养殖行为加以指导和帮助，从而提高其标准化养殖水平。

5.**假设九**:参与龙头企业的养殖户比参与合作组织的养殖户采纳生猪标准化养殖的程度高。 因为合作组织对养殖户的控制力度较弱，不仅面临着龙头企业需要面对的养殖户违约问题，还需要面临集体行动的困境，即"搭便车"问题。

四、模型设定与变量说明

本节模型被解释变量为生猪标准化养殖程度，分为若干个等级。考虑到被解释变量属于多分类有序变量，本书引入了有序多分类 Logit 选择模型。变量包括养殖户参与产业化组织的契约安排、养殖户外部环境、养殖特征、个体及家庭特征等变量。变量说明见表 6-4。

表 6-4　契约安排对生猪标准化养殖影响模型变量说明

变量名称	变量定义	平均值			
被解释变量		浙江	江西	四川	总样本
生猪良种化(breed)	0—2 分	1.86	1.75	1.60	1.71
养殖设施化(faci)	1—5 分	3.26	3.01	2.87	3.00
生产规范化(culti)	0—4 分	3.13	2.97	2.75	2.90
防疫制度化(anti)	0—5 分	3.08	2.99	2.68	2.86
污染无害化(green)	0—4 分	2.82	2.39	2.12	2.36
监管常态化(sup)	0—4 分	2.51	2.24	2.07	2.22
解释变量		浙江	江西	四川	总样本
生产决策权转移(deci)	低=1；中等=2；高=3	2.19	2.04	2.03	2.08
定价制度(value)	市场价=0；市场价+附加价=1	0.44	0.37	0.28	0.35
质量要求(quality)	低=1；一般=2；高=3	1.73	1.60	1.46	1.58
技术服务(tese)	无=0；有=1	0.39	0.36	0.29	0.34
产业化组织类型(type)	合作组织=0；龙头企业=1	0.46	0.42	0.29	0.38
养殖规模(scale)	养殖场年出栏量(头)	692.76	646.12	493.56	585.77
兼业(part)	兼业=0；非兼业=1	0.58	0.53	0.51	0.53
主要销售市场(market)	乡村农贸=1；批发=2；超市、单位=3；省外=4	2.09	2.02	1.97	2.01
性别(gender)	女性=0；男性=1	0.86	0.89	0.77	0.83
年龄(age)	养殖户实际年龄(岁)	46.53	47.07	48.76	47.74
文化程度(edu)	小学及以下=1；初中=2；高中或中专=3；大专及以上=4	2.36	2.16	1.99	2.13

变量名称	变量定义	平均值			
解释变量		浙江	江西	四川	总样本
质量安全意识（safe）	无＝1；较小＝2；一般＝3；较大＝4；很大＝5	3.03	2.87	2.36	2.67
环保意识（envir）	无＝1；不太严重＝2；一般＝3；较严重＝4；非常严重＝5	2.22	1.94	1.82	1.95
所在地区（area）	浙江＝1；江西＝2；四川＝3	1.00	2.00	3.00	2.24

注：变量名称列括号内是变量的英文名。

五、模型估计与结果分析

变量间的 VIF 值均低于 10，表明模型设定不存在严重的多重共线性问题。模型进行估计后的具体结果见表 6-5。从回归结果看，通过了 1％ 的显著性水平，表明模型整体有较好的拟合度。

表 6-5　契约安排对生猪标准化养殖影响估计结果

变量	breed	faci	culti	anti	green	sup
deci	−0.2016	0.4473*	0.5752**	0.7059***	0.5366**	0.7346***
	(0.6186)	(0.2418)	(0.2744)	(0.2445)	(0.2383)	(0.2492)
value	0.8526	0.1346	0.3735	0.3797	0.3609	0.1554
	(0.9932)	(0.2834)	(0.3383)	(0.2815)	(0.2708)	(0.2954)
quality	1.6293**	0.3001	0.3257	0.2412	0.4332**	0.3855 **
	(0.7562)	(0.1886)	(0.2104)	(0.1913)	(0.1795)	(0.1848)
tese	−0.3056	0.7703***	1.0110***	0.8091***	0.6867**	0.6940**
	(0.8184)	(0.2975)	(0.3564)	(0.3013)	(0.3132)	(0.2913)
type	1.0277	0.3659	0.3466	0.1516	0.4058	0.2732
	(1.2127)	(0.2731)	(0.3253)	(0.2796)	(0.3059)	(0.2834)
scale	−0.0008	0.0005**	0.0001	0.0004*	0.0003	0.0003
	(0.0008)	(0.0002)	(0.0002)	(0.0002)	(0.0003)	(0.0003)
part	1.8048**	0.1253	−0.0552	0.0939	0.2845	0.1055
	(0.8096)	(0.2889)	(0.3107)	(0.2946)	(0.2782)	(0.2953)

续　表

变量	breed	faci	culti	anti	green	sup
[market＝2]	2.8459***	2.0441***	2.0823***	2.2019***	1.9235***	1.8971***
	(0.7789)	(0.4486)	(0.4589)	(0.4644)	(0.3995)	(0.4364)
[market＝3]	2.4894**	3.1408***	3.2012***	2.9307***	2.7677***	2.6494***
	(1.1092)	(0.5629)	(0.6543)	(0.5898)	(0.5845)	(0.5812)
[market＝4]	17.2634***	2.0036***	1.8532***	2.0211***	1.6098***	1.6553***
	(1.6774)	(0.5224)	(0.5654)	(0.5287)	(0.4798)	(0.4889)
gender	0.4446	0.3025	0.9683**	0.5823	0.7844*	0.4556
	(0.8533)	(0.4130)	(0.4378)	(0.4384)	(0.4669)	(0.4509)
age	0.0199	0.0224	0.01245	0.0339	0.02733	0.0247
	(0.0539)	(0.0201)	(0.0219)	(0.0213)	(0.0209)	(0.0206)
[edu＝2]	−0.5095	−0.5527	−0.8256	−0.8426*	−0.7568	−0.7832*
	(1.1021)	(0.4537)	(0.5434)	(0.4884)	(0.5006)	(0.4909)
[edu＝3]	−1.0122	0.2375	0.4641	0.0101	0.1242	0.4109
	(1.4357)	(0.6364)	(0.7505)	(0.6625)	(0.7469)	(0.6881)
[edu＝4]	12.2462***	−1.8411**	−1.7180*	−1.8405**	−1.5873*	−1.2732
	(1.9192)	(0.7853)	(0.8965)	(0.8135)	(0.8532)	(0.7937)
safe	0.1002	0.0666	0.12379	0.1167	0.3114**	0.1794
	(0.4127)	(0.1371)	(0.1457)	(0.1379)	(0.1475)	(0.1389)
envir	0.6126	0.3103**	0.6521***	0.5479***	0.4740***	0.5892***
	(0.5669)	(0.1518)	(0.1897)	(0.1636)	(0.1642)	(0.1618)
[area＝2]	−0.4277	0.1563	0.5867	0.7378**	0.0585	0.4464
	(1.3658)	(0.3456)	(0.4052)	(0.3673)	(0.3849)	(0.3536)
[area＝3]	−2.2639*	0.0412	0.2194	0.4598	−0.2192	0.3037
	(1.2876)	(0.3268)	(0.4039)	(0.3352)	(0.3310)	(0.3355)
pseudo R²	0.4920	0.2164	0.2971	0.2286	0.2496	0.2491
loglikelihood	−48.7306	−317.5574	−210.8179	−324.9014	−289.9131	−293.4435
wald chi2	1850.51***	119.67***	107.94***	143.01***	121.21***	124.58***
N	286	286	286	286	286	286

注:估计系数下方括号内数值为稳健标准误,＊＊＊、＊＊、＊分别表示1%、5%和10%显著性水平上显著。

对估计结果具体的分析如下：

1. 生产决策权转移

生产决策权转移对生猪标准化养殖（除生猪良种化之外）有显著的正向影响，符合研究假设。生产决策权转移程度高的养殖户的多项生猪养殖关键环节都由产业化组织控制，产业化组织能对养殖户的养殖行为起到有效的监督作用，从而提高了标准化养殖程度。如表 6-6 所示，随着养殖户生产决策权转移程度的提高，其生猪标准化养殖程度的平均值显著提高，其中生猪良种化程度由 1.71 提高至 1.94，养殖设施化程度由 2.63 提高至 3.86，生产规范化程度由 2.69 提高至 3.54，防疫制度化由 2.41 提高至 3.85，污染无害化由 1.98 提高至 3.25，监管常态化由 1.82 提高至 3.18。

表 6-6　生产决策权转移与标准化养殖程度平均值

生产决策权转移	breed	faci	culti	anti	green	sup
低	1.71	2.63	2.69	2.41	1.98	1.82
中等	1.94	3.66	3.37	3.58	3.05	2.92
高	1.94	3.86	3.54	3.85	3.25	3.18

2. 定价制度

"市场价＋附加价"的定价制度对生猪标准化养殖有正向影响，但没有通过显著性检验，与研究假设不相符。可能的原因是，获得"市场价＋附加价"定价制度的生猪养殖户占比不高，对养殖户参与生猪标准化养殖的激励和风险分担作用尚不明显。由表 6-7 可知，与市场价的定价制度相比，以"市场价＋附加价"作为定价制度安排的养殖户的平均标准化养殖程度较高，其中生猪良种化程度由 1.85 提高至 1.97，养殖设施化程度由 3.38 提高至 3.75，生产规范化程度由 3.19 提高至 3.46，防疫制度化程度由 3.25 提高至 3.74，污染无害化程度由 2.74 提高至 3.18，监管常态化程度由 2.65 提高至 3.01。因此，产业化组织应促进与养殖户分享标准化养殖带来的准租金，从而提高养殖户参与生猪标准化养殖的积极性。

表 6-7　定价制度与标准化养殖程度平均值

定价制度	breed	faci	culti	anti	green	sup
市场价	1.85	3.38	3.19	3.25	2.74	2.65
市场价＋附加价	1.97	3.75	3.46	3.74	3.18	3.01

3.质量要求

参与了对养殖户安全友好要求较高的产业化组织的养殖户采纳生猪标准化养殖的程度较高，与研究假设相符。 原因在于，生猪标准化养殖契约不仅包括对生猪养殖的生产性能方面的要求，而且包括对养殖环节的质量要求。对养殖户质量要求高的产业化组织对养殖行为的监管力度较强，从而敦促了养殖户严格按照规范进行养殖，并提高了其标准化养殖程度。

4.技术服务

产业化组织的技术服务对养殖户的标准化养殖采纳程度有显著的正向影响，与研究假设相符。 说明技术服务起到了提高养殖户养殖技术水平、规范养殖行为的作用。 产业化组织带动生猪养殖户参与标准化养殖的契约安排兼具"买卖契约"与"技术契约"的属性，"技术契约"是契约的核心与关键，需要养殖户在养殖环节符合生猪标准化养殖相关技术要求。 因此，为养殖户提供良好的技术服务的产业化组织能帮助养殖户更好地掌握育种、养殖、防疫、环保等相关技术，从而提高了养殖户的标准化养殖采纳程度。

5.产业化组织类型

龙头企业比合作组织对养殖户标准化养殖行为的控制力度更强，但估计结果并不显著，研究假设不成立。 可能的原因是，养殖户参与何种类型的产业化组织对其标准化养殖程度的影响程度不大，对标准化养殖程度有显著影响的因素主要为涉及契约安排的变量。

第二节　生猪标准化养殖生产决策权安排的影响因素研究

参与产业化组织能够增强农户采纳各类农产品生产标准和参与新型农产

品交易方式的技能（黄祖辉，梁巧，2007）。随着广大消费者对农产品质量安全和产地环境问题的日益重视，并愿意为之支付更高的价格（王慧敏，2012），为保证农产品质量安全达标，从而获得溢价收入，产业化组织更需要控制农产品生产环节的重要生产决策权（刘秀琴等，2015）。产业化组织业绩受生产决策权配置的影响（Drake、Mitchell，1977）。产业化组织拥有越多的生产决策权，则越能有效地控制农户行为。产业化组织能否控制重要的生产决策权的关键在于契约安排的设计，从而激励生猪养殖户转移这些生产决策权。经调查发现，不同生猪养殖户与产业化组织的生产决策权安排存在非常大的差异，这与产业化组织特征和生猪养殖户特征有着密切的因果关系。因此，需要考察的问题是：生猪养殖户参与由产业化组织带动的生猪标准化养殖后，其生产决策权安排受哪些因素影响？

一、理论分析与研究假设

（一）理论分析

在信息不对称的情形下，如果产业化组织拥有较多的专用性资产投资，其面临的农户侵占关系租金的风险较高，此时应采取措施对农户"敲竹杠"行为进行约束，例如将生产决策权从农户转移至产业化组织，即采取紧密型的纵向协作关系；如果产业化组织拥有较少的专用性资产投资，产业化组织控制生产决策权的动力会降低，因为控制较多的生产决策权需要给予农户更高的关系租金分享份额。基于不完全契约理论，保证经济效率需要生产决策权重新分配（Hendrikse，2007）。当产业化组织的品牌、销售渠道、生猪养殖技术、设施等专用性资产对创造关系租金更重要时，由产业化组织控制生产决策权的契约安排会最有效率；对应地，当养殖户经验、社会网络、土地要素等专用性资产对创造关系租金更关键时，由养殖户控制生产决策权的契约安排会最有效率。

生猪养殖户转移生产决策权的决策基于成本—收益原则进行。生猪养殖户拥有独立决策权时，收益包括不受产业化组织控制、不用考虑产业化组织决策失误所带来的独立自主决策收益和产业化组织为获得高能力养殖户特征需要付出的额外信息租金。 生猪养殖户参与产业化组织主导的生猪标准化养殖时，收益包括参与产业化组织主导的生猪标准化养殖后增加的期望收益和参与产业化组织主导的生猪标准化养殖后由于市场风险和自然风险下降增加的收益。 当参与产业化组织的收益超过独立决策收益时，生猪养殖户才会向产业化组织转移生产决策权。

(二)研究假设

生产决策权安排受产业化组织特征和生猪养殖户特征的共同影响。 专用性资产投资、是否有技术人员、生猪销售渠道、产业化组织类型和质量要求等属于产业化组织特征。 风险态度、文化程度、生猪养殖年限、参与产业化组织年限、服务评价、定价制度和所处地区等属于生猪养殖户特征。 各变量的研究假设如下：

1.产业化组织专用性资产投资

资产运用于其他生产主体或途径而不损失价值的程度称为资产专用性（Williamson，1985）。 专用设施、办公场所、销售渠道、品牌等都是产业化组织的专用性资产。 不完全契约理论认为，如果契约缔约方中的一方进行了较多的专用性资产投资，其就需要承担专用性资产被套牢的风险，因此缔约双方会选择紧密的契约安排，以避免此类事件出现，即专用性资产越多的产业化组织，获得生猪养殖户生产决策权的程度也越高。

2.产业化组织是否有技术人员

生猪标准化养殖包含了传播成本高的专用知识。 专用知识与生产决策权的统一程度决定了产业化组织的绩效水平（Hayek，1945）。 农业技术人员的专用知识属于人力资本形式的无形资产（李静花等，2006），将生产决策权转移给拥有专用知识的一方时，生产决策权才能达到最佳配置效率。 没有技术人员的产业化组织在执行具体的生猪养殖决策时很可能会失策，此时将生产决策权转移至生猪养殖户更有效率；而当产业化组织有技术人员时，其拥有生猪标准化养殖相关专用性知识，此时生猪养殖户将生产决策权让渡给产业化组织更有效率。

3.产业化组织的生猪销售渠道

农产品质量安全和产地环境要求因销售渠道而异（李凯，2015）。中国生猪养殖业的销售渠道主要包括乡村农贸市场、生猪批发市场、大型超市或企事业单位以及省外市场等。大型超市或企事业单位、省外市场对生猪标准化养殖有相对较高的要求，而乡村农贸市场和生猪批发市场对生猪标准化养殖要求相对较低。因此，为了保障生猪品质，以大型超市等为销售渠道的产业化组织对生猪标准化养殖决策权的控制动机就可能较强。

4.产业化组织类型

产业化组织类型决定了产业化组织经营目标的差异。产业化组织类型主要包括龙头企业和合作组织。龙头企业的目标是为了稳定购销关系，保障生猪来源符合生猪标准化养殖规范和获得经营收益，对采纳生猪标准化养殖的盈利能力更加重视。合作组织则以"自愿加入、自由退出"为原则，以"民办、民管、民受益"为宗旨，更注重向成员推广养殖技术，通过统购统销降低成员面临的市场风险，但存在着集体行动的困境（Olson，1965）。因此，与经济合作组织相比，龙头企业对生产决策权的控制程度可能较高。

5.产业化组织的质量要求

生猪标准化养殖涉及养殖场选址、饲料投入、良种引进、防疫、病死猪无害化处理和污染防治等多个关键环节，只有各个环节均符合标准化养殖规范，生猪养殖才能达到安全友好的要求。产业化组织对生猪品质的要求越严格，就越需要对生猪标准化养殖的关键点进行有效监控，从源头上把好质量安全关，对生产决策权的控制程度可能较高。

6.户主风险态度

生猪养殖户与产业化组织签订契约后并不需要让渡资产所有权，而是向产业化组织转移部分生产决策权，经营风险依然由生猪养殖户承担。因此，风险规避的生猪养殖户为避免经济损失，往往不愿意转移生产决策权。

7.养殖户文化程度

如果生猪养殖户文化程度较高，则具有较高的人力资本，对生猪标准化养殖相关专用技能的运用能力更强，从而降低了生猪养殖环节决策失误的可能性，因而不太愿意转移生产决策权。 文化程度低的生猪养殖户更需要产业化组织的专业化指导和帮助，以避免决策失误，这增加了产业化组织拥有生产决策权的必要性。 因此，文化程度越低的养殖户的生产决策权转移程度越高。

8. 生猪养殖年限

从事生猪养殖业年限越长的养殖户，往往生猪养殖经验越丰富。 生猪养殖经验包含了缄默知识，其难以通过文字或公式表达。 最具经济效率的契约安排应是由经验丰富的养殖户获得生产决策权。 此外，生猪养殖年限长的生猪养殖户可能更习惯于自主决策，因此其生产决策权转移程度较低。

9. 参与产业化组织的年限

在进行了专用性资产投资以及信息不对称的市场环境下，产业化组织与生猪养殖户稳定的契约关系有助于降低交易成本，解决信息不对称问题，促进缔约双方履约。 建立信任关系有助于交易双方保持长期稳定的合作关系（Gambetta，1988）。 养殖户参与产业化组织主导的生猪标准化养殖时间越长，彼此之间就更加熟悉，相互之间就更有可能建立信任关系。 一方面，如果产业化组织希望控制生产决策权，参与产业化组织时间较长的养殖户相信能获得较高的合作收益，生产决策权转移的意愿更强。 另一方面，养殖户参与产业化经营时间越长，也表明产业化组织相信养殖户不会"敲竹杠"，从而可以让生猪养殖户控制主要的生产决策权。

10. 对产业化组织服务评价

产业化组织的服务能够增加农户收入，包括降低农户新技术学习成本、提高生猪质量、稳定销售渠道等。 如果参与生猪标准化养殖提高了生猪养殖户的收入水平，则生猪养殖户往往满意产业化组织提供的服务。 基于成本收益的比较，养殖户对产业化组织提供服务的评价满意时，可能愿意转移生产决策权。

11. 契约定价制度

定价制度决定了农户能够分享到的关系租金以及风险的分担水平。 "市场价"和"市场价＋附加价"是主要的两类定价制度，后者有利于保证生猪品质和降低生猪养殖户搜寻成本，还能将生猪养殖户面临的市场风险部分转移至产业化组织，使生猪标准化养殖实现"优质优价"。因此，定价制度为"市场价＋附加价"时，生产决策权向产业化组织转移的程度可能较高。

12.所处地区

浙江省产业化组织的发展水平较高，各项服务较为完善，参与产业化组织的养殖户数量也相对较多，因此，假设浙江养殖户比江西养殖户和四川养殖户生产决策权转移的程度高。

二、模型设定与变量说明

本节模型被解释变量为生产决策权转移，分为3个等级。考虑到被解释变量属于多分类有序变量，本书引入了有序多分类 Logit 选择模型。变量说明与统计描述见表6-8。

表6-8　生产决策权安排模型变量说明

变量名称	变量定义	平均值			
被解释变量		浙江	江西	四川	总样本
生产决策权转移(deci)	低＝1；中等＝2；高＝3	2.19	2.04	2.03	2.08
解释变量		浙江	江西	四川	总样本
专用性资产投资(invest)	少＝1；一般＝2；较多＝3；很多＝4	2.13	2.00	1.99	2.03
技术人员(tech)	无＝0；有＝1	0.39	0.36	0.29	0.34
主要销售市场(market)	乡村农贸＝1；批发＝2；超市、单位＝3；省外＝4	2.09	2.02	1.97	2.01
产业化组织类型(type)	合作组织＝0；龙头企业＝1	0.46	0.42	0.29	0.38
文化程度(edu)	小学及以下＝1；初中＝2；高中或中专＝3；大专及以上＝4	2.36	2.16	1.99	2.13
质量要求(quality)	低＝1；一般＝2；高＝3	1.73	1.60	1.46	1.58
养殖年限(year)	5年及以下＝1；6～10年＝2；11～15年＝3；16～20年＝4；21年及以上＝5	2.44	2.67	3.01	2.78

续 表

变量名称	变量定义	平均值			
解释变量		浙江	江西	四川	总样本
参与产业化组织年限（parti）	实际年数	2.82	2.73	2.69	2.74
服务评价（serve）	不满意＝0；满意＝1	0.52	0.42	0.35	0.42
定价制度（value）	市场价＝0；市场价＋附加价＝1	0.44	0.37	0.28	0.35
风险态度（risk）	风险规避＝1；风险中立＝2；风险偏好＝3	1.82	1.69	1.61	1.68
所在地区（area）	浙江＝1；江西＝2；四川＝3	1.00	2.00	3.00	2.24

注:变量名称列括号内是变量的英文名。

三、模型估计与结果分析

各变量间的 VIF 值均低于 10，说明模型设定不存在严重的多重共线性问题。模型进行估计后的具体结果见表 6-9。从模型的回归结果看，模型整体的拟合度较好，通过了 1% 的显著性水平。

表 6-9 生产决策权配置模型估计结果

变量			变量		
invest	0.5107**	(0.2558)	quality	−0.0888	(0.1782)
tech	0.3649	(0.3342)	year	−0.3443*	(0.1809)
[market＝2]	1.2039***	(0.4291)	parti	0.3474**	(0.1375)
[market＝3]	1.7036***	(0.5335)	serve	0.9151***	(0.2863)
[market＝4]	1.7326***	(0.5744)	value	0.7665**	(0.3107)
type	−0.0755	(0.3195)	[risk＝2]	−0.8578**	(0.3539)
[edu＝2]	0.1632	(0.5739)	[risk＝3]	−1.7016***	(0.5334)
[edu＝3]	0.5207	(0.6869)	[area＝2]	−0.1223	(0.3383)
pseudo R²		0.2154			
loglikelihood		−227.0488			

变量			变量		
[edu＝4]	0.7195	(0.7995)	[area＝3]	0.0533	(0.3449)
wald chi2			93.27***		
N			286		

注：估计系数右方括号内数值为稳健标准误，＊＊＊、＊＊、＊分别表示1％、5％和10％显著性水平上显著。

对估计结果的具体分析如下：

1.产业化组织专用性资产投资

产业化组织专用性资产投资对生产决策权转移有显著的正向影响，与研究假设相符。专用性资产投资多的产业化组织要承担投资被套牢的风险，需要对养殖环节的各项生产决策权加以控制，以保证产业化组织投资的盈利能力。

2.销售渠道

销售渠道对生产决策权转移有显著的正向影响，符合研究假设。这说明当其他条件保持不变时，相对于销售渠道为乡村农贸市场的产业化组织而言，销售渠道为批发市场、大型超市或企事业单位、省外市场的产业化组织对生产决策权的控制程度相对较高。这是因为批发市场、大型超市或企事业单位、省外市场对生猪养殖产地环境、质量安全等要求较高，收购价也高于乡村农贸市场。只要产业化组织的生猪达到了这些市场的指定要求，就能够获得更高的利润。因此，为了保证生猪品质，产业化组织控制生产决策权的激励将增强。

3.生猪养殖年限

生猪养殖年限对生产决策权转移的影响显著为负，表明当其他条件不变时，生猪养殖业年限长的养殖户转移生产决策权程度较低，假设成立。原因在于，养殖年限长的养殖户所积累的养殖经验能够保证生猪达到产业化组织的要求。

4.参与产业化组织年限

参与产业化组织年限对生产决策权转移的影响显著为正，表明在其他条件不变时，参与产业化组织年限越长的生猪养殖户，转移生产决策权程度越高。　原因在于，参与产业化组织时间较长的养殖户，获得技术培训、兽医服务、优惠价饲料和兽药、生猪优价销售等产业化组织的优惠政策较多，因此生产决策权转移的意愿较强。

5. 服务评价

服务评价对生产决策权转移有显著的正向影响，表明在其他条件不变时，如果生猪养殖户满意产业化组织提供的服务，其转移生产决策权的程度也会较高，与研究假设相符。

6. 定价制度

契约定价制度的估计系数显著为正，表明在其他条件不变时，以"市场价＋附加价"作为定价制度，生猪养殖户生产决策权将有较高的转移程度，与假设相符。　原因在于"市场价＋附加价"的定价制度降低了养殖户的市场风险并提高了养殖户收益，因此其会更愿意将生产决策权转移给产业化组织。

7. 风险态度

风险态度对生产决策权转移有显著的负向影响，与研究假设不符。　可能的原因是，风险规避的养殖户认为将生产决策权转移至有专业养殖知识和稳定销售渠道的产业化组织更能实现稳定的收益水平。　风险偏好的养殖户则更愿意独立采纳养殖技术。

第三节　生猪标准化养殖定价制度安排的影响因素研究

市场价格风险是生猪养殖业面临的主要风险之一。　如果无法规避价格风险，农户将放弃选择高收益、高风险的生产经营活动（Pannell、Nordblom，1998），生猪标准化养殖发展有可能陷入停滞。

由风险偏好或风险中性的一方承担较多的风险，风险规避的一方承担较少的风险，这样的契约安排才是有效率的。　因此，与产业化组织签订交易契约的生猪养殖户，其价格风险能否规避，主要是与产业化组织提供的契约定价制度有关。 本节将深入研究生猪标准化养殖契约的定价制度及其影响因素，以期为优化契约定价制度提供参考。

一、理论分析与研究假设

(一)理论分析

农户承担、产业化组织承担和共同分担是价格风险分配的主要方式（杨明洪，2009）。 以市场价格作为定价制度，则生猪养殖户承担全部价格风险，那么产业化组织通常会给予养殖户其他形式的利益补偿，例如给予养殖户供产销等服务，以激励养殖户参与生猪标准化养殖。 如果定价制度是保护价，则当市场价高于保护价时，产业化组织以市场价收购生猪；当市场价低于保护价时，产业化组织以保护价收购生猪，由产业化组织承担全部风险，生猪养殖户能够获得稳定的养殖收益。 保护价与市场价格预期的差额反映了生猪养殖户的风险收益，以及产业化组织相应的风险损失。 如果由生猪养殖户与产业化组织共同分担价格风险，有"市场价＋附加价"和固定价两种定价制度。 "市场价＋附加价"是产业化组织将生猪收购价格在市场价基准上适当上调，与养殖户共担风险。 固定价是产业化组织锁定生猪收购价格，市场价高于固定价时，农户承担收益损失；当市场价低于固定价时，产业化组织承担收益损失。

当契约定价高于市场价时，生猪养殖户的理性决策是履约。 但是，实际定价制度安排与契约约定的定价制度安排往往不完全一致。 主要的原因是：养殖户与产业化组织签订交易契约之后，往往会进行专用性资产投资，产业化组织的市场谈判能力远远强于生猪养殖户，有"敲竹杠"的激励。 因此，契约初始的定价制度安排将变得不可置信，产业化组织将以市场价收购养殖户生猪，养殖户面临的市场风险没有转移。 如果以固定价作为定价制度安排，当市场价格波动加剧时，履约率会降低，从而影响双方的风险收益（何坪华，2007）。 如果定价制度是保护价，则需要考虑保护价如何确定的问题，过高会加重产业化组织风险成本，过低又违背了分担养殖户市场风险的初衷，还需要有化解风险的配套制度。 因此，在实际中，"市场价"或"市场价＋附加价"较常见。

(二)研究假设

基于理论分析和生猪标准化养殖契约特点,认为定价制度受生猪养殖户和产业化组织两方面因素影响。 养殖户因素包括生猪养殖规模、生猪销售难度、距生猪交易市场距离、生猪标准化养殖程度、参与产业化组织年限和是否有熟人担任产业化组织职务等,产业化组织的因素包括产业化组织类型、货款结算方式、有无二次返利、契约形式、生猪质量要求和是否提供技术服务等。 研究假设如下。

1.养殖户因素

(1)生猪养殖规模:生猪养殖大户与产业化组织谈判时更有优势,产业化组织也更愿意与大规模养殖户进行交易,以降低搜寻成本、缔约成本。 因此,产业化组织倾向于给出"市场价＋附加价"形式的定价制度,以吸引生猪养殖大户。 (2)生猪销售难度:当养殖户独立销售生猪困难较大时,如果产业化组织定价不低于市场价,养殖户就愿意与产业化组织签订契约,以避免市场风险,此时定价制度往往为"市场价"。 (3)距生猪销售市场距离:与产业化组织进行交易时,养殖户往往获得统一收购服务,距离生猪销售市场越远的养殖场的运费越高,此时产业化组织存在减弱提供"市场价＋附加价"定价制度的动机。 (4)参与产业化组织年限:养殖户参与产业化组织经营的年限越长,意味着其与产业化组织的关系越稳定,为了保持稳定的契约关系,产业化组织更可能提供"市场价＋附加价"。 (5)有无熟人担任产业化组织职务:如果养殖户有熟人在产业化组织担任管理工作,那么养殖户与产业化组织更容易建立信任关系和长期稳定的合作关系。 如果生猪养殖户有熟人担任产业化组织管理者,则容易获得"市场价＋附加价"形式的定价制度安排。

2.产业化组织因素

(1)产业化组织类型:产业化组织类型主要包括龙头企业和合作组织,龙头企业目的在于稳定生猪来源和降低生猪收购成本,合作组织的主要目标则是服务生猪养殖户，增加养殖户收益。因此，本书假设：若产业化组织的类型为合作组织，提供"市场价＋附加价"可能性更大。（2）货款结算方式：现金结算和延期支付是两种主要结算方式。现金结算能降低养殖户收款风险，但制约了产业化组织分担市场风险的能力，此时定价制度往往为"市场价"。（3）二次返利：一些产业化组织为鼓励养殖户参与标准化养殖，会以二次返利形式将部分盈利分享给养殖户。二次返利和"市场价＋附加价"有替代性，因此提供二次返利的产业化组织往往不以"市场价＋附加价"作为定价制度。（4）质量要求：生猪养殖质量要求越高，生猪市场溢价越高，产业化组织为稳定高质量猪源，更愿意分担部分价格风险，从而可能提供"市场价＋附加价"。（5）技术服务：生猪标准化养殖技术服务能降低养殖户采纳生猪标准化养殖的经营风险，增强其参与生猪标准化养殖的意愿。因此，本书假设：向养殖户提供生猪标准化养殖技术服务的产业化组织不倾向于提供"市场价＋附加价"形式定价制度。

二、模型设定与变量说明

模型被解释变量为定价制度，分为"市场价"和"市场价＋附加价"。由于被解释变量属于二分类变量，本书采用 Probit 模型。变量说明与统计描述见表 6-10。

表 6-10　定价制度安排模型变量说明

变量名称	变量定义	平均值			
被解释变量		浙江	江西	四川	总样本
定价制度（value）	市场价＝0；市场价＋附加价＝1	0.44	0.37	0.28	0.35
解释变量					
养殖规模（scale）	养殖场年出栏量（头）	692.76	646.12	493.56	585.77
销售难易程度（sell）	容易＝1；一般＝2；难＝3	1.82	1.91	2.04	1.94
市场距离（dist）	千米	1.47	1.13	1.00	1.17
参与产业化组织年限（parti）	实际年数	2.82	2.73	2.69	2.74
组织熟人（acqu）	无＝0；有＝1	0.27	0.24	0.23	0.24

变量名称	变量定义	平均值			
解释变量		浙江	江西	四川	总样本
产业化组织类型(type)	合作组织＝0；龙头企业＝1	0.46	0.42	0.29	0.38
结算方式(acco)	现金支付＝0；延期支付＝1	0.59	0.51	0.49	0.52
二次返利(bonus)	无＝0；有＝1	0.43	0.36	0.31	0.36
质量要求(quality)	低＝1；一般＝2；高＝3	1.73	1.60	1.46	1.58
技术服务(tese)	无＝0；有＝1	0.39	0.36	0.29	0.34
所在地区(area)	浙江＝1；江西＝2；四川＝3	1.00	2.00	3.00	2.24

注：变量名称列括号内是变量的英文名。

三、模型估计与结果分析

各变量之间的 VIF 值均低于 10，说明模型设定不存在严重的多重共线性。模型估计结果见表 6-11。 模型整体的拟合度较好，通过了 1% 的显著性水平。

表 6-11　定价制度模型估计结果

变量			变量		
scale	0.0002**	(0.0001)	acco	0.4844**	(0.1921)
sell	−0.8011***	(0.1438)	bonus	−0.6309***	(0.2144)
dist	−0.9691***	(0.2248)	quality	0.0798	(0.1323)
parti	−0.0215	(0.0757)	tese	−0.8080***	(0.2353)
acqu	0.5366**	(0.2373)	[area=2]	−0.5121**	(0.2588)
type	0.4345**	(0.1925)	[area=3]	−0.6697**	(0.2597)
			Cons	2.2446***	(0.5889)
pseudo R^2			0.3623		
loglikelihood			−118.4326		
wald chi2			82.15***		
N			286		

注：估计系数右方括号内数值为稳健标准误，＊＊＊、＊＊、＊分别表示 1%、5% 和 10% 显著性水平上显著。

对估计结果的具体分析如下：

1. 养殖规模

养殖规模对定价制度有显著的正向影响，表明当其他条件不变时，规模越大的养殖户越可能获得"市场价＋附加价"，假设成立。 养殖规模大的养殖户在与产业化组织签订契约时的谈判地位比小规模养殖户高，更容易要求签订"市场价＋附加价"的定价制度。 产业化组织为了稳定生猪来源和销售渠道，保证生猪品质，节约交易成本，也倾向于给予养殖规模大的养殖户优惠定价制度。

2. 销售难易程度

销售难易程度对定价制度有显著的负向影响，表明当其他条件不变时，养殖户销售困难越大，产业化组织越倾向于提供"市场价"的定价制度。 原因在于，生猪销售难度较大的养殖户的滞销风险较高，如果与产业化组织签订契约，则保障了生猪销路，此时只要定价制度不低于市场价，养殖户都倾向于接受产业化组织的定价制度安排。 因此，生猪养殖户获得"市场价＋附加价"可能性降低。

3. 市场距离

市场距离对定价制度有显著的负向影响，表明当其他条件不变时，距市场越远的养殖户获得"市场价＋附加价"定价制度的可能性越低，假设成立。原因在于，距离市场较远的生猪养殖户的运输成本较高，产业化组织提供的诸如统一收购服务能降低生猪养殖户的运输成本，因此生猪养殖户愿意接受产业化组织给予的"市场价"形式定价制度安排。

4. 组织熟人

组织熟人对定价制度有显著的正向影响，表明当其他条件不变时，有熟人在产业化组织中担任职务的生猪养殖户更容易获得"市场价＋附加价"。原因在于，熟人是一种社会资本，拥有社会资本的生猪养殖户更容易获得产业化组织的优惠待遇，如获得"市场价＋附加价"形式的定价制度安排。

5. 产业化组织类型

产业化组织类型的系数显著为正，表明在其他条件不变时，龙头企业更倾向于提供"市场价＋附加价"，与研究假设不符。 可能的原因是，龙头企业为了稳定优质猪源并提高自身的市场地位，更愿意提供"市场价＋附加价"的定价制度，以吸引养殖户的加盟。

6.结算方式

结算方式对定价制度有显著的正向影响，表明当其他条件不变时，如果可以延期支付，那么以"市场价＋附加价"作为定价制度的可能性较高，假设成立。 "延期支付"增加了养殖户的收款风险，但是降低了产业化组织的资金周转压力，因此产业化组织提供"市场价＋附加价"形式的定价制度安排，作为对养殖户的一种补偿。

7.二次返利

二次返利对定价制度有显著的负向影响，表明当其他条件不变时，如果养殖户享受了二次返利，则不太可能获得"市场价＋附加价"的定价制度安排，假设成立。 这是因为，二次返利也给予了养殖户参与生猪标准化养殖的准租金，是"市场价＋附加价"的替代形式，因此获得二次返利的养殖户往往无法再要求"市场价＋附加价"的定价制度安排。

8.技术服务

技术服务对定价制度有显著的负向影响，表明当其他条件不变时，如果产业化组织向生猪养殖户提供技术培训、兽医服务等技术服务，则养殖户不太可能获得"市场价＋附加价"，假设成立。 产业化组织提供的技术服务能够降低养殖户经营风险，但对于产业化组织也是额外的成本。 因此当产业化组织向养殖户提供技术服务时，相当于分担了养殖户的风险，并增加了产业化组织的成本，因此产业化组织提供附加价的可能性较低。

9.所在地区

由于浙江省生猪养殖业的产业化程度较高，浙江产业化组织更需要生猪来源渠道，愿意向养殖户支付更多的准租金，因此浙江养殖户获得"市场价＋附加价"式的定价制度的可能性比江西养殖户和四川养殖户高。

第四节　生猪养殖户的履约行为研究

一、理论分析与研究假设

国内外学者基于不同视角对农户履约行为进行了研究。David et al.（1996）对墨西哥的案例进行研究后发现，农业订单的履约率主要受契约条款设计、缔约人选择及风险基金等因素的影响。Williamson、Karen（1985）认为专用性资产投资越多的农户的履约率越高。Haji（2010）认为农户年龄、获取信息能力、关系专用性资产对履约率有促进作用，而交易频率、交易距离则给履约带来负面影响。Tregurtha、Vink（2002）、Masuku、Kirsten（2004）对农户的履约情况研究后发现，与正式的契约安排相比，信任等非正式契约安排更能提高履约率，对企业信任的农户更愿意履约。针对国内的实际情况，黄珺等（2005）认为在信息不对称情形下，农户容易采取道德风险行为，从而违约。赵西亮等（2005）的研究表明，风险分担机制的设计是提高农户履约率的关键，解决农业契约履约率过低的方法是采用企业与农户的联合保险。黄志坚等（2006）研究表明，物质资产和无形资产等专用性资产投资对于增强契约的稳定性有非常重要的作用。徐雪和高沈杰（2010）认为，农业履约率低的原因在于缔约双方市场风险分担的不合理。梅德平（2009）认为，非正式制度如声誉机制和信任机制能够提高农户的履约率。

1. 养殖户履约行为的理论模型

生猪养殖户履约与否取决于履约预期收益与违约预期收益的高低。当违约预期收益高于履约预期收益时，养殖户可能违约。生猪养殖户的违约行为既包括未按契约约定的时间和数量向生猪养殖户交付生猪的显性违约，也包括生猪养殖未达到产业化组织对生猪标准化养殖要求的隐性违约。

假定生猪养殖户按标准化养殖进行生产活动均付出额外成本 $\triangle C = C_H - C_L > 0$，其中 C_H 代表采用生猪标准化养殖的成本，C_L 代表采用传统养殖方式的成本。独立进行生猪养殖的中小规模养殖户由于技术能力低、资金缺乏、市场竞争力弱等原因，难以独立采纳生猪标准化养殖，其养殖的生猪只能在市场上以较低的价格 P_L 出售。而参与产业化组织的养殖户，能获得产业化组织技术指导、统购统销等服务，标准化养殖生猪能实现较高售价 P_H，关系租金 $\Delta P = P_H - P_L$。产业化组织关系租金分享比例为 λ（$0 < \lambda < 1$），生猪养殖户的关系租金分享比例则为 $1 - \lambda$。关系租金分享比例 λ 的高低取决于双方的讨价还价能力。

假设养殖户违约被发现的概率 η，生猪养殖户采用履约和违约两种策略的期望收益分别为：

$$R = (1 - \lambda)(P_H - P_L) + P_L - C_H \tag{6-1}$$

$$R' = [(1 - \lambda)(P_H - P_L) + P_L - C_L](1 - \eta) + (P_L - C_L)\eta \tag{6-2}$$

R 和 R' 分别代表履约和违约的期望收益，由式（6-1）和式（6-2）可知，当 $R \geqslant R'$ 时：

$$\eta \geqslant \Delta C / (1 - \lambda)\Delta P \tag{6-3}$$

由式（6-3）可知，当违约被发现的概率 η 高于 $\Delta C / [(1 - \lambda)\Delta P]$ 时，养殖户应选择履约，反之则相反。

令 $f(\Delta C, \lambda, \Delta P) = \Delta C / [(1 - \lambda)\Delta P]$，$\partial f(\Delta C, \lambda, \Delta P) / \partial \Delta C = 1 / [(1 - \lambda)\Delta P] > 0$，表明 $f(\Delta C, \lambda, \Delta P)$ 随 ΔC 是递增的。即当生猪标准化养殖所需支付的额外成本 ΔC 越高且 η 固定不变时，生猪养殖户越倾向于选择违约。

$\partial f(\Delta C, \lambda, \Delta P) / \partial \Delta P = -1 / [(1 - \lambda)(\Delta P)^2] < 0$，表明 $f(\Delta C, \lambda, \Delta P)$ 随关系租金 ΔP 是递减的，在关系租金 ΔP 增加且 η 固定不变时，生猪养殖户倾向于选择履约。

$\partial f(\Delta C, \lambda, \Delta P) / \partial \lambda = 1 / [(1 - \lambda)^2 \Delta P] > 0$，表明 $f(\Delta C, \lambda, \Delta P)$ 随着分享比例 λ 的提高而增加。即当 λ 增加时，生猪养殖户所分享的关系租金比例 $1 - \lambda$ 降低；在 η 固定不变时，生猪养殖户会增加违约的概率。

由以上分析可知：满足生猪标准化养殖要求所付出的额外成本越低、生猪标准化养殖的关系租金越高，以及生猪养殖户所分享的关系租金比例越高时，生猪养殖户选择履约的可能性将会提高。因此，降低采纳生猪标准化养殖的努力成本，提高生猪标准化养殖市场溢价以及提高生猪养殖户的利润分成，将有助于提高养殖户履约率。

如果养殖户与产业化组织的合作是长期的，期限为 T（$T = 1, 2, \cdots, N$），则养殖户履约问题需要使用重复博弈来刻画。令贴现因子 $\sigma = 1/(1+r)$，r 为市场利率。长期契约通常为紧密的生产契约，产业化组织与养殖户均要投入一定的专用性资产，假定养殖户投入的专用性资产金额为 M。假设产业化组织能够观测生猪养殖户的违约行为，一旦养殖户违约，产业化组织就采取"触发战略"，契约将立即终止，养殖户的生猪只能以 P_L 收购。

养殖户通过计算永久性收益来决定是否履约。当养殖户选择履约时，永久性的履约收益为 $[(1-\lambda)(P_H - P_L) + P_L - C_H]/[1-\sigma]$；当养殖户选择违约时，永久性收益为 $[(R_L - C_L)/(1-\sigma) + (P_H - P_L)]$。可得养殖户选择履约的激励约束条件为：

$$\frac{(1-\lambda)(P_H - P_L) + P_L - C_H}{1-\sigma} - M \geqslant \frac{P_L - C_L}{1-\sigma} + (P_H - P_L) - M$$

$$(6\text{-}4)$$

由式可知，当履约分享的关系租金高于违约收益，养殖户选择履约。

如果生猪养殖户投资的专用性资产能在 $T = t_1$ 期收回，可得：

$$[(1-\lambda)(P_H - P_L) + P_L - C_H]\left(\frac{1-\sigma^t}{1-\sigma}\right) \geqslant M \qquad (6\text{-}5)$$

由式可得，生猪养殖户投资的专用性资产 M 在分享比例 $1-\lambda$ 高、履约关系租金 $\triangle P$ 大、履约期数 t 长、贴现因子 σ 大时，更容易收回。专用性资产投资金额越大的养殖户更有长期合作的意愿。

在现实的契约安排中，为了转移生猪养殖户的市场风险、增加生猪养殖户的道德风险成本，增强生产契约的稳定性，不少产业化组织在契约中设置了优惠的定价制度，如"市场价＋附加价""二次返利"等。

2.影响养殖户履约率的因素

由生猪标准化养殖契约履约的理论分析可知，道德风险行为、有限理性、交易成本和专用性资产投资是影响生猪养殖户履约率的主要因素。这些因素可以具体化为个体特征、道德风险行为特征、专用性资产投资、契约形式、定价制度、结算方式、契约期限和奖励机制。各因素的研究假设如下：

第一，个体特征。（1）生猪养殖规模：生猪养殖规模大的养殖户投入了较多的专用性资产，经营较为稳定，抵御市场风险的能力较强，产业化组织更愿意与大规模养殖户签订契约，从而可以稳定生猪收购渠道，降低交易成本。因此，与中小规模生猪养殖户相比，大规模养殖户与产业化组织的契约关系更为稳定。（2）文化程度：文化程度较高的农户更能够考虑履约的较高永久性收益和违约的声誉损失（郭锦墉等，2007），因此文化程度较高农户的履约率相对较高。（3）标准化指数：生猪标准化养殖程度较高的养殖户往往投入了较多专用性资产，更依赖与产业化组织的稳定合作关系，从而能提高获得"优质优价"的机会，因此标准化指数高的养殖户履约率较高。

第二，道德风险行为特征。生猪养殖户的道德风险行为与履约收益、产业化组织检测概率、道德风险额外收益、惩罚后的收益等因素相关。当履约收益较高时，生猪养殖户发生道德风险行为的可能性较低。产业化组织通常仅对仔猪来源、防疫制度、兽药使用、污染处理等环节进行抽检，因此给了生猪养殖户发生道德风险行为的空间。如果生猪养殖户发生道德风险行为，将获得额外收益。当额外收益较高时，生猪养殖户发生道德风险行为的可能性较高。当生猪养殖户发生道德风险行为时，产业化组织有经济或法律等惩罚机制，给生猪养殖户带来违约成本。当违约成本较高时，生猪养殖户受到惩罚后的收益较低，从而减弱了其发生道德风险行为的意愿。此外，生产决策权转移程度较高的养殖户往往履约率较高，原因在于产业化组织更能有效监督生猪养殖户的履约行为。

第三，契约形式。契约形式主要分口头契约和书面契约两种。口头契约由生猪养殖户与产业化组织口头协商订立，签订时的交易成本较低，但在出现纠纷时很难举证。书面契约指以书面文字的形式记录约定的契约，签订手续相对复杂，但便于监督和维权。因此，当契约形式为书面契约时，生猪养殖户的履约率较高。

第四，定价制度。在"市场价＋附加价"下，生猪养殖户转移了部分市场风险并获得了部分关系租金，因而履约收益更高。因此，在"市场价＋附加价"下，生猪养殖户履约率较高。

第五，结算方式。结算方式主要包括现金支付和延期支付两种类型。在现金支付方式下，生猪养殖户承担的资金风险较小，因此其履约率相对较高。

第六，契约期限。生猪养殖户会权衡违约对永久收益的影响。如果生猪养殖户与产业化组织签订的契约期限较长，那么违约带来的永久收益损失较高。因此，契约期限长的生猪养殖户更倾向于履约。

第七，奖励机制。履行契约较好或超额完成任务的生猪养殖户可能会获得产业化组织现金形式的奖励，如二次返利。奖励机制对生猪养殖户履约具有一定的激励作用。因此，有机会获得二次返利等奖励的生猪养殖户履约率较高。

二、模型设定与变量说明

本节模型被解释变量为履约行为，考虑到被解释变量属于二分类变量，本书引入了 Probit 模型。变量说明见表 6-12。

表 6-12 履约行为模型变量说明

变量名称	变量定义	平均值			
被解释变量		浙江	江西	四川	总样本
履约行为(agree)	0＝违约；1＝履约	0.76	0.70	0.62	0.68
解释变量		浙江	江西	四川	总样本
文化程度(edu)	小学及以下＝1；初中＝2；高中或中专＝3；大专及以上＝4	2.36	2.16	1.99	2.13
养殖规模(scale)	养殖场年出栏量(头)	692.76	646.12	493.56	585.77

续　表

变量名称	变量定义	平均值			
解释变量		浙江	江西	四川	总样本
标准化指数(index)①	0~1 之间的指数	0.83	0.79	0.73	0.78
道德风险收益变化(moral)	10%以内=1；10%~30%=2；30%~50%=3；50%以上=4	1.92	1.99	2.34	2.12
惩罚机制(pun)	无=0；有=1	0.43	0.34	0.28	0.34
生产决策权转移(deci)	低=1；中等=2；高=3	2.19	2.04	2.03	2.08
契约形式(form)	口头契约=0；书面契约=1	0.69	0.61	0.52	0.59
定价制度(value)	市场价=0；市场价+附加价=1	0.44	0.37	0.28	0.35
结算方式(acco)	现金支付=0；延期支付=1	0.59	0.51	0.49	0.52
契约期限(time)	1 年以内=1；1—2 年=2；2—3 年=3；3 年以上=4	2.62	2.32	2.07	2.30
二次返利(bonus)	无=0；有=1	0.43	0.36	0.31	0.36
产业化组织类型(type)	合作组织=0；龙头企业=1	0.46	0.42	0.29	0.38
所在地区(area)	浙江=1；江西=2；四川=3	1.00	2.00	3.00	2.24

注：变量名称列括号内是变量的英文名。

三、模型估计与结果分析

各变量之间的 VIF 值均低于 10，表明模型设定不存在严重的多重共线性问题。模型进行估计后的具体结果见表 6-13。从模型的回归结果看，模型整体的拟合度较好，通过了 1%的显著性水平。

---

① 为了避免多重共线性问题，将生猪养殖户标准化养殖采纳程度的六个方面转化为标准化指数(index)，下同。具体的处理方式为：首先，将生猪标准化养殖采纳程度的各个方面转化为[0,1]之间的无量纲化值 x_i。其次，计算第 i 项的综合权重：$W_i = \sum_{j}^{n} x_{ij} / \sum_{j}^{n} \sum_{i}^{6} x_{ij}$。第 j 个生猪养殖户的标准化指数为：$E_j = \sum_{i}^{6} x_{ij} W_i$。

表 6-13　养殖户履约行为模型估计结果

变量			变量		
[edu=2]	0.9224*	(0.5296)	form	0.7144*	(0.4334)
[edu=3]	2.2579***	(0.7039)	value	−0.5296	(0.4399)
[edu=4]	0.2129	(0.8714)	acco	−0.8817**	(0.3680)
scale	0.0002	(0.0003)	time	0.4136*	(0.2375)
index	1.8555	(1.2187)	bonus	0.6163	(0.3977)
moral	−0.4960***	(0.1745)	type	−0.2972	(0.3925)
pun	2.1292***	(0.5281)	[area=2]	−0.0545	(0.4681)
deci	0.4401	(0.3476)	[area=3]	0.0082	(0.4770)
Cons	−2.6273*	(1.4708)			
pseudo R^2	0.3970				
loglikelihood	−107.8630				
wald chi2	76.45***				
N	286				

注：估计系数右方括号内数值为稳健标准误，＊＊＊、＊＊、＊分别表示1％、5％和10％显著性水平上显著。

估计结果的具体分析如下：

1. 文化程度

文化程度对履约行为有显著的正向影响，表明当其他条件不变时，提高养殖户文化程度能促进履约，与研究假设相符。文化程度高的养殖户的履约意识较强，且能认知履约带来的好处，因此有更高的履约率。如表 6-14 所示，文化程度为小学及以下的养殖户的履约率最低，仅为 35.71％；文化程度为初中、大专及以上的养殖户履约率较高，分别为 64.57％和 76.00％；文化程度为高中或中专层次的养殖户履约率最高，为 91.38％。

表 6-14 养殖户文化程度与履约率

文化程度	履约人数	履约率（%）
小学及以下	10	35.71
初中	113	64.57
高中或中专	53	91.38
大专及以上	19	76.00

2.道德风险收益

道德风险收益对履约行为有显著的负向影响，表明当其他条件不变时，道德风险收益越高，养殖户违约率越高，假设成立。 道德风险收益高意味着违约能获得可观的收益，因此养殖户选择违约的可能性增加。 如表 6-15 所示，道德风险收益变化在 10% 以内的养殖户履约率最高，达 87.88%；道德风险收益变化在 50% 以上的养殖户履约率最低，仅为 28.95%。

表 6-15 养殖户道德风险收益变化与履约率

道德风险收益变化	履约人数	履约率（%）
10%以内	87	87.88
或大于等于 10%小于 30%	70	75.27
大于等于 30%小于 50%	27	48.21
50%及以上	11	28.95

3.惩罚机制

惩罚机制的系数显著为正，表明在其他条件不变的情况下，有惩罚机制的契约的履约率较高，与研究假设相符。 惩罚机制的存在相当于降低了道德风险的预期收益，因此提高了履约率。 如表 6-16 所示，当没有惩罚机制时，履约率仅为 54.79%；当建立了惩罚机制时，履约率提升至 93.88%。

表 6-16　惩罚机制与履约率

惩罚机制	履约人数	履约率(%)
无	103	54.79
有	92	93.88

4.契约形式

契约形式的系数显著为正，表明在其他条件不变的情况下，书面契约的履约率较高，与研究假设相符。 书面契约用文字将养殖户的权利、义务以书面形式记载，便于履约，在养殖户违约时，易于取证和分清责任，因而有更强的法律效应，能更好地维护当事人的合法权益。 如表 6-17 所示，当契约形式为口头契约时，履约率不高，仅为 47.83％；当契约形式为书面形式时，履约率较高，达 81.87％。

表 6-17　契约形式与履约率

契约形式	履约人数	履约率(%)
口头契约	55	47.83
书面契约	140	81.87

5.结算方式

结算方式对履约行为有显著的负向影响，表明当其他条件不变时，现金支付的养殖户履约率较高，与研究假设相符。 生猪养殖户更乐意接受资金风险较小的现金支付结算方式，因此以现金支付作为结算方式安排的生猪养殖户履约率较高。 由表 6-18 可知，以现金支付作为结算方式时，养殖户的履约率较高，为 72.79％；以延期支付作为结算方式时，养殖户的履约率较低，为 64.00％。

表 6-18　结算方式与履约率

结算方式	履约人数	履约率(%)
现金支付	99	72.79
延期支付	96	64.00

6.契约期限

契约期限对履约行为有显著的正向影响，表明当其他条件不变时，与产业化组织签订契约期限越长的养殖户的履约率越高，与研究假设相符。 因为选择违约的养殖户将损失在之后契约期限中的合作收益，契约期限越长的养殖户的违约损失越大，所以契约期限长的养殖户的履约率高。 由表 6-19 可知，契约期限在 1 年以内时，养殖户的履约率最低，仅为 41.43％；契约期限在 3 年以上时，养殖户的履约率最高，达 90.32％。

表 6-19　契约期限与履约率

契约期限	履约人数	履约率(％)
1 年以内	29	41.43
1～2 年	64	70.33
2～3 年	74	78.72
3 年以上	28	90.32

第五节　本章小结

本章对参与产业化组织的受访生猪养殖户的契约安排、契约安排对生猪标准化养殖采纳程度的影响、影响契约安排的相关因素以及养殖户的履约行为进行了深入研究。 研究结果表明：

产业化组织控制超过半数的决策权维度分别为品种选择、饲料采购、生猪防疫、兽药采购和兽药施用，产业化组织控制较少的决策权维度分别为饲料饲喂、出栏周期、粪尿处理、病死猪处理和养殖密度。 这表明产业化组织对生猪良种化、养殖规范化、防疫制度化等标准化养殖环节的控制程度较高，但是对养殖设备化和污染无害化等环节的控制力度较低。 定价制度可分为"市场价"与"市场价＋附加价"。 大多数产业化组织以市场价作为定价制度安排，没有与养殖户分享关系租金或关系租金很少。

从产业化组织的契约安排对养殖户标准化养殖采纳行为的影响看，生产决策权转移程度高对生猪标准化养殖有显著的正向影响，定价制度为"市场价＋附加价"形式对生猪标准化养殖具有正向影响，参与了对养殖户安全友好要求较高的产业化组织的养殖户采纳生猪标准化养殖的程度较高，产业化组织的技术服务对养殖户的标准化养殖采纳程度有显著的正向影响。

生猪养殖户的生产决策权转移程度主要受产业化组织专用性资产投资、销售渠道、生猪养殖年限、参与产业化组织年限、技术服务评价、风险态度和定价制度等因素的影响。专用性资产投资多、销售渠道对生猪品质和产地环境要求高、有技术服务、以"市场价＋附加价"作为定价制度的产业化组织能获得养殖户较多的生产决策权。生猪养殖年限较短、与产业化组织合作时间较长、风险规避的养殖户向产业化组织转移生产决策权的程度更高。

生猪养殖户的定价制度安排主要受养殖规模、销售难易程度、市场距离、产业化组织类型、结算方式、技术服务、二次返利等因素的影响。养殖规模较大、销售难度较低、市场距离较近、在产业化组织中有熟人、参与企业性质的产业化组织、以延期支付方式结算、无二次返利、无技术服务以及所在地区为浙江的养殖户更倾向于获得"市场价＋附加价"的定价制度安排。

生猪养殖户受教育程度与履约行为呈同向变动关系，养殖规模较大的生猪养殖户履约率较高。道德风险收益较高的生猪养殖户的违约率较高。契约有惩罚机制的生猪养殖户的履约率较高。采用书面契约形式的生猪养殖户的履约率较高。以现金支付作为结算方式的生猪养殖户的履约率较高。契约期限越长的生猪养殖户，履约率越高。

第七章　政策扶持生猪标准化养殖的机理与选择

生猪养殖业的周期性、高风险性和信息不对称性等特点，决定了在市场机制下，采纳生猪标准化养殖难以实现"优质优价"。因此，需要政府等公共管理机构提供经济激励性质的政策扶持。经前文理论分析与实证检验，政策扶持能有效提高养殖户的标准化养殖程度和养殖效益。补贴是政府最常用和最直接的政策扶持措施。除资金奖励形式补贴之外，政府还可以给予养殖户技术培训、为养殖户购建沼气池等标准化养殖设施等非资金补偿，以降低养殖户的学习成本和投资支出。那么，政策扶持是如何提高生猪标准化养殖程度的？养殖户需要何种形式的扶持政策？这些问题都值得深入考察。

本章首先构建了政府发展生猪标准化养殖的一般化模型，论证政策扶持生猪标准化养殖发展的经济机理；然后考察了 638 个受访养殖户的标准化养殖扶持政策选择及其影响因素，以期为政府出台有效的扶持政策提供参考。

第一节　政策扶持生猪标准化养殖发展的经济机理

一、政策扶持生猪标准化养殖发展的两阶段模型

生猪标准化养殖相较于传统生猪养殖能提高养殖效率，提升质量安全，降低环境污染，但也具有短期经济效益不明显、初期投资大、新技术比重高、

对养殖户技能要求高、学习成本高等特点，使得风险规避的中小规模养殖户采纳生猪标准化养殖的积极性不高，需要政府的扶持政策。 政府基于提高生猪养殖业生产能力、质量安全和环境保护的目标，通过各种渠道向潜在养殖户传递生猪标准化养殖扶持政策就是政策扶持过程的一般描述。 政策扶持要经历示范阶段和模仿阶段这两个阶段（邓正华，2013）：在示范阶段，畜牧业推广机构以养殖大户和党员干部作为示范户，宣传、培训生猪标准化养殖技术，根据示范户生产的安全友好水平和投入产出情况对生猪标准化养殖推广政策进行改进和优化；在模仿阶段，政府对生猪标准化养殖推广政策进行改进和优化后，广大中小规模生猪养殖户接收、处理生猪标准化养殖信息并做出采纳生猪标准化养殖的决定，从而逐步替代原有的传统养殖模式。

（一）示范阶段

在政府引入生猪标准化养殖的初期阶段（$T < T_0$），大量风险规避、信息不充分的中小规模养殖户不会主动参与生猪标准化养殖，也没有学习相关技术和管理方式的积极性，生猪养殖户的标准化养殖程度远达不到社会最优水平。 政府根据生猪标准化养殖项目资金的安排，在示范乡村筛选数目为 i_0 的、数量非常有限的生猪标准化养殖示范户进行项目资助。 这类示范户通常为发展基础较好的生猪养殖大户、党员干部，他们往往文化程度较高、对养殖新技术持欢迎态度、社会关系网络广泛、在农户群体中有一定的领导力和号召力。 示范阶段的后期为调整改进阶段，政府通过调查获得示范户生猪标准化养殖采纳过程中的相关信息，包括对标准化示范户的监督管理与指导、总结经验、评审验收等。 在此基础上，结合本地区实际情况，完善政府生猪标准化养殖示范工作的组织管理，降低广大中小规模生猪养殖户获取标准化养殖信息的门槛，进而推动与示范户有直接联系的生猪养殖户试探性地采纳标准化养殖。 调整改进阶段是示范阶段的关键环节，如果该阶段不成功，生猪养殖户采纳标准化养殖将不能带来显著的收益，发展生猪标准化养殖的工作可能陷入停滞甚至失败。

(二)模仿阶段

生猪标准化养殖经过示范户采纳和反馈后,如果中小规模养殖户确信生猪标准化养殖能够获得超额收益并且能熟练掌握相关技能,生猪标准化养殖将进入模仿阶段(T>T。)。 在模仿阶段,假设某地区生猪养殖户总数为 m, i_0 是初期已采纳生猪标准化养殖的示范户,$m-i$ 是初期未采纳生猪标准化养殖的养殖户。$i(t)$ 表示 t 时期已采纳生猪标准化养殖的户数,$s(t)$ 表示 t 时期未采纳生猪标准化养殖的户数。在模仿阶段初期,有 $i_{t=t_0}=i_0$。η 表示单位时间内传播生猪标准化养殖户数与采纳生猪标准化养殖户数的比值,则有 η_0 为 $\eta_{s(t)}$,可得:

$$di/dt = \eta_{(m-i(t))}i(t) \tag{7-1}$$

$$i(t) = \frac{mi_0}{(1+m-i)}e^{\eta mt} \tag{7-2}$$

由两阶段模型可知,政府发展生猪标准化养殖的关键环节和难点不在于示范阶段,而在于示范阶段之后的调整改进阶段和模仿阶段。 在示范阶段,政府可以利用其行政权力及推广机构广泛而迅速地引入生猪标准化养殖,有计划、有重点地开展生猪标准化养殖示范工作,采用经济激励、行政命令、地方法规、产业发展政策等多样化的措施扶持生猪标准化养殖项目。 模仿阶段政策的难点在于:首先,政府对养殖户的实际情况不太了解,过分依赖于行政命令,政策成本高、效率低,在政策执行的过程中可能不重视养殖户的实际需要。 其次,政策扶持的有效机制难以建立。 生猪标准化养殖扶持政策的制定和执行需要畜牧、财政、环保、食品安全、卫生防疫等多个机构的通力协作,一旦某个政府机构效率低下或机构之间权责不清,就会对工作进度和效果产生不利影响。 再次,由于政策执行的效果与政府机构人员收入不挂钩,政府机构人员缺乏发展生猪标准化养殖的经济激励。 最后,政府往往更重视对养殖技术的推广,而容易忽视投入产出环节市场激励的引导。 下面重点分析在模仿阶段,政策扶持如何带动广大的中小规模养殖户采纳生猪标准化养殖。

二、模仿阶段生猪养殖户采纳标准化养殖的演化博弈分析

生猪养殖户多为有限理性、风险规避、学习速度较慢的经济主体,在模仿

阶段，其采纳标准化养殖的过程可以用演化博弈刻画。原因在于：第一，采纳生猪标准化养殖是养殖户博弈的过程，这包括养殖户之间的合作与非合作博弈；当采纳标准化养殖后的收益高于未采纳时，养殖户才会采纳生猪标准化养殖；第二，生猪养殖户面临的博弈外部环境是不确定的；第三，生猪养殖户作为有限理性的经济主体，无法迅速搜集、分析信息，需要不断模仿和学习。

借鉴储成兵（2015）的研究，做出以下假定：（1）采纳生猪标准化养殖不影响生猪出栏量；（2）生猪均能顺利出售；（3）生猪养殖户不考虑生猪质量安全隐患和养殖环境污染等外部性问题；（4）在信息不完全情形下，消费者无法判断生猪养殖户是否采纳了标准化养殖，故生猪价格均为 R；（5）由于生猪标准化养殖需要养殖户投入更多的时间和资金，其单位成本 C′ 要高于传统养殖的单位成本 C；（6）知识交流、技术学习、养殖示范等协作，可以降低生猪标准化养殖学习成本，使每个养殖户采纳标准化养殖的成本下降 S（S＞0），从而使得 C′＜C+S。

由于中国生猪养殖业格局以组织化程度低的中小规模养殖场为主，监管成本和协调成本较高，现阶段中国的猪肉市场是信息不完全的。在这种情形下，所有生猪均以价格 R 出售。如果所有养殖户都采纳生猪标准化养殖，每个养殖户的收益为 R−C′+S。如果所有养殖户都不采纳生猪标准化养殖，则每个养殖户的收益为 R−C。如果只有部分养殖户采纳生猪标准化养殖，则无法降低学习成本，采纳生猪标准化养殖的收益为 R−C′，不采纳的收益为 R−C。

基于上述分析，运用复制动态求解进化稳定策略（ESS）。假设采纳生猪标准化养殖的养殖户比例为 i，可求得采纳生猪标准化养殖与不采纳生猪标准化养殖的期望收益 U′、U 和生猪养殖户群体平均期望收益 E（U）：

$$U' = i(R-C'+S)+(1-i)(R-C') = R-C'+S*i \quad (7\text{-}3)$$

$$U = i(R-C)+(1-i)(R-C) = R-C \quad (7\text{-}4)$$

$$E(U) = iU'+(1-i)U \quad (7\text{-}5)$$

得复制动态方程：

$$F(i) = \frac{di}{dt} = i[U' - E(U)] = i(1-i)[(C-C') + S*i] \quad (7\text{-}6)$$

由于生猪养殖户的模仿和尝试，采纳生猪标准化养殖的养殖户比例是动态变化的。 当 $F(i) = \frac{di}{dt} = 0$ 时，可求得该博弈的 3 个稳定状态解：$i_1 = 0$；$i_2 = 1$；$i_3 = （C-C'）/S$。 表明博弈达到相对稳定均衡状态，养殖户模仿和尝试速度趋于 0。

$i_1 = 0$ 和 $i_2 = 1$ 是纯策略均衡，即养殖户都不采纳生猪标准化养殖或都采纳生猪标准化养殖。 $i_3 = （C-C'）/S$ 表明采纳与不采纳生猪标准化养殖的养殖户各占一定比例，是混合策略均衡。 由于 C' ＞C 和 C' ＜C+S，则 F'（i_1）=C-C'＜0，F'（i_2）=-（C-C'+S）＜0，即 $i_1 = 0$、$i_2 = 1$ 都是 ESS；而 F'（i_3）＞0，故 $i_3 = （C'-C）/S$ 不是 ESS。

当养殖户群体中采纳标准化养殖的比例高于（C'-C）/S 时，尚未采纳生猪标准化养殖的养殖户经过尝试、模仿和学习，最终都会采纳生猪标准化养殖，政府扶持生猪标准化养殖的目标能够取得成功；而当养殖户群体中采纳标准化养殖策略的比例低于（C'-C）/S 时，最终的稳定状态是没有养殖户会采纳生猪标准化养殖。 因此，（C'-C）/S 越低，即 C'-C 相对变小、S 相对变大时，发展生猪标准化养殖的政策目标越容易实现。 政策含义是：在猪肉市场信息不完全时，市场激励难以有效发挥。 此时，政府应出台经济激励性质的扶持政策，例如向生猪养殖户提供诸如资金奖励、设备补贴（降低 C'-C）或技术支持、培训教育（提高 S）等标准化扶持政策，降低生猪养殖户采纳标准化养殖的投资支出、物质成本或学习成本，从而激励养殖户采纳生猪标准化养殖。

既然扶持政策能够促进养殖户采纳生猪标准化养殖，那么需要进一步考察的问题就是：生猪养殖户需要何种形式的扶持政策？

第二节　养殖户参与生猪标准化养殖的扶持政策选择

中国生猪养殖户的个人及家庭情况、生猪养殖特征、心理、外部环境等诸多方面均存在个体异质性，如果给予单一扶持政策则不能满足养殖户的多层次、差异化的需求，政策就无法实现预期效果。 因此，需要提供多种扶持政策供养殖户选择。 对于政府等政策实施主体来说，综合运用多样化的扶持政策，则有利于降低政策风险，缓解财政资金压力。

一、生猪标准化养殖扶持政策的分类

国内外学者对政策扶持方式的归属没有形成统一的口径。 按照扶持内容可分为实物补贴、资金扶持、政策补贴和技术补贴等（杜群，2005）。 按扶持目的和效果可分为"造血式"扶持与"输血式"扶持两大类（刘平养等，2014）。 还可以根据扶持的期限分为一次性扶持和连续性扶持两类。 本书将生猪标准化养殖的扶持政策归纳如下：

1. 资金扶持

资金扶持是以资金奖励的方式鼓励养殖户采纳生猪标准化养殖。 对于采纳生猪标准化养殖的养殖户，只有当生产性能、污染处理、质量安全管理、防疫制度等方面达标时，才能获得资金奖励。

2. 价格支持

价格支持就是政府将农产品价格维持在市场均衡价格以上。 提高标准化养殖生猪收购价格是补偿其正外部性的一种方式。 中国目前尚没有针对标准化养殖出台价格支持政策，而且政府对农产品采取的各种价格干预或者补贴措施属于 WTO 要求约束的"黄箱政策"。 但是政府可以通过采用构建猪肉可追溯体系、建立市场准入制度或无公害绿色农产品认证等市场激励对标准化养殖生猪和普通生猪加以区分，从而实现标准化养殖生猪"优质优价"的目的。

3. 生产补贴

生产补贴是对生猪标准化养殖投入品的补贴，是发达国家和发展中国家均广泛应用的挂钩补贴。 生猪养殖投入较大，包括资金投入和物质资本投入，如猪舍、饲喂设施、污染处理设施、仔畜、饲料、兽药等。 生产补贴降低了投资支出和养殖成本，且优化了生猪养殖的生产要素配置，能够提高生猪养殖户的标准化养殖程度。

4.技术补贴

技术补贴是指政府组织的养殖培训、技术指导等提升养殖户标准化养殖技能的智力补贴。 此类补贴方式以传授生猪养殖技术为主，以提高养殖户技能为目标，降低了养殖户的学习成本，最终提高生猪标准化养殖程度。

5.政策补贴

政策补贴通常指政府给予的某些经济优惠，主要由生猪养殖户能直接感受并能直接影响其行为的直接补偿方式构成，如税收优惠、信贷支持、抵押担保、设施用地优惠等相关政策。

二、中国生猪养殖业扶持政策实践

1.资金奖励

资金奖励的扶持对象主要为生态特色养殖、标准化规模养殖或是养殖污染处理达到了国家标准的养殖户。 例如，生猪标准化养殖项目采取"以奖代补"方式支持生猪养殖场进行标准化改扩建、实施自动化环境控制等，包括漏缝地板、自动饮水设施、自动饲喂设备、自动化环境控制设备、粪尿资源化利用设施等的购建和改造。 成功创建生猪标准化养殖示范场之后，可以获得资金规模在 20 万元～80 万元不等的奖励。 2010 年发布的《农业部关于加快推进畜禽标准化规模养殖的意见》为扶持生猪标准化养殖的工作指明了方向。政府组织实施畜禽标准化养殖示范创建活动，建设了许多标准化规模养殖示范场和示范园区，其中国家级畜禽标准化示范场累计创建了 3694 家。 为补贴生猪、奶牛、肉牛、肉羊标准化规模养殖场（小区）建设，中央财政累计投入了 310 亿元，扶持的规模养殖场数目超过 9 万个。[①] 此外，为调动地方政府发展生猪产业，促进生猪生产、流通，2007 年起中央财政专门设立了生猪调出大县补贴，出台了《生猪调出大县奖励资金管理办法》（财建［2007］

---

① 资料来源:《于康震部长在全国畜禽标准化规模养殖暨粪污综合利用现场会上的讲话》。

422 号），将资金专项用于改良生猪养殖条件。 财政部于 2010 年制定了新
《办法》（财建［2010］498 号），规定奖励资金专项用于生猪养殖业产业化
经营和生产发展。 为稳定生猪市场供应、促进生猪养殖业可持续发展、提高
生猪调出大县奖励资金使用效益，财政部于 2012 年 1 月出台了新《办法》
（财建［2012］24 号），规定奖励资金主要用于规模化生猪养殖场（户）的品
种改良、猪舍改扩建、生猪防疫、污染治理和贷款贴息等方面。

2. 生产补贴

生产补贴包括设备补贴和成本补贴两类。 设备补贴包括农业机械购置补
贴、畜禽标准化规模场（区）建设补贴和养殖业废弃物资源化利用支持政策
等。 始于 1998 年的农业机械购置补贴加速了中国农业机械化进程，补贴实
施区域覆盖了全国所有的农牧业县，补贴范围涵盖了 11 大类 43 小类 137 品目
的农业机具，促进了先进农业机具的推广普及。 能获得补贴的畜牧业机具包
括孵化机、清粪机（车）、药浴机、挤奶机、剪羊毛机、饲料粉碎机、颗粒饲
料压制机、网围栏以及畜产品、饲料作物运输机械等。 2007 年起，建设标准
化规模养猪场（小区）和奶牛养殖小区每年能获得中央财政补贴 25 亿元，补
贴资金优先用于构建能达到环保部门要求的污染处理设施，剩余资金可安排
用于标准化改造猪舍及建设电、水、路、防疫等配套设施。 2016 年，中央一
号文件提出将继续支持畜牧业废弃物的资源化利用。 2015 年，政府在河北、
内蒙古、江苏、浙江、山东、河南、湖南、福建、重庆等 9 个畜禽主产省区市
开展了废弃物资源化利用试点项目，探索畜禽养殖废弃物综合利用技术和商
业化运作模式，中央财政资金补贴畜禽养殖废弃物主体工程、设备及运行的
支出。

成本补贴包括畜禽良种补贴、动物防疫补贴、养殖业保险保费补贴、农村
沼气建设支持等政策。

畜禽良种补贴对畜禽养殖户使用良种精液或优质种畜给予补贴，以提高
畜禽生产性能。 生猪良种补贴自 2007 年起设立了专项补贴资金，给予使用
良种猪精液进行人工受精的母猪养殖户补贴，每头能繁母猪可获得 40 元
补贴。

动物防疫补贴主要包括 5 类政策。 一是对重大动物疫病，如高致病性禽流感、口蹄疫、高致病性猪蓝耳病、猪瘟、小反刍兽疫等实行强制免疫的疫苗补贴，畜禽养殖户可免费领用疫苗。 二是动物疫病强制扑杀补贴。 中央和地方财政按一定比例补偿因疫病扑杀畜禽给养殖户造成的经济损失。 三是基层动物防疫工作补贴。 补贴资金用于从事畜禽强制免疫任务的基层防疫工作人员的劳务补助。 四是养殖环节病死猪无害化处理补贴。 政府对生猪养殖户养殖环节病死猪的无害化处理给予每头 80 元补贴，由中央和地方财政分担补贴资金。 五是生猪定点屠宰环节病害猪无害化处理补贴。 在屠宰环节，政府给予养殖户病害猪损失每头 800 元补贴、无害化处理费用每头 80 元补贴，由中央和地方财政分担补贴经费。

养殖业保险能够提高畜牧业的抗风险能力，在畜禽养殖户生产活动遭受意外事故或自然风险时给予必要的经济补偿。 2008 年，《中央财政养殖业保险保费补贴管理办法》由财政部颁布，明确了农业保险保费补贴实施细则。 财政部、农业部、保监会于 2015 年将畜禽疫病、疾病纳入投保范围，并规定保险公司应对由于高传染性疾病而实施畜禽强制扑杀的投保户进行赔偿。

废弃物处理与资源化利用项目扶持政策。 该扶持政策包括规模化养殖场粪尿无害化处理设备补贴、养殖废弃物农牧结合补贴、畜禽养殖废弃物资源化利用试点项目、有机肥的生产与使用补贴等。 例如，农村沼气建设支持政策，鼓励地方政府试点对日产生物天然气 10000m³ 以上的沼气工程项目所产生物天然气进行全额收购或配额保障收购。

3. 技术补贴

技术补贴政策主要是各类针对畜禽养殖户的培训政策。 2004 年起，财政部、农业部、教育部等多部门开展了农民培训项目，如阳光工程项目面向现代农业生产、加工、服务等人员的培训，内容涉及农业实用技术、农业实用人才和农民职业技术等培训，包括沼气工、村级动物防疫员、无公害农产品检查员、农民专业合作社管理人员等。

政府建立多层次、多类别畜牧业技术服务机构，包括畜牧站、家畜繁育改良站、饲料监察所和乡镇兽医站。 2015 年，全国有省级畜牧站 31 个，地（市）级畜牧站 283 个，县（市）级畜牧站 2853 个。 全国有省级家畜繁育改良站 15 个，地（市）级家畜繁育改良站 70 个，县（市）级家畜繁育改良站 807 个。 全国共有省级饲料监察所 28 个，地（市）级饲料监察所 83 个，县（市）级饲料监察所 672 个。 全国有乡镇畜牧兽医站 32426 个，2015 年经营服务收入 62415.3 万元。①

4. 政策补贴

政策补贴主要为提升中国生猪养殖业产业竞争力的产业性政策，如家庭农场发展政策、农民合作社发展政策、农业产业化发展政策等。 家庭农场发展政策鼓励创建各级家庭农场，鼓励高层次农业农村人才创办家庭农场，加强对家庭农场经营者的培训。 农民合作社发展政策包括创建农民示范合作社，扶持农民合作社农产品加工流通和直供直销，鼓励农民发展农村休闲旅游合作社等。 农业部还运用财政资金撬动对农民合作社的金融支持，例如在北京、湖北、湖南、重庆等省市开展了合作社贷款担保保费补助试点。 农业产业化发展政策旨在推进农业产业链整合和价值链升级，促进农业供产销深度融合，让广大农民分享农业产业化发展所带来的增值收益。 政府有关部委开展了农业产业化经营试点，扶持农业龙头企业兴建农产品加工线，引导农户以土地经营权入股等形式参与农业产业化经营，发展订单农业，以贷款担保、农业保险补贴等政策降低企业和农户经营风险，让农户以"保底收益＋按股分红"等方式分享第二、三产业增值收益。 扶持示范村镇培育优势农产品品牌，形成"一村一品"格局，提高农产品竞争力和附加值。

综上所述，中国政府目前针对生猪养殖业实施了多种扶持政策，已经形成了较为多元化的补贴政策体系，包括资金奖励、生产补贴、技术补贴和政策补贴等，而价格补贴实施较少。 但总体而言，中国生猪标准化养殖扶持政策还处于探索和完善的阶段。 目前的扶持政策，如标准化示范场创建、生猪调出大县奖励资金等，主要偏向于生猪养殖大户或大规模养殖场，而占中国生

---

① 资料来源：《中国畜牧兽医年鉴》。

猪养殖业主体的中小规模养殖户往往仅能获得最基础性、最普惠性的扶持，如良种补贴、疫苗补贴、病死猪无害化处理等，这种扶持政策强度对于中小规模养殖户而言是远远不足的。现阶段的扶持政策存在的问题还包括侧重于资金投资和物质补贴，对养殖户的技术培训、产业化发展以及构建市场准入制度等政策扶持力度还应加强。

三、受访养殖户的扶持政策选择

基于中国生猪养殖业的扶持政策实践，本书提供了六类生猪标准化养殖扶持政策供养殖户选择，分别为资金奖励、价格支持、设备补贴、成本补贴、技术学习和政策补贴。其中资金奖励与价格支持属于输血式扶持；技术学习、设备补贴和成本补贴属于造血式扶持；在造血式扶持中，技术学习属于智力扶持，设备补贴和成本补贴属于非智力扶持。每个受访养殖户从中选择 3 项最偏好的扶持政策。养殖户具体选择情况如表 7-1 所示。

由表 7-1 可知，受访养殖户最偏好资金奖励，原因在于资金有最灵活的使用方式。总共有 503 人选择了资金奖励，占比 78.84%。浙江省养殖户选择资金奖励的人数占比略高于其他两个省份。设备补贴是养殖户第二偏好的扶持政策，有 357 人选择了设备补贴，占比 55.96%，反映出不少养殖户缺乏采纳生猪标准化养殖的相关养殖设备，急需对生猪养殖场进行标准化改造。成本补贴是养殖户第三偏好的扶持政策，有 338 人选择了成本补贴，占比 52.98%，说明养殖户需要政府对饲料、兽药、疫苗以及污染处理成本进行补贴，以降低养殖成本。选择技术学习和政策补贴的人数较少，分别为 250 人和 217 人，原因在于养殖户的质量安全意识和环保意识不强，不愿意学习技术，养殖户的组织化程度不高，对扶持产业化经营等政策补贴兴趣不高。

表 7-1　受访养殖户的扶持政策选择情况

	浙江	江西	四川	总样本
资金奖励	118(80.82%)	156(80.00%)	229(77.10%)	503(78.84%)
价格支持	57(39.04%)	82(42.05%)	109(36.70%)	248(38.87%)
设备补贴	81(55.48%)	105(53.85%)	171(57.58%)	357(55.96%)

	浙江	江西	四川	总样本
成本补贴	78(53.42%)	111(56.92%)	149(50.17%)	338(52.98%)
技术学习	54(36.99%)	76(38.97%)	120(40.40%)	250(39.18%)
政策补贴	50(34.25%)	55(28.21%)	112(37.71%)	217(34.01%)

注：数据来源于问卷调查。

四、扶持政策选择的影响因素研究

(一)理论分析与研究假设

生猪养殖户的扶持政策选择受自身情况的影响，因此可将影响变量分为养殖户个体特征、生猪标准化养殖程度、生猪养殖特征、养殖户意识、外部环境等变量。养殖户个体特征变量包括年龄、文化程度和风险态度；生猪养殖特征包括养殖规模、兼业；养殖户意识包括质量安全意识、环保意识和"优质优价"意识；外部环境包括主要销售市场、参与产业化组织和所处地区。

由各扶持政策的特征可以假设：作为输血式扶持的资金奖励与价格支持之间存在显著的替代关系。作为造血式扶持的智力扶持与非智力扶持之间存在显著的替代关系。作为非智力扶持的设备补贴与成本补贴之间存在显著的替代关系。

1.养殖户个体特征

（1）年龄：年龄大的养殖户的学习能力可能较弱，更愿意接受政府的技术指导。（2）文化程度：文化程度高的养殖户的学习能力较强，对政府提供的技术指导可能不感兴趣，可能更需要设备补贴、成本补贴或政策补贴。（3）风险态度：风险偏好的养殖户采纳生猪标准化养殖的意愿更强，可能更愿意获得政策补贴以促进产业化经营，从而实现风险收益。

2.生猪标准化养殖程度

生猪标准化养殖程度较高的养殖户获得政府资金奖励、设备补贴或成本补贴的可能性更大，为了降低市场风险，也可能选择价格支持。

3.生猪养殖特征

（1）养殖规模：生猪养殖规模较大的养殖户更有可能成为示范户，因此假设这类养殖户更倾向于选择资金奖励。（2）兼业：非兼业的养殖户的家庭主要收入来源于生猪养殖，因此这类养殖户更愿意选择资金奖励、设备补贴或成本补贴，以降低生产成本和投资支出，从而提高养殖收入。

4.养殖户意识

质量安全意识、环保意识和"优质优价"意识强的养殖户采纳生猪标准化养殖的意愿更高，因此选择资金奖励、设备补贴或成本补贴可能性更高。

5.外部环境

（1）主要销售市场：以准入条件较高的市场作为主要销售市场的养殖户更需要提高自身的生猪标准化养殖程度，因此，假设这类养殖户会选择资金奖励、设备补贴或成本补贴。（2）参与产业化组织：参与了产业化组织的养殖户可能更希望实现产业上下游融合发展，因此更愿意选择政策补贴。（3）所处地区：处于江西和四川的养殖户的收入较低，因此假设他们更倾向于选择资金奖励、设备补贴或成本补贴。

（二）模型设定与变量说明

1.模型设定

养殖户对扶持政策的选择属于二分离散选择变量，因此本书基于联立双变量 Probit 模型对其选择行为进行研究。模型的形式如下：

$$\begin{cases} y_1^* = \alpha_1 + \beta_1 X + \varepsilon_1 \\ y_2^* = \alpha_2 + \beta_2 X + \varepsilon_2 \\ \mathrm{cov}(\varepsilon_1, \varepsilon_2) = \rho \end{cases} \quad (7\text{-}7)$$

式中，ρ 为 ε_1 和 ε_2 的相关系数，若 ρ 显著大于 0，则 y_1 与 y_2 呈互补效应；若 ρ 显著小于 0，则 y_1 与 y_2 呈替代效应。

2.变量说明

根据理论分析与研究假设，将各个变量的定义和平均值列于表 7-2。

表 7-2　生猪养殖户扶持政策选择影响因素模型变量说明

变量名称	变量定义	平均值			
被解释变量		浙江	江西	四川	总样本
资金奖励	未选择＝0；选择＝1	0.81	0.80	0.77	0.79
价格支持	未选择＝0；选择＝1	0.39	0.42	0.37	0.39
设备补贴	未选择＝0；选择＝1	0.55	0.54	0.58	0.56
成本补贴	未选择＝0；选择＝1	0.53	0.57	0.50	0.53
技术学习	未选择＝0；选择＝1	0.37	0.39	0.40	0.39
政策补贴	未选择＝0；选择＝1	0.34	0.28	0.38	0.34
解释变量		浙江	江西	四川	总样本
年龄（age）	养殖户实际年龄（岁）	46.53	47.07	48.76	47.74
文化程度（edu）	小学及以下＝1；初中＝2；高中或中专＝3；大专及以上＝4	2.36	2.16	1.99	2.13
风险态度（risk）	风险规避＝1；风险中立＝2；风险偏好＝3	1.82	1.69	1.61	1.68
生猪标准化养殖指数（index）	0～1之间的指数	0.74	0.68	0.63	0.67
养殖规模（scale）	养殖场年出栏量（头）	692.76	646.12	493.56	585.77
兼业（part）	兼业＝0；非兼业＝1	0.58	0.53	0.51	0.53
质量安全意识（safe）	无＝1；较小＝2；一般＝3；较大＝4；很大＝5	3.03	2.87	2.36	2.67
环保意识（envir）	无＝1；不太严重＝2；一般＝3；较严重＝4；非常严重＝5	2.22	1.94	1.82	1.95
"优质优价"意识（price）	降低＝1；不变＝2；提高＝3	2.19	2.04	1.89	2.01
主要销售市场（market）	乡村农贸＝1；批发＝2；超市、单位＝3；省外＝4	2.09	2.02	1.97	2.01
产业化组织（organ）	未参加＝0；参加＝1	0.54	0.46	0.39	0.45
所在地区（area）	浙江＝1；江西＝2；四川＝3	1.00	2.00	3.00	2.24

（三）模型估计与结果分析

各变量之间的 VIF 值均低于 10，表明模型设定不存在严重的多重共线性问题。 联立双变量 Probit 估计结果见表 7-3。

表 7-3 生猪养殖户扶持政策选择模型估计结果

变量	输血式扶持		造血式扶持				政策补贴
	资金奖励	价格支持	智力扶持（技术学习）	非智力扶持	设备补贴	成本补贴	
age	−0.0110	−0.0035	0.0178*	−0.0027	−0.0029	0.0052	−0.0076
	(0.0114)	(0.0100)	(0.0095)	(0.0108)	(0.0096)	(0.0096)	(0.0097)
[edu＝2]	−0.1753	−0.0126	0.0739	−0.2339	0.2759	−0.0898	0.1056
	(0.2067)	(0.1958)	(0.1929)	(0.2063)	(0.1914)	(0.1905)	(0.1897)
[edu＝3]	−0.0966	0.1569	−0.0552	−0.1569	−0.0012	−0.3087	0.3026
	(0.3255)	(0.2752)	(0.2766)	(0.2970)	(0.2685)	(0.2680)	(0.2676)
[edu＝4]	−0.7665	0.1762	0.4356	−0.7099	−0.3064	−0.4419	0.4924
	(0.5399)	(0.3985)	(0.3777)	(0.4856)	(0.3612)	(0.3629)	(0.2681)
[risk＝2]	0.1153	−0.1171	0.0157	−0.0209	0.0483	−0.0596	0.0317
	(0.1792)	(0.1461)	(0.1478)	(0.1616)	(0.1443)	(0.1457)	(0.1479)
[risk＝3]	−0.0393	−0.2752	−0.0655	0.0524	0.1373	0.1326	0.0921
	(0.3047)	(0.2438)	(0.2461)	(0.3129)	(0.2338)	(0.2342)	(0.2332)
scale	0.0020***	−0.0005	−0.0001	0.0001	0.0001	0.0001	−0.0001
	(0.0005)	(0.0003)	(0.0001)	(0.0001)	(0.0001)	(0.0001)	(0.0001)
index	−0.2079	0.9514***	−0.0141	−0.8349**	−0.6538*	−0.0894	0.0763
	(0.3719)	(0.3302)	(0.3323)	(0.3698)	(0.3236)	(0.3242)	(0.3231)
part	0.1701	−0.1494	0.0902	−0.0402	−0.0259	0.0219	−0.0694
	(0.1379)	(0.1229)	(0.1234)	(0.1369)	(0.1199)	(0.1209)	(0.1211)
safe	−0.0860	−0.1986***	−0.1657**	0.2474***	0.1783***	0.1675**	−0.0295
	(0.0925)	(0.0759)	(0.0678)	(0.0799)	(0.0661)	(0.0666)	(0.0676)

续　表

变量	输血式扶持		造血式扶持				政策补贴
	资金奖励	价格支持	智力扶持（技术学习）	非智力扶持	设备补贴	成本补贴	
envir	0.0764	−0.2149**	−0.0880	0.3230***	0.2654***	0.0891	−0.1978**
	(0.1051)	(0.0896)	(0.0857)	(0.1083)	(0.0825)	(0.0825)	(0.0844)
price	0.1276	−0.2548*	−0.1117	0.2834**	0.0310	0.3402***	−0.1912
	(0.1499)	(0.1277)	(0.1246)	(0.1333)	(0.1199)	(0.1238)	(0.1222)
[market=2]	0.1218	−0.3131*	−0.2226	0.5995***	0.3453**	0.2162	−0.2360
	(0.1816)	(0.1616)	(0.1587)	(0.1704)	(0.1586)	(0.1575)	(0.1588)
[market=3]	0.0537	−0.2754	−0.4241*	0.9759***	0.7694***	0.2625	−0.5760**
	(0.3108)	(0.2689)	(0.2458)	(0.3148)	(0.2455)	(0.2377)	(0.2496)
[market=4]	0.2732	−0.4258*	−0.3143	0.5098*	0.2633	0.2874	−0.1680
	(0.3092)	(0.2521)	(0.2405)	(0.2779)	(0.2262)	(0.2240)	(0.2202)
organ	−0.0022	0.1476	−0.1079	−0.1536	−0.0574	−0.0151	0.0673
	(0.1437)	(0.1305)	(0.1263)	(0.1468)	(0.1263)	(0.1245)	(0.1253)
[area=2]	0.0436	−0.0136	−0.0616	0.5232***	0.0985	0.1901	−0.2779*
	(0.1733)	(0.1543)	(0.1494)	(0.1715)	(0.1461)	(0.1438)	(0.1501)
[area=3]	0.0351	−0.3523**	−0.1923	0.7473***	0.3247**	0.1323	−0.0339
	(0.1710)	(0.1481)	(0.1446)	(0.1601)	(0.1402)	(0.1376)	(0.1424)
Cons	0.5365	1.2946*	−0.0666	−0.8396	−0.7331	−1.5905**	0.8533
	(0.8234)	(0.7079)	(0.6790)	(0.7691)	(0.6709)	(0.6774)	(0.6758)
loglikelihood	−615.8900		−606.8772		−796.9808		−388.9632
ρ	−0.3996***		−0.8176***		−0.1729**		
Pseudo R^2							0.0491
N	638		638		638		638

注：估计系数下方括号内数值为稳健标准误，***、**、*分别表示 1%、5% 和 10% 显著性水平上显著。

对估计结果的具体分析如下：各回归模型的 ρ 值均显著为负，表明在输血式扶持中，资金奖励与价格支持为替代关系；在造血式扶持中，智力扶持与非智力扶持为替代关系；在非智力补贴中，设备补贴与成本补贴为替代关系。

1.年龄

年龄对智力扶持（技术学习）有显著的正向影响。 年龄在 60 岁以上的养殖户的平均文化程度为 1.09 左右，表明大多数年龄在 60 岁以上的养殖户仅有小学或小学以下的文化程度；而年龄在 60 岁以下的养殖户平均文化程度为 2.28 左右，高于初中的文化程度。 因此，与年轻的养殖户相比，年龄较大的养殖户往往更缺乏采纳生猪标准化养殖的必备知识，而且由于文化程度较低，依靠自我学习生猪标准化养殖的能力较弱，这类养殖户更需要政府生猪标准化养殖推广项目给予技术培训的机会。 技术学习是年龄较大的养殖户的优先选择。

2.养殖规模

养殖规模对资金奖励有显著的正向影响。 规模较大的养殖户获得政府资金奖励的机会更多，因此这类养殖户更希望有资金形式的奖励。 目前，中国的生猪标准化养殖扶持政策是偏向大规模养殖户的，在年出栏量 1 万头以下的养殖户中，规模越大的养殖户成为政府重点扶持的示范户的可能性越大，也更容易获得"以奖代补"形式的资金奖励。 根据受访养殖户数据，规模较大的养殖户获得扶持政策的可能性较高，年出栏 500 头以上的养殖户获得扶持政策的比例为 74.36％，远高于年出栏 500 头以下养殖户的 45.82％。

3.生猪标准化养殖指数

生猪标准化养殖指数对价格支持有显著的正向影响，但对非智力扶持以及非智力扶持下的设备补贴有显著的负向影响。 第五章的分析表明，生猪标准化养殖程度高的养殖户的养殖收益较高，因此生猪标准化养殖指数高的养殖户更希望能够生猪标准化养殖维持"优质优价"的局面，他们希望政府能给予价格上的支持，生猪养殖设备和生产成本的支出则可以通过生猪标准化养殖带来的溢价收入得以弥补。 生猪标准化养殖指数低的养殖户则迫切需要购置养殖设备，以达到生猪标准化养殖的相关要求，因此生猪标准化养殖指数低的养殖户更偏好非智力扶持或设备补贴。

4. 质量安全意识

质量安全意识对价格支持和技术学习有显著的负向影响，对设备补贴和成本补贴有显著的正向影响。 原因在于，质量安全意识高的养殖户往往认为生猪标准化养殖能够实现"优质优价"，因此并不倾向于选择价格支持。 质量安全意识高的养殖户往往对生猪标准化养殖的相关知识有较多的了解，会主动学习生猪标准化养殖相关技术，参与技术培训的意愿不强。 这类养殖户了解采纳生猪标准化养殖的市场风险和大量的前期投资，因而其更偏好于能够直接降低其采纳生猪标准化养殖成本的设备补贴和成本补贴。

5. 环保意识

环保意识对价格支持有显著负向影响，对设备补贴和成本补贴有显著正向影响。 原因在于，环保意识强的养殖户参与生猪养殖废弃物无害化处理和资源化利用的意愿更强，他们不需要太多价格上的激励，因而不倾向于选择价格支持政策。 然而，环保设备的投资与运行需要耗费大量的资金，单个养殖户通常无力承担，因此环保意识强的养殖户更偏向于选择设备补贴和成本补贴。

6. "优质优价"意识

"优质优价"意识对价格支持有显著的负向影响，对成本补贴有显著的正向影响。 原因在于，"优质优价"意识强的养殖户对生猪标准化养殖的收益前景持较为乐观的估计，因此并不会优先考虑价格支持政策。 这类养殖户所关注的重点问题是节约生猪标准化养殖的成本，因而会倾向于选择成本补贴。

7. 主要销售市场

主要销售市场对价格支持有显著的负向影响，对非智力扶持有显著的正向影响。 与乡村农贸市场相比，批发市场、大型超市或企事业单位、省外市场的准入门槛较高，能够获得可观的溢价收入。 以批发市场、大型超市或企事业单位、省外市场为主要销售渠道的养殖户更需要政府给予养殖设备和养殖成本的支持，以满足高端销售市场对生猪品质和产地环境的较高要求。

8.所处地区

所处地区对非智力扶持有显著的正向影响,表明江西和四川养殖户更需要设备补贴和成本补贴。 发展生猪标准化养殖需要大量资金投入,江西和四川的农村居民收入水平较低,因此更倾向于选择设备补贴或成本补贴。 特别是四川生猪养殖业的规模化水平和产业化水平不高,大量中小规模养殖户缺乏参与生猪标准化养殖的资金,因此更需要政策在设备补贴或成本补贴上给予足够扶持。

第三节　本章小结

本章深入研究了政策扶持生猪标准化养殖的经济机理,并在此基础上考察了生猪养殖户参与生猪标准化养殖的受偿意愿及其扶持政策选择。 结果表明:

政策扶持发展生猪标准化养殖包括示范阶段和模仿阶段,后者更为关键。 在信息不完全的情形下,政府可以通过经济激励的方式,降低养殖户采纳生猪标准化养殖的投资支出、物质成本和学习成本,从而实现生猪标准化养殖的普及。

受访养殖户最偏好的扶持政策为资金奖励。 非智力扶持,如设备补贴和成本补贴是养殖户第二偏好的扶持政策。 各类扶持政策之间存在显著的替代关系。

年龄对技术学习有显著正向影响。 养殖规模对资金奖励有显著正向影响。 生猪标准化养殖指数对价格支持有显著正向影响,但对非智力扶持以及非智力扶持下的设备补贴有显著负向影响。 质量安全意识、环保意识和"优质优价"意识越高的养殖户,越需要设备补贴或成本补贴等非智力扶持,越不需要价格支持或技术学习。 对生猪品质和产地环境要求越高的销售市场,越不需要价格支持,但越需要设备补贴或成本补贴等非智力扶持。 地区对非智力扶持有显著正向影响,表明与浙江养殖户相比,江西和四川养殖户更需要设备补贴和成本补贴。

第八章　研究结论与政策建议

第一节　研究结论

本书基于区域经济学的研究范式和研究方法，从产业集聚、组织发展与政策扶持这三个维度，对中国生猪标准化养殖发展问题进行了深入研究。第一，分析了中国生猪养殖业可持续发展面临的养殖效率低下、质量安全问题时有发生以及环境污染日益严峻等宏观层面的生猪标准化养殖发展现状，并基于受访养殖户问卷调研，从微观层面评价了养殖户的标准化养殖情况。第二，基于农业区位论和产业集聚理论，运用空间杜宾模型、两阶段最小二乘法估计、广义矩估计等实证分析方法，对产业集聚的生猪标准化养殖发展效应及其提升路径进行了深入研究。第三，产业化组织发展、政策扶持是提升产业集聚生猪标准化养殖发展效应的两条路径，基于中国生猪养殖业"小生产、大市场"困境以及生猪标准化养殖的风险性和正外部性，从理论和实证层面上研究了产业化组织发展、政策扶持对受访养殖户标准化养殖及其效益的促进作用。第四，基于不完全契约理论和产业化组织带动养殖户参与生猪标准化养殖的契约关系本质，考察了产业化组织发展生猪标准化养殖的契约安排及养殖户履约行为。第五，基于政府扶持理论，构建了政府扶持生猪标准化养殖的两阶段模型，在模型分析的基础上考察了受访养殖户的扶持政策选择。本书的主要研究结论如下：

第一，改革开放以来，中国生猪养殖业实现了快速增长，但生产性能和规模化程度依然不高，产业化组织初步发展。中国生猪养殖业不断向优势区域集聚，约束发展区的猪肉产量占全国比重逐渐下降，并向重点发展区收敛。重点发展区和潜力增长区的猪肉产量占全国比重逐渐上升。适度发展区的猪肉产量占全国比重最低，且基本保持稳定。

从宏观层面上看，中国生猪标准化养殖现状表现为生猪养殖业的可持续发展问题，主要为养殖效率低下、质量安全问题时有发生以及环境污染等三个方面。其中，养殖效率低下体现为生猪养殖劳动生产率低下，能繁母猪生产性能弱以及生猪胴体重偏低；质量安全问题表现为施药行为不规范，防疫制度不健全以及病死猪未无害化处理；环境污染问题表现为各省份农地猪粪承载压力逐年提高且呈现连片化的趋势，畜牧业温室气体排放问题严重等。涉及生猪标准化养殖的相关制度建设，如法律法规、标准制订、猪肉可追溯体系等亟待完善。从微观层面的生猪标准化养殖现状看，受访养殖户的标准化养殖采纳程度普遍不高，尤其是在"养殖设施化""防疫制度化""污染无害化"等环节，许多养殖户没有按标准化养殖的要求执行。

第二，基于区位基尼基数、集中率和改进的区位商指数，发现中国生猪养殖业存在着非常明显的产业空间集聚现象，并表现为由南往北逐渐降低的梯度特征和由沿海地区向内陆地区集聚的区域转移趋势。

资源禀赋，规模报酬递增、外部性与产业关联，技术进步，市场需求，城镇化与非农就业机会，交通条件等是形成生猪养殖业产业集聚的主要因素。饲料、劳动力、土地和水资源丰富的地区容易形成生猪养殖业的产业集聚。外部性、产业关联、技术进步以及市场需求也促进了生猪养殖业产业集聚的形成和强化。城镇化水平高、非农就业机会多、交通条件优越的地区实现了产业的"腾笼换鸟"，降低了生猪养殖业产业集聚水平。

第三，增长效应与环境效应是产业集聚生猪标准化养殖发展效应的两个方面。研究结果表明，产业集聚对区域生猪标准化养殖存在显著的增长效应，提高了地区生猪养殖效率，且产业集聚对生猪养殖业效率增长的影响为"倒U型"曲线关系，"威廉姆森"假说是成立的。在现阶段，生猪养殖业的产业集聚在中国绝大多数省份表现为集聚经济超过集聚不经济。产业集聚的增长效应也存在显著的空间溢出，从而进一步提高了集聚经济水平。从地区差异情况看，产业集聚对适度发展区和潜力增长区的增长效应最为明显。

第四，对生猪养殖业产业集聚环境效应的研究结果表明，产业集聚对区域生猪标准化养殖存在显著的环境正外部性，缓解了地区生猪养殖业污染问题，且产业集聚对农地猪粪承载量为"U型"曲线关系，即产业集聚对生猪养殖业污染产生了先抑制后促进的作用。 在现阶段，中国生猪养殖业的产业集聚对绝大多数省份表现为环境正外部性。 产业集聚的环境效应也存在空间溢出，但这种空间溢出效应主要是由直接效应带来的。 从地区差异情况看，约束发展区的产业集聚环境正外部性最为明显。

第五，中国生猪标准化养殖的发展困境主要表现为，在"小生产、大市场"的产业格局下生猪市场交易的"逆向选择"问题，以及生猪标准化养殖的风险性与外部性问题。 产业化组织发展与政策扶持是提升产业集聚的生猪标准化养殖发展效应的两条有效途径。 通过产业化组织的发展，产业集聚能够提升为产业集群，从而有利于促进技术溢出，降低交易成本，克服市场交易的"逆向选择"问题，提升区域产业创新能力。 政策扶持则降低了生猪养殖户采纳标准化养殖的成本和风险，补偿了正外部性。

运用多分类 Logit 选择模型对养殖户的标准化养殖程度进行研究后，本书发现，参与产业化组织显著提高了养殖户的养殖设施化、生产规范化、防疫制度化、污染无害化和监管常态化，获得政策扶持的养殖户显著提高了污染无害化和监管常态化。 对养殖户生猪标准化养殖的效益分析后，本书发现，参与了产业化组织、获得了政策扶持的养殖户的养殖收益较高、养殖成本较低。

第六，产业化组织发展生猪标准化养殖本质上是一种兼具"买卖契约"与"技术契约"属性的契约安排，契约安排中最重要的内容包括生产决策权配置和定价制度安排。 研究结果表明，生产决策权转移程度高对生猪标准化养殖有显著的正向影响，"市场价＋附加价"定价制度对生猪标准化养殖有正向的影响。 此外，参与了对生猪养殖安全友好要求较高的产业化组织的养殖户采纳生猪标准化养殖的程度较高，产业化组织技术服务对养殖户标准化养殖采纳程度有显著的正向影响。

生猪养殖户的生产决策权转移程度主要受产业化组织专用性资产投资、销售渠道、生猪养殖年限、参与产业化组织年限、技术服务评价、风险态度和定价制度等因素的影响。 专用性资产投资多、销售渠道对生猪品质和产地环境要求高、有技术服务、以"市场价＋附加价"作为定价制度的产业化组织能获得养殖户较多的生产决策权。 生猪养殖年限较短、与产业化组织合作时间较长、风险规避的养殖户向产业化组织转移生产决策权的程度更高。

生猪养殖户的定价制度安排主要受养殖规模、销售难易程度、市场距离、产业化组织类型、结算方式、技术服务、二次返利等因素的影响。 养殖规模较大、销售难度较低、市场距离较近、在产业化组织中有熟人、参与企业性质的产业化组织、以延期支付方式结算、无二次返利、无技术服务以及所在地区为浙江的养殖户更容易获得"市场价＋附加价"的定价制度安排。

生猪养殖户受教育程度与履约行为呈同向变动关系，养殖规模较大的生猪养殖户履约率较高。 道德风险收益较高的生猪养殖户的违约率较高。 契约有惩罚机制的生猪养殖户的履约率较高。 采用书面契约形式的生猪养殖户的履约率较高。 以现金支付作为结算方式的生猪养殖户的履约率较高。 契约期限越长的生猪养殖户的履约率越高。

第七，政策扶持发展生猪标准化养殖是一个包含示范阶段和模仿阶段的两阶段过程。 模仿阶段是政策扶持成败的关键，在该阶段政府可以通过经济激励的方式，降低养殖户采纳生猪标准化养殖的投资支出、物质成本和学习成本，从而实现生猪标准化养殖发展。

资金奖励为受访养殖户最偏好的扶持政策，原因在于资金有最灵活的使用方式。 非智力扶持，如设备补贴和成本补贴是养殖户第二偏好的扶持政策。 各类扶持政策之间存在显著的替代关系。 年龄对智力扶持（技术学习）有显著的正向影响。 养殖规模对资金奖励有显著的正向影响。 生猪标准化养殖指数对价格支持有显著的正向影响，但对非智力扶持以及非智力扶持下的设备补贴有显著的负向影响。 主要销售市场对价格支持有显著的负向影响，对非智力扶持有显著的正向影响。 所处地区对非智力扶持有显著的正向影响，表明与浙江养殖户相比，江西和四川地区的养殖户更需要设备补贴和成本补贴。

第二节　政策建议

本书基于理论分析与实证研究后发现，生猪养殖业产业集聚，以及产业集聚基础之上的产业化组织发展与扶持政策有助于促进生猪标准化养殖的发展。为了进一步促进生猪标准化养殖，实现中国生猪养殖业的可持续发展，本书认为应该做好以下几点。

一、促进生猪养殖业向优势区域集聚

合理的区域布局对于生猪养殖业可持续发展非常重要，也是提升生猪养殖业国际竞争力的关键。政府应在符合市场运行规律的前提下，综合考虑地区资源禀赋、城乡居民消费偏好、生猪屠宰加工等配套产业及环境承载能力等因素，努力引导中国生猪养殖业向优势区域集聚，发挥各生猪养殖优势区域的比较优势，降低生猪养殖成本，提高生猪养殖效率，缓解生态环境脆弱地区的环境压力。

重点发展区是在将来较长一段时期内稳定中国生猪养殖供给的核心区域，该地区的生猪养殖量应保持逐年小幅增长的态势，稳步提升综合生产能力和国际竞争力。由于该地区生产的猪肉需要满足东南沿海地区的需求，运输距离较长，因此需要强化冷链物流运输体系的建设，并构建完善主销地市场价格监测系统。

约束发展区的生猪养殖业由于地区环境承载力的限制，且受地区土地成本和劳动力成本的影响，发展空间是十分有限的。未来该地区的生猪养殖总量应保持稳定，并提升生猪养殖业集约化水平。

潜力增长区的资源环境容量相对于该区域现有的生猪养殖规模而言较为丰裕，应利用该地区在环境承载力、饲料资源禀赋等方面的区位优势，促进该地区生猪养殖业集聚程度的进一步提高，带动冷链物流、屠宰加工等配套产业的形成与发展，使之成为中国未来生猪养殖业新的增长极。

适度发展区的土地资源丰裕、农地猪粪承载强度很低，在适度发展区发展生猪养殖业能更好地实现农牧结合，但是该地区的水资源较为短缺，限制了作为耗水型畜牧业的生猪养殖业的进一步集聚。 因此，该地区的生猪养殖业只能适度地发展，推进适度规模养殖，并发挥农牧结合的优势。

二、提升产业集聚的生猪标准化养殖增长效应

(一)营造良好的生猪养殖业产业集聚区域市场环境

良好的市场环境对于产业集聚增长效应的发挥有着非常重要的促进作用，能够实现市场与生猪养殖业发展的互动，促进集聚区域内市场价格及时调整，生猪数量、质量和产地环境信息及时传递，猪肉产品迅速集散，降低生猪交易活动的搜寻成本和监督成本。 因此，作为公共产品和服务的提供者，政府需要在营造市场环境方面加大投入力度和建设力度。 具体包括以下几个方面：一是建设和改造升级生猪产地批发市场，改善生猪养殖业产业集聚区域批发市场的基础设施水平，如交易场地、道路、水电、网络等。 还需要建设生猪生鲜产品电商销售平台，建设冷链物流等设施，将消费者对猪肉品质和产业环境要求的信息传递到生产环节，提高养殖户等相关产业链主体的标准化养殖意识。 二是政府利用其信息渠道多、网络广的优势地位，建立覆盖生猪养殖业产业集聚区的批发市场信息网络服务平台和信息咨询服务组织，为生猪养殖户和产业化组织提供及时可靠的生猪市场监测预警信息服务，降低养殖户、产业化组织等市场主体的市场风险。 三是创建生猪标准化养殖产业基地。 各生猪养殖主产区、生猪养殖大县应建设一批以生猪标准化养殖为导向的生猪产业基地或生猪标准化养殖小区，以财政资金重点支持基地或小区内的育种、生产、加工和质量检测等方面的基础设施建设。 通过生猪养殖基地或小区的产业集合机制，在基地或小区内部形成生猪养殖业供、产、销的完整产业链，从而节约交易成本。 四是引导金融机构对生猪养殖业产业集聚区提供信贷支持，解决生猪养殖业产业化组织与生猪养殖户的"融资难"问题，重点加强产地直销、连锁经营等新型流通体系的信贷资金投入。

(二)创建区域生猪品牌,开发利用地方品种资源

中国幅员辽阔,各生猪养殖业主产省份的产地环境和气候条件存在显著差异,产生了不同的生猪地方品种。 因此,各地区应结合区域实际,因地制宜地发展生猪标准化养殖,充分发掘地方优势生猪品种资源,创建区域生猪品牌,引导本土生猪品牌"走出去"。 一是通过生猪产品的地理标志认证、绿色食品认证等,打造独具地方特色的生猪养殖业。 二是在生猪养殖户群体中树立品牌意识,加强对生猪地方特色品牌的宣传,引导生猪养殖户、合作社等主体自觉维护品牌品质声誉,保护产地生态环境,从而增加生猪养殖业的附加值。

(三)优化生猪养殖业产业集聚区域内的政府职能

政府在生猪养殖业产业集聚区域内的职能作用在于发挥其"有形之手"对市场失灵问题进行调整,以保证产业集聚区域内各主体协调、有序发展。因此,在推动产业集聚的生猪标准化养殖增长效应的过程中,政府应注意以下几点:第一,以市场经济运行机制为基础,协调生猪标准化养殖相关各方的权益;第二,提高政府机构人员发展生猪标准化养殖的激励水平,以增强其公共服务意识;第三,发挥基层政府组织的引导职能,牵头组织生猪标准化养殖专业协会或合作社,提高养殖户的组织化程度,从而增强养殖户抵御风险的能力。

三、促进产业集聚的生猪标准化养殖环境效应的提高

研究结果证实,产业集聚能够带来环境正外部性,但是随着集聚程度的提高,环境正外部性会被削弱。 因此,为了进一步提高产业集聚的环境正外部性,需要做好以下几点:第一,重点发展区与适度发展区应促进产业集聚的环境正外部性,防止生猪养殖业集聚带来的环境风险;第二,建立健全生猪养殖污染处理公共设施,集中处理生猪养殖污染,实现污染处理公共设施利用的规模效应,降低单个养殖场处理污染的投资成本和运输成本;第三,发展生猪养殖废弃物资源化利用的环保产业,如有机肥厂、沼气发电项目等,发展

"猪—沼—果"工程等类似的循环生猪养殖模式、农牧结合生猪养殖模式，实现生猪养殖业与环保产业的共生发展状态；第四，加强环境技术溢出，通过产业集群内部的环保知识创新和技术外溢，提高技术进步对环境污染治理的效果。

四、强化产业集聚发展生猪标准化养殖的空间溢出效应

目前，中国生猪养殖业的产业集聚呈连片化的空间布局态势，且各地区的猪肉产量、农地猪粪承载强度均存在显著的空间自相关性。实证研究结果也表明，产业集聚对地区生猪养殖效率的提高、对地区农地猪粪承载强度的降低均存在显著的空间溢出效应。因此，需要进一步强化产业集聚的空间溢出效应，加强区域间生猪标准化养殖发展的沟通交流，改善集聚经济、养殖技术溢出的渠道，促进生猪标准化养殖发展的区域联动。政府可以通过以下两个方面促进产业集聚的空间溢出效应：第一，打破各地区间生猪标准化养殖知识、技术交流的行政壁垒，促进区域生猪养殖业跨区交流协作，对于生猪养殖业发展基础、资源禀赋相似的区域，应通过溢出效应相互带动发展；对于经济发展水平差异较大的区域，应防止生猪养殖污染或落后生产模式向经济发展滞后地区转移，并促进先进技术与管理理念的扩散。第二，构建生猪养殖业产业集聚区域之间的标准化养殖技术和经验交流平台，促进知识创新的扩散。例如，建立生猪标准化养殖程度高的地区与生猪标准化养殖程度较低地区的对口支援机制，激励科研院校、龙头企业向标准化养殖程度较低地区提供养殖培训与技术指导。鼓励科研院校与龙头企业建立产学研合作平台，带动生猪养殖创新实践项目。

五、优化产业化组织与养殖户的契约关系

提升产业集聚生猪标准化养殖发展效应的路径之一是将产业集聚提升为产业集群。在产业集群内部，包含着由各类主体形成的社会网络关系，其中最为关键的是产业化组织与养殖户之间的纵向协作契约关系，因此需要区域内产业化组织的发展壮大。由前文的理论与实证分析可知，契约安排影响着养殖户的标准化养殖程度及履约率，又受产业化组织因素与养殖户因素的影

响。 因此，有必要优化协调产业化组织与养殖户的契约关系，从而实现产业化组织带动养殖户发展生猪标准化养殖稳定的利益分享机制及长期合作关系。 具体而言，需要做好以下几个方面：

(一)壮大生猪养殖业产业集聚区域内产业化组织

政府要基于生猪养殖集聚优势区域的布局，培育一批市场竞争力强、带动能力强的生猪屠宰加工龙头企业，完善"龙头企业＋养殖户"的标准化养殖运作模式，鼓励龙头企业建设生猪标准化养殖基地，激励龙头企业以多种形式与养殖户进行利益联结，发挥龙头企业的示范引导作用和市场竞争优势。政府还应积极扶持生猪养殖合作社及生猪养殖专业协会的发展，加大对合作组织的资金支持和税收优惠，发挥合作组织在行业自律、农户维权、技术培训、市场信息服务等方面的优势，鼓励合作组织创立品牌，形成差异化竞争。政府还应开拓产业化组织的融资渠道，构建融资服务平台，解决中小产业化组织的融资难问题。 在生猪销售环节，政府应大力支持连锁超市和连锁店建立生猪产品销售基地，在税收、用地等方面给予优惠。 超市、连锁店具有较高的声誉，它们可通过配送中心直接到产地与生猪标准化养殖企业或养殖户建立长期稳定的供销关系，降低了流通成本，并且推动生猪产品的品牌创建。

(二)协调好产业化组织与养殖户之间的契约关系

产业化组织带动养殖户参与生猪标准化养殖的纵向协作关系越密切，则养殖户的标准化养殖程度越高。 生猪养殖户的生产决策权向产业化组织转移的程度越高，则纵向协作关系越密切。 为了促进养殖户的生产决策权向产业化组织转移，产业化组织应加大专用性资产投资力度，包括投资生猪标准化养殖基地等场地专用性资产，投资自动化饲喂设施、检测设备等物质资源专用性资产，聘用专业生猪养殖技术人员等人力资本专用性资产，创建品牌、开拓高端销售渠道等品牌专用性资产。 产业化组织还需要为养殖户提供优质的技术服务，提高养殖户对产业化组织的依赖度。

长期稳定的利益关系是产业化组织带动生猪养殖户发展标准化养殖的基础和保障。 由调研结果可知，目前还有许多养殖户没有履行与产业化组织的契约，其中重要的原因在于养殖户与产业化组织之间还没有建立起稳定合理的利益分配关系，以及契约形式随意、产业化组织对养殖户违约行为监督不力、缺乏惩罚机制等。　因此，政府要采取一系列的激励性措施，引导产业化组织能够向生猪养殖户"让利让惠"，给予生猪养殖户"二次返利"或"市场价＋附加价"的定价制度安排，使生猪养殖户能够切实分享到参与生猪标准化养殖所带来的收益增加。　产业化组织还应完善生猪标准化养殖的监督机制，加大生猪品质检测设备、产地环境测量设备等专用性资产的投资力度，加强对养殖环节的管理和监督，对有违约行为的养殖户进行惩罚，降低养殖户道德风险行为的期望收益，提高养殖户的履约率。　总之，产业化组织应与养殖户建立起互惠关系，如当生猪市场价格高于契约定价时，产业化组织适当提高契约定价，让利于养殖户；当生猪市场价格低于契约定价时，养殖户让利于产业化组织，接受产业化组织的降价调整。　最后，还应规范契约形式，延长契约期限，从而增强契约对缔约双方的约束力。

（三）增进产业化组织与养殖户的互动，建立起信任关系

互动指的是产业化组织与生猪养殖户非正式的交流和沟通。　信息不对称是影响契约稳定性的重要因素，有效的交流与沟通有助于消除缔约双方的信息不对称问题，例如及时协调解决生猪养殖中出现的问题、处理契约安排中出现的争议、探讨双方合作的长期计划等，从而促进合作持续有效率地进行。

如果产业化组织与生猪养殖户的沟通、联系及交流较为频繁，则双方更容易建立起信任关系。　相互信任能够促进契约关系保持长久稳定，从而促进双方永久收益的实现。　信任是在合作之初产业化组织与生猪养殖户的重要关系纽带，产业化组织委托生猪养殖户采纳生猪标准化养殖如果是基于的信任关系，生猪养殖户就能够产生正向的履约激励。　信任关系的建立还有效降低了产业化组织与养殖户的交易成本，提高了参与生猪标准化养殖的收益。　此外，政府在促进产业化组织与生猪养殖户彼此信任的过程中也发挥着不可替代的作用。　政府作为交易秩序的维护者，降低了产业化组织与生猪养殖户订立契约的事前和事后交易成本，能够打消缔约双方对违约行为的顾虑，从而能增进双方的互信和契约的稳定性。　政府可以通过构建生猪标准化养殖交流

平台、举办技术培训会等形式，为养殖户与产业化组织合作牵线搭桥。

六、优化政府的生猪标准化养殖扶持政策

风险性和外部性是养殖户参与生猪标准化养殖面临的主要困境之一。 养殖户多为有限理性的风险规避型经济主体，由于风险性和外部性的存在，养殖户参与标准化养殖的程度无法达到社会最优水平。 政府的扶持政策是协助养殖户参与标准化养殖、降低标准化养殖采纳成本和提高标准化养殖采纳收益的关键。 目前，中国扶持生猪标准化养殖的相关政策虽然起到了一定的效果，但无论从扶持政策的力度、扶持政策的多样性以及扶持对象的广泛性来说，都是远远不足的。 扶持政策的重心应由"示范阶段"转向"模仿阶段"，带动广大中小规模生猪养殖户参与标准化养殖。 具体而言，优化政府的生猪标准化养殖扶持政策需要做好以下几个方面：

(一)转变政府发展生猪标准化养殖的职能与角色

政府等公共管理机构扶持生猪标准化养殖应进行职能整合与角色调整。政府扶持生猪标准化养殖应转变为以市场激励为基础的制度安排，如制定法律法规、提供经济激励政策等，即政府角色应从主导生猪标准化养殖的发展转向参与生猪标准化养殖的发展。 政府还应协调整合农业、环保、卫生防疫、质监等部门的公共资源，提升政府职能的灵活性和管理效率。 例如，对于生猪养殖效率和质量安全，需要从仔猪引进、饲喂环节、入市检测等多方面入手，需要防疫、畜牧、质监等多个部门通力协作。 对生猪养殖污染防治的扶持和监管需要环保、畜牧、法院、公安等多部门相互协调、联合执法。 为了消除政策扶持过程中的疏漏，政府还应全面统筹各项扶持政策，改进工作作风，增强服务意识，建立生猪标准化养殖政策扶持的长效机制。

(二)加大对标准化养殖的资金奖励与物质补贴力度

资金奖励是受访养殖户最偏好的扶持政策，设备补贴和成本补贴也是养殖户较为偏好的扶持政策。 原因在于，资金奖励和物质补贴等扶持政策补偿了养殖户参与生猪标准化养殖前期大量的资金投入，从而降低了养殖户参与

标准化养殖的风险性和外部性。 因此，政府应加大对养殖户采纳生猪标准化养殖的资金奖励、设备补贴和成本补贴力度，采用多种扶持政策方式，为养殖户良种引进、标准化猪舍改扩建、污染处理设施购建、防疫、病死猪无害化处理等方面提供支持，并将扶持的重点对象由少数示范基地、生猪养殖大户转向广大中小规模养殖户。 此外，非智力扶持重点区域应放在四川云南等重点发展区和潜力发展区，以及作为中部地区的江西等省份，以提高这些农村收入水平较低省份养殖户抵御市场风险和自然风险的能力，加快这些地区的生猪标准化养殖进程，促进养殖户增收、增效。

（三）加强对生猪养殖户的技术指导

生猪养殖户的质量安全认知、环保意识和生猪标准化养殖"优质优价"意识的不足是其标准化养殖采纳程度不高的重要主观因素，表现为养殖户存在主观风险，从而增加了其对传统生猪养殖方式的"路径依赖"。 教育和培训在改造传统农业中具有重要的作用（Schultz，1964），对养殖户的技术指导降低了其学习成本，养殖户对生猪标准化养殖的认知和技能掌握关系到其养殖效率和品质的提高。 由于生猪标准化养殖技术指导属于准公共物品，需要政府等非营利组织机构提供。 然而，与其他扶持政策相比，选择技术学习的受访养殖户比例并不高，因此需要政府加大对养殖户的技术指导力度，开展多种形式的生猪标准化养殖技术指导。 例如，政府可以面向生猪养殖户制定系统的生猪标准化养殖培训方案，可以通过"干中学"的方式，也可以通过网络、电视、广播等媒体普及生猪标准化养殖相关知识，还可以通过举办培训班、讨论班等形式，促进企业、养殖大户与中小规模养殖户交流学习，提高养殖户对生猪标准化养殖的认知和素质。 此外，由于中国生猪养殖户的文化程度普遍较低，提高养殖户技能水平将是一个长期的任务，因而需要政府保持技术指导政策的连续性和长期性。

（四）加强对获得扶持政策养殖户的监管和检查

为防止获得了扶持政策的生猪养殖户发生道德风险行为，政府还应对养殖户进行监管和检查，提高对生猪养殖户行为的约束力。 政府的监管包括两个方面的内容：一是对生猪标准化养殖过程的抽查；二是对生猪标准化养殖成效的检收。 前者注重在养殖环节进行的过程中及早发现问题，如加强对生猪养殖户的养殖档案、防疫档案和病死猪无害化处理档案的管理；加强对养殖户，特别是中小规模养殖户使用饲料添加剂、兽药的监管和抽查力度；监督养殖户是否严格执行了休药期、是否实施了"全进全出"的管理方式等。 后者注重扶持项目结束之后或对每个项目执行年度情况的综合评价，例如各地区结合自身实际情况，参考农业部《生猪标准化示范场验收评分标准》，对生猪养殖场选址布局、设施设备、管理防疫、环保和生产水平进行评价，基于评价结果给出改进建议或惩罚。

第三节　研究展望

本书基于中国 31 个省、市、区（不含港澳台地区）的宏观数据研究了产业集聚的生猪标准化养殖发展效应，包括增长效应和环境效应；并且基于浙江、江西、四川这 3 个生猪养殖业产业集聚水平较高省份的 638 个分层随机抽样调查的养殖户数据，考察了养殖户生猪标准化养殖行为及效益受产业化组织发展、政策扶持的影响。 研究结果证实，产业集聚、组织发展和政策扶持促进了中国生猪标准化养殖发展。 基于本书的研究思路，至少还有两点值得进一步研究完善：

第一，就研究区域而言，寻找若干生猪标准化养殖发展势头良好、生猪养殖业产业集群初步形成的生猪养殖大县，对生猪标准化养殖发展问题进行典型案例分析，为中国其他地区发展生猪标准化养殖提供参考样本和方案。

第二，就研究微观主体而言，可从生猪养殖业产业化组织的视角出发，设计针对龙头企业、合作社、专业协会的调查问卷。 与产业化组织领导进行深入交流，深入考察产业化组织的成立年限、资本规模、组织结构、人员构成、营销渠道、品牌声誉等对其引导养殖户参与生猪标准化养殖的影响机理。 还可以产业化组织为对象，考察其带动生猪标准化养殖需要哪些扶持政策及制度安排。

参考文献

［1］艾伦·施瓦茨. 法律契约理论与不完全契约［M］. 梁小民，译. 北京：经济科学出版社，1999.

［2］蔡荣. 合作社内部交易合约安排及对农户生产行为的影响［D］. 杭州：浙江大学，2012.

［3］曹杰，林云. 我国制造业集聚与环境污染关系的实证研究［J］. 生态经济，2016，32（6）：82-87.

［4］陈锡文. 落实发展新理念破解农业新难题［J］. 农业经济问题，2016，（3）：4-10.

［5］储成兵. 农户IPM技术采用行为及其激励机制研究——以安徽省为例［D］. 北京：中国农业大学，2015.

［6］大卫·李嘉图. 政治经济学及赋税原理［M］. 周洁，译. 北京：华夏出版社，2005.

［7］邓正华. 环境友好型农业技术扩散中农户行为研究［D］. 武汉：华中农业大学，2013.

［8］邓宗兵，封永刚，张俊亮，等. 中国种植业地理集聚的时空特征、演进趋势及效应分析［J］. 中国农业科学，2013，46（22）：4816-4828.

［9］丁山河，刘远丰. 生猪标准化养殖技术［M］. 武汉：湖北科学技术出版社，2009.

［10］ 豆建民，张可. 空间依赖性、经济集聚与城市环境污染［J］. 经济管理，2015，37（10）：12-21.

［11］ 杜能. 孤立国同农业和国民经济的关系［M］. 吴衡康，译. 北京：商务印书馆，1997.

［12］ 杜群. 生态补偿的法律关系及其发展现状和问题［J］. 现代法学，2005，27（3）：186-191.

［13］ 费广胜. 农村生态文明建设与农民合作组织的生态文明功能［J］. 农村经济，2012，（2）：104-108.

［14］ 葛继红，周曙东，朱红根，等. 农户采用环境友好型技术行为研究——以配方施肥技术为例［J］. 农业技术经济，2010，（9）：57-63.

［15］ 耿宁，李秉龙. 产业链整合视角下的农产品质量激励：技术路径与机制设计［J］. 农业经济问题，2014，（9）：19-27.

［16］ 郭红东. 龙头企业与农户订单安排与履约：理论和来自浙江企业的实证分析［J］. 农业经济问题，2006，（2）：36-42.

［17］ 郭慧伶. 从交易成本理论看农业标准化［J］. 科技进步与对策，2005，（9）：117-119.

［18］ 郭锦墉，胡克敏，刘滨. 影响农户营销合作履约行为因素的理论与实证分析——以江西省农户调查数据为例［J］. 中国软科学，2007，（9）：6-16.

［19］ 韩国明，安杨芳. 贫困地区农民专业合作社参与农业技术推广分析——基于农业技术扩散理论的视角［J］. 开发研究，2010，（2）：37-40.

［20］ 韩洪云，舒朗山. 中国生猪产业演进趋势及诱因分析［J］. 中国畜牧杂志，2010，46（12）：7-12.

［21］ 何坪华. 农产品契约交易中价格风险的转移与分担［J］. 新疆农垦经济，2007，（1）：56-60.

［22］ 贺亚亚. 中国农业地理集聚：时空特征、形成机理及增长效应［D］. 武汉：华中农业大学，2016.

［23］ 胡浩，应瑞瑶，刘佳. 中国生猪产地移动的经济分析——从自然性布局向经济性布局的转变［J］. 中国农村经济，2005，（12）：46-52.

［24］ 胡浩，张锋，黄延珺，等. 中国猪肉生产的区域性布局及发展趋势分析［J］. 中国畜牧杂志，2009，45（20）：43-47.

［25］ 胡莲. 基于质量安全的农产品供应链管理及其信息平台研究［J］. 上海：同济大学，2008.

［26］ 胡向东，王济民. 中国畜禽温室气体排放量估算［J］. 农业工程学报，2010，26（10）：247-252.

［27］ 扈映，王丹. 中国生猪生产布局的演变及影响因素研究——基于省级面板数据的分析［J］. 浙江理工大学学报（社会科学版），2017，38（3）：195-202.

［28］ 华红娟. 农业生产经营组织模式对农户食品安全生产行为的影响研究［J］. 南京农业大学，2011，（9）：108-117.

［29］ 黄海平，龚新蜀，黄宝连. 基于专业化分工的农业产业集群竞争优势研究——以寿光蔬菜产业集群为例［J］. 农业经济问题，2010，（4）：64-69.

［30］ 黄娟，汪明进. 科技创新、产业集聚与环境污染［J］. 山西财经大学学报，2016，38（4）：50-61.

［31］ 黄珺，顾海英，朱国玮. 中国农户合作行为的博弈分析和现实阐释［J］. 中国软科学，2005，（12）：60-66.

［32］ 黄少鹏. 农业标准化的经济学探讨［J］. 农产品质量与安全，2008，（1）：6-10.

［33］ 黄文华，林燕金. 农业标准化实施中农户行为实证分析——基于茶农采标行为的研究［J］. 农林经济管理学报，2008，7（4）：67-70.

［34］ 黄宗智. 长江三角洲的小农家庭与乡村发展［M］. 北京：中华书局，1992.

［35］ 黄祖辉，梁巧. 梨果供应链中不同组织的效率及其对农户的影响——基于浙江省的实证调研数据［J］. 西北农林科技大学学报，2009，（1）：36-40.

[36] 黄祖辉，梁巧. 小农户参与大市场的集体行动——以浙江省箬横西瓜合作社为例的分析 [J]. 农业经济问题，2007，（9）：66-71.

[37] 艾良友，邱俊珲，傅志强. 基于循环经济的产业共生耦合模式探究 [J]. 江南大学学报（人文社会科学版），2016，15（1）：119-125.

[38] 贾晋，蒲明. 购买还是生产：农业产业化经营中龙头企业的契约选择 [J]. 农业技术经济，2010，（11）：57-65.

[39] 姜海，杨杉杉，冯淑怡，等. 基于广义收益—成本分析的农村面源污染治理策略 [J]. 中国环境科学，2013，（4）：762-767.

[40] 金发忠. 关于农产品质量安全风险分析共性问题研究 [J]. 农产品质量与安全，2006，（1）：7-10.

[41] 李秉龙，谭明杰. 肉鸡产业链环节间纵向协作与其质量安全控制关系分析——基于肉鸡养殖户的视角 [C]. 全国畜牧业经济理论研讨会，2012.

[42] 李光泗，朱丽莉，马凌. 无公害农产品认证对农户农药使用行为的影响——以江苏省南京市为例 [J]. 农村经济，2007，（5）：95-97.

[43] 李海鹏. 中国农业面源污染的经济分析与政策研究 [D]. 武汉：华中农业大学，2007.

[44] 李静花，韦吉飞，李录堂. 简析我国农村人力资本的专用性 [J]. 安徽农业科学，2006，（13）：10-15.

[45] 李炬霖，芮旸，李同昇，等. 中国渔业地理集聚时空特征及影响因素 [J]. 地理与地理信息科学，2017，33（2）：100-107.

[46] 李凯. 农业面源污染与农产品质量安全源头综合治理：以浙江省蔬菜产业为例的机制与推广研究 [D]. 杭州：浙江大学，2015.

[47] 李伟娜，杨永福，王珍珍. 制造业集聚、大气污染与节能减排 [J]. 经济管理，2010，（9）：36-44.

[48] 李英，张越杰. 消费者选购质量安全稻米意愿的实证分析——以吉林省城镇居民消费为例 [J]. 吉林农业大学学报，2013，35（3）：369-374.

［49］李勇刚，张鹏. 产业集聚加剧了中国的环境污染吗——来自中国省级层面的经验证据［J］. 华中科技大学学报，2013，（5）：97-106.

［50］李渝萍. 农业产业集群自构的演化机理及其政策效应［J］. 求索，2007，7：40-42.

［51］李增福. 政府推动农业标准化的职能定位［J］. 经济问题，2007，（12）：78-80.

［52］李长强，李董，闫益波. 生猪标准化规模养殖技术［M］. 北京：中国农业科学出版社，2013.

［53］李中华，高强. 以合作社为载体创新农业技术推广体系建设［J］. 青岛农业大学学报，2009，21（4）：12-16.

［54］梁流涛，曲福田，冯淑怡. 农村发展中生态环境问题及其管理创新探讨［J］. 软科学，2010，24（8）：53-57.

［55］梁琦. 中国工业的区位基尼系数——兼论外商直接投资对制造业集聚的影响［J］. 统计研究，2003，（9）：21-25.

［56］梁振华，张存根. 我国生猪区域产销的变动趋势与发展的思考［J］. 中国农村观察，1998，（1）：64-67.

［57］林光平，龙志和，吴梅. 中国地区经济 σ 收敛的空间计量实证分析［J］. 数量经济技术经济研究，2006，（4）：14-21.

［58］林毅夫. 制度、技术与中国农业发展［M］. 上海：上海三联书店，上海人民出版社，1994.

［59］刘建华. 无公害农产品标准化生产的理论与实践［D］. 北京：中国农业科学院，2010.

［60］刘黎，蔡珣. 发展生态畜牧业的技术措施——武汉市畜禽养殖场污染治理的调查与思考［J］. 中国畜牧兽医文摘，2012，28（10）：1-3.

［61］刘培芳，陈振楼，许世远，等. 长江三角洲城郊畜禽粪便的污染负荷及其防治对策［J］. 长江流域资源与环境，2002，11（5）：456-460.

［62］刘平养，张晓冰，宋佩颖. 水源地输血型与造血型生态补偿机制的有效性边界——以黄浦江上游水源地为例［J］. 世界林业研究，2014，

27（1）：7-11.

[63] 刘习平，盛三化.产业集聚对城市生态环境的影响和演变规律——基于 2003—2013 年数据的实证研究［J］.贵州财经大学学报，2016，（5）：90-100.

[64] 刘晓利.吉林省农业标准化问题研究［D］.长春：吉林农业大学，2012.

[65] 刘秀琴，蔡洁，袁成麟.契约型农业组织决策权配置影响因素［J］.农业经济与管理，2015，（2）：56-66.

[66] 刘艳丰，玛依拉，唐淑珍，等.畜禽粪便污染现状及其治理［J］.草食家畜，2010，（4）：47-49.

[67] 罗必良，刘成香，吴小立.资产专用性、专业化生产与农户的市场风险［J］.农业经济问题，2008，（7）：10-15.

[68] 罗必良，欧晓明."公司＋农户"：合作契约及其治理——东进农牧（慧东）有限公司的案例研究［M］.北京：中国农业出版社，2012.

[69] 罗能生，谢里，谭真勇.产业集聚与经济增长关系研究新进展［J］.经济学动态，2009，（4）：117-121.

[70] 马丽梅，张晓.中国雾霾污染的空间效应及经济、能源结构影响［J］.中国工业经济，2014，（4）：19-31.

[71] 马彦丽，林坚.集体行动的逻辑与农民专业合作社的发展［J］.经济学家，2006，（2）：40-45.

[72] 毛军.产业集聚与人力资本积累——以珠三角、长三角为例［J］.北京师范大学学报：社会科学版，2006，（6）：103-110.

[73] 梅德平.订单农业的违约风险与履约机制的完善——基于农民合作经济组织的视角［J］.华中师范大学学报（人文社会科学版），2009，48（6）：48-52.

[74] 闵耀良.推广实施农业标准的模式选择与机制创新［J］.中国农村经济，2005，（2）：19-26.

[75] 宁攸凉，乔娟，宁泽逵.农户生产资料购买行为特征分析——以北京市养猪户为例［J］.中国畜牧杂志，2011，47（18）：10-14.

[76] 恰亚诺夫·A. 农民经济组织 [M]. 萧正洪, 译. 北京: 中央编译出版社, 1996.

[77] 生秀东. 订单农业的契约困境和组织形式的演进 [J]. 中国农村经济, 2007, (12): 35-39.

[78] 师博, 沈坤荣. 政府干预、经济集聚与能源效率 [J]. 管理世界, 2013, (10): 6-18.

[79] 斯蒂格利茨. 契约经济学 [M]. 北京: 经济科学出版社, 1999.

[80] 宋洪远. 经济体制与农户行为: 一个理论分析框架及其对中国农户问题的应用研究 [J]. 经济研究, 1994 (8): 22-28.

[81] 宋晓凯. 我国农村环境问题的现状、成因及责任主体 [J]. 青岛农业大学学报, 2010, (22): 28-31.

[82] 苏彩和. 广西发展农业标准化的模式选择及对策研究 [D]. 天津: 天津大学, 2011.

[83] 苏芳, 尚海洋, 聂华林. 农户参与生态补偿行为意愿影响因素分析 [J]. 中国人口·资源与环境, 2011, 21 (4): 119-125.

[84] 孙艳华, 周力, 应瑞瑶. 农民专业合作社增收绩效研究——基于江苏省养鸡农户调查数据的分析 [J]. 南京农业大学学报, 2007, 7 (2): 66-71.

[85] 孙振, 乔光华, 白宝光. 基于关系合约的农业垂直协作研究 [J]. 农业技术经济, 2013, (9): 20-25.

[86] 唐式校. 生猪标准化养殖对比试验 [J]. 猪业科学, 2014, (4): 108-109.

[87] 万俊毅. 准纵向一体化、关系治理与合约履行——以农业产业化经营的温氏模式为例 [J]. 管理世界, 2008, (12): 93-102.

[88] 汪普庆. 我国蔬菜质量安全治理机制及其仿真研究 [D]. 武汉: 华中农业大学, 2009.

[89] 王芳, 陈松. 农户实施农业标准化生产行为的理论和实证分析——以河南为例 [J]. 农业经济问题, 2007, (12): 75-79.

[90] 王海涛. 产业链组织、政府规制与生猪养殖户安全生产决策行为研究

［D］．南京：南京农业大学，2012.

［91］王慧敏．基于质量安全的猪肉流通主体行为与监管研究——以北京为例
［D］．北京：中国农业大学，2012.

［92］王建明．消费者资源节约与环境保护行为及其影响机理——理论模型、
实证检验和管制政策［M］．北京：中国社会科学出版社，2010.

［93］王林云．低碳养猪与标准化养殖的几点意见［J］．畜牧与兽医，
2011，43（4）：1-5.

［94］王庆，柯珍堂．农民合作经济组织的发展与农产品质量安全［J］．湖
北社会科学，2010，（8）：97-100.

［95］王文海．生猪产业链健康发展的价值目标与条件研究［D］．北京：中
国农业大学，2015.

［96］王艳荣．农业产业集聚的效应与对策研究［D］．合肥：合肥工业大
学，2012.

［97］王瑜．垂直协作与农户质量控制行为研究——基于江苏省生猪行业的实
证分析［D］．南京：南京农业大学，2008.

［98］韦秀丽，高立洪，徐进，等．重庆市畜牧业温室气体排放量评估
［J］．西南农业学报，2013，26（3）：1235-1239.

［99］卫龙宝，卢光明．农业专业合作组织实施农产品质量控制的运作机制
探析——以浙江省部分农业专业合作组织为例［J］．中国农村经济，
2004，（7）：36-40.

［100］魏后凯．现代区域经济学［M］．北京：经济管理出版社，2011.

［101］吴晨，王厚俊．关系合约与农产品供给质量安全：数理模型及其推论
［J］．农业技术经济，2010，（5）：30-37.

［102］吴建寨，沈辰，王盛威，等．中国蔬菜生产空间集聚演变、机制、
效应及政策应对［J］．中国农业科学，2015，48（8）：1641-1649.

［103］吴学兵．基于质量安全的生猪产业链纵向关系研究——以北京市为例
［D］．北京：中国农业大学，2014.

［104］吴学兵，乔娟．基于质量安全的生猪产业链纵向契约关系分析［J］．
技术经济，2013，32（9）：55-59.

[105] 吴玉鸣，田斌. 省域环境库兹涅茨曲线的扩展及其决定因素——空间计量经济学模型实证 [J]. 地理研究，2012，31（4）：627-640.

[106] 西奥多·W·舒尔茨. 改造传统农业 [M]. 北京：商务印书馆，1999.

[107] 夏英. 农村合作经济：21世纪中国农业发展的必然选择 [J]. 调研世界，2001，（9）：23-25.

[108] 谢荣辉，原毅军. 产业集聚动态演化的污染减排效应研究——基于中国地级市面板数据的实证检验 [J]. 经济评论，2016，（2）：18-28.

[109] 熊明华. 浙江省发展农业标准化的对策研究 [D]. 杭州：浙江大学，2004.

[110] 徐家鹏. 蔬菜种植户产销环节纵向协作与质量控制研究 [D]. 武汉：华中农业大学，2011.

[111] 徐雪高，沈杰. 订单农业履约困境的根源及发展方向——以黑龙江省某企业"期货＋订单"为例 [J]. 华中农业大学学报：社会科学版，2010，（1）：45-49.

[112] 徐盈之，彭欢欢，刘修岩. "威廉姆森"假说：空间集聚与区域经济增长——基于中国省域数据门槛回归的实证研究 [J]. 经济理论与经济管理，2011，（4）：95-102.

[113] 薛莘绮. 基于垂直协作视角的农户清洁生产关键点研究——以生猪养殖为例 [D]. 南京：南京农业大学，2014.

[114] 闫大柱. 吉林省现代畜牧业建设的研究 [D]. 长春：吉林农业大学，2011.

[115] 杨朝飞. 全国规模化畜禽养殖业污染情况调查及防治对策 [M]. 北京：中国环境科学出版社，2002.

[116] 杨明洪. "公司＋农户"型产业化经营风险的形成机理与管理对策研究 [M]. 北京：经济科学出版社，2009.

[117] 杨瑞龙，聂辉华. 不完全契约理论：一个综述 [J]. 经济研究，2006，（2）：104-115.

［118］杨湘华. 中国生猪业生产的效率及其影响因素分析［D］. 南京：南京农业大学，2008.

［119］姚建文，王克岭. 地方政府在产业集群发展中的作用——昆明斗南花卉产业集群个案研究［J］. 宏观经济研究，2008，（3）：43-45.

［120］应瑞瑶，王瑜. 交易成本对养猪户垂直协作方式选择的影响——基于江苏省542户农户的调查数据［J］. 中国农村观察，2009，（2）：46-56.

［121］于冷. 对政府推进实施农业标准化的分析［J］. 农业经济问题，2007，（9）：29-34.

［122］虞祎，张晖，胡浩. 环境规制对中国生猪生产布局的影响分析［J］. 中国农村经济，2011，（8）：81-88.

［123］虞祎. 环境约束下生猪生产布局变化研究［D］. 南京：南京农业大学，2012.

［124］喻永红，张巨勇，喻甫斌. 可持续农业技术（SAT）采用不足的理论分析［J］. 经济问题探索，2006，（2）：67-71.

［125］约瑟夫·熊彼特. 经济发展理论［M］. 北京：商务印书馆，1990.

［126］曾星月. 中国生猪养殖规模演进影响因素分析——以四川省三台县为例［D］. 杭州：浙江大学，2014.

［127］曾艳，陈通. 引入"合作社"中介加强农产品质量安全之见解［J］. 现代财经，2009，（1）：45-48.

［128］张宝利，刘薇. 基于"小农理性"的农业标准化实证研究——以杨凌农业高新技术产业示范区为例［J］. 西北农林科技大学学报，2010，10（6）：19-23.

［129］张朝华. 市场失灵、政府失灵下的食品质量安全监管体系重构——以"三鹿奶粉事件"为例［J］. 甘肃社会科学，2009，（2）：242-245.

［130］张广胜. 市场经济条件下的农户经济行为研究［J］. 调研世界，1999，（3）：25-26.

［131］张宏升，赵云平. 农业产业集聚对提升竞争力的效应探析——基于呼

和浩特奶业产业集聚的分析 [J]. 调研世界，2007，（7）：18-20.

[132] 张晖，胡浩. 农业面源污染的环境库兹涅茨曲线验证——基于江苏省时序数据的分析 [J]. 中国农村经济，2009，（4）：48-53.

[133] 张建斌. 农业产业集群形成过程中的市场失灵与政府作用 [J]. 农村经济，2011，（5）：54-57.

[134] 张雷. 产业链纵向关系治理模式研究——及对中国汽车产业链的实证分析 [D]. 上海：复旦大学，2007.

[135] 张磊，罗远信，喻元秀等. 农民专业合作社在农村环境治理新格局中的角色 [J]. 云南师范大学学报（哲学社会科学版），2010，42（4）：65-71.

[136] 张丽，韦光，左停. 农业产业集群的形成与政府的发展干预——京郊平谷区大桃产业集群的个案分析 [J]. 中国农业大学学报（社会科学版），2005，（4）：12-16.

[137] 张敏. 农产品供应链组织模式与农产品质量安全 [J] 农村经济，2010，（8）：101-105.

[138] 张三峰，杨德才. 基于农民异质性的土地流转、专业合作社与农业技术推广研究——以江苏泗阳县 X 镇为例 [J]. 财贸研究，2010，21（2）：52-57.

[139] 张五常. 佃农理论——应用于亚洲的农业和台湾的土地改革 [M]. 北京：商务印书馆，2000.

[140] 张希仁. 农户行为与农业两个根本性转变 [J]. 经济评论，1998，（2）：77-80.

[141] 张郁晖. 食品标准化之路 [J]. 环境，2006，（1）：38-39.

[142] 张玉梅. 基于循环经济的生猪养殖模式研究——以北京市为例 [D]. 北京：中国农业大学，2015.

[143] 张振，乔娟. 影响我国猪肉产品国际竞争力的实证分析 [J]. 国际贸易问题，2011，（7）：39-48.

[144] 张振，乔娟. 中国生猪生产布局影响因素实证研究——基于省级面板数据 [J]. 统计与信息论坛，2011，26（8）：61-67.

［145］章明奎. 我国农业面源污染可持续防控政策与技术的探讨［J］. 浙江农业科学，2015，56（1）：10-14.

［146］赵荣，乔娟. 农户参与蔬菜追溯体系行为、认知和利益变化分析——基于对寿光市可追溯蔬菜种植户的实地调研［J］. 中国农业大学学报，2011，16（3）：169-177.

［147］赵文，程杰. 农业生产方式转变与农户经济激励效应［J］. 中国农村经济，2014，（2）：4-19.

［148］钟真. 生产组织方式、市场交易类型与生鲜乳质量安全："后三聚氰胺时代"中国奶业发展模式审视［M］. 北京：中国农业出版社，2013.

［149］周洁红. 农业标准化推广实施体系研究［M］. 杭州：浙江大学出版社，2009.

［150］周力. 产业集聚、环境规制与畜禽养殖半点源污染［J］. 中国农村经济，2011，（2）：60-73.

［151］周立群，曹利群. 商品契约优于要素契约——以农业产业化经营中的契约选择为例［J］. 经济研究，2002，（1）：14-19.

［152］周旭英，罗其友，屈宝香. 我国生猪区域发展研究［J］. 中国农业资源与区划，2007，28（3）：41-44.

［153］周轶韬. 规模化养殖污染治理的思考［J］. 内蒙古农业大学学报，2009，11（1）：117-120.

［154］周应恒. 现代食品安全与管理［M］. 北京：经济管理出版社，2008.

［155］祝华军，田志宏. 低碳农业技术的尴尬：以水稻生产为例［J］. 中国农业大学学报：社会科学版，2012，29（4）：153-160.

［156］AJZEN I，FISHBEIN M. Attitude-behavior relations：a theoretical analysis and review of empirical research［J］. Psychological Bulletin，1977，34（5）：888-918.

［157］AJZEN I，FISHBEIN M. Understanding attitudes and predicting social behavior［M］. Englewood Cliffs，NJ：Pretice-Hall，1980：

42-50.

[158] AJZEN I. The theory of planned behavior [J]. Organizational Behavior and Human Decision Processes, 1991, 50 (2) : 179-211.

[159] AKERLOF, G. A. The market for "lemons" : quality uncertainty and the market mechanism [J]. The Quarterly Journal of Economics, 1970, 84 (3) : 488-500.

[160] ANDERSON, E. and K. Philipsen. The evolution of credence goods in customer markets: exchanging "pigs in pokes" [R]. DRUID Working Paper, 1998: 1-19.

[161] ARELLANO M. , Bond S. Some tests of specification for panel data: monte carlo evidence and an application to employment equations [J]. Review of Economic Studies, 1991, 58 (2) : 277-297.

[162] ARROW K. Essays in the theory of risk bearing [M]. Markham, Chicage: IL, 1970.

[163] BARDHAN, Pranab, Christopher U dry. Development Microeconomics. Oxford: Oxford University Press, 1999.

[164] BARRO R. J. , Lee J. Internation al data on educational attainment: updates and implications [J]. Oxford Economic Papers, 2001, 53 (3) : 541-563.

[165] BARZEL Y. Transaction costs: are they just costs [J]. Zeitschrift Fur Die Gesamte Staatswissenschaft, 1985, 141 (1) : 4-16.

[166] BAUMOL W J, Oates W E. Economics, environmental policy and the quality of life [M]. Englewood Cliffs, NJ: Prentice Hall, 1979.

[167] BECATTINI G. Sectors and/or districts: some remarks on the conceptual foundations of industrial economics, small firms and industrial districts in Italy [M]. London: Routldge, 1989.

[168] BLUNDELL R. , Bond S. Initial conditions and moment restrictions

in dynamic panel data models [J]. Journal of Econometrics, 1998, 87 (1): 115-143.

[169] BUCHANAN J. M. An economic theory of clubs [J]. Economica, 1965, 32 (125): 1-14.

[170] CARPENTER S R, Caraco N F, Correll D L et al. Nonpoint pollution of surface waters with phosphorus and nitrogen [J]. Ecological Applications, 1998, 8 (3): 559-568.

[171] CARTER, Little P D. Understanding and reducing persistent poverty in Africa: introduction to a special issue [J]. Journal of Development Studies, 2006, 42 (2): 167-177.

[172] CHENG FANG, Jay Fabiosa. Does the U. S. Midwest have a cost advantage over China in producing corn, soybean and hogs? [C]. August, 2002.

[173] CICCONE A, Hall R. E. Productivity and density of economic activity [J]. American Economic Review, 1996, 86 (1): 54-70.

[174] CLAIRE E M, Rabi M. impact of anaerobic digestion on organic matter quality in pig slurry [J]. International Biodeterioration & Biodegradation, 2009, (63): 260-266.

[175] COASE RH. The problem of social cost [J]. Journal of Law & Economics, 1960, 56 (4): 1-13.

[176] COLEMAN J. Social capital in the creation of human capital [J]. American Journal of Socilolgy, 1988, 94: 95-120.

[177] DARBY, M. R., Karni, E. Free competition and optimal amount of fraud [J]. Journal of Law and Economics, 1973, 16: 67-86.

[178] DAVID R., Nigel K. Contract farming in developing countries: theoretical aspects and analysis of some Mexican cases [R]. Original: espanol 2 deseptiem brede, 1996.

[179] DEUBLEIN D, Steinhauser A. Biogas from waste and renewable resources: an introduction [J]. Wiley, 2008, 2011 (9): 8.

[180] DONG XIAOYUAN, Dow, Gregory K. Does free exit reduce shirking in production treams? [J]. Journal of Comparative Economics, 1993, 17 (2): 472-484.

[181] DRAKE B, Mitchell T. The effects of vertical and horizontal power on individual motivation and satisfaction [J]. Academy of Management Journal, 1977, 20 (4): 573-591.

[182] ENRENFELD J. Putting the spotlight on metaphors and analogies in industrial ecology [J]. Journal of Inustrial Ecology, 2003, 7 (1): 1-4.

[183] FEDER G, Murga R, Quizon J B. Impact of farmer field schools in Indonesia [R]. World Bank Policy Research Working Paper, 2003.

[184] FENSTERSEIFER J. E. The emerging Brazilian wine industry: challenges and prospects for the Serra Gaucha wine cluster [J]. International Journal of Wine Business Research, 2007, 19 (3): 187-206.

[185] FISHBEIN M, Ajzen I. Belief, attitude, intention, and behavior: an introduction to theory and research [M]. Reading, MA: Addison-Wesley, 1975.

[186] FLEGG WEBBER C. D. Regional size, regional specialization and the FLQ formula [J]. Regional Studies, 2000, 34 (6): 263-269.

[187] FOSS N J. More critical comments on knowledge-based theories of the firm [J]. Organization Science, 1996, 7 (5): 519-523.

[188] FRANK S D, Henderson D R. Transaction costs as determinants of vertical coordination in the U. S. food industries [J]. American Journal of Agricultural Economics, 1992, 74 (4): 941-950.

[189] GAMBETTA D. Can we trust trust? Trust: making and breaking cooperative relations [M]. New York: Basil Blackwell, 1988.

[190] GOODLAND R, Anhang J. Livestock and climate change [J] .
World Watch, 2009, (11) ; 10-19.

[191] GREENWOOD J, Jovanovic B. Financial development, growth,
and the distribution of income [J] . The Journal of Political
Economy, 1989, 98 (5) ; 1076-1107.

[192] GRIFFITH D. A. A spatial adjusted n-way ANOVA model [J] .
Regional Science and Urban Economics, 1992, 22; 347-369.

[193] GROSSMAN G. M. , Krueger A. B. Economic growth and the
environment [J] . Quarterly Journal of Economics, 1995, (2) ;
353-377.

[194] GROSSMAN M. , Krueger A. B. Environmental impacts of a North
American free trade agreement [R] . NBER Working Paper, 1991.

[195] GROSSMAN S J, Hart O. The costs and benefits of ownership; a
theory of vertical and lateral integration [J] . Journal of Political
Economy, 1986, 94 (1) ; 691-719.

[196] HAJI J. The enforcement of traditional vegetable marketing contracts
in the eastern and central parts of Ethiopia [J] . Journal of African
Economy, 2010, 19 (5) ; 768-792.

[197] HART O, Moore J. Property rights and the nature of the firm [J] .
Journal of Political Economy, 1990, 98 (2) ; 1119-1158.

[198] HART O. Firms, contracts and financial structure [M] . Oxford;
Clarendon Press, 1995.

[199] HENDRIKSE G. Contingent control rights in agricultural cooperatives
[J] . Strategies for Cooperation, 2005; 285-294.

[200] HENRIKSEN K, Berthelsen L and Matzen R. Separation of liquid
pig manure by flocculation and ion exchange [J] . Journal of
Agricultural Engineering Research, 1998, (69) ; 127-131.

[201] HU Y M, Hendrikse G. Allocation of decision rights in fruit and
vegetable contracts in China [J] . Studies of Management and

Organization, 2009, 39 (4) : 8-30.

[202] JACOBS J. The economy of cities [M]. New York: Vintage Books USA, 1969.

[203] JONES P. and J. Hudson. Standardization and the costs of assessing quality [J]. European Journal of Political Economy, 1996, 12 (2) : 355-361.

[204] Key, Nigel, William McBride, and Roberto Mosheim. Decomposition of total factor productivity change in the US hog industry [J]. Journal of Agricultural and Applied Economics, 2008, 40 (1) : 2008.

[205] KIRUMBA E G, Pinard F. Determinants of fanners' compliance with coffee eco-certification standards in Mt. Kenya region [C]. 2010 AAAE Third Conference/AEASA 48th Conference, 2010: 1-16.

[206] KLEIN B. Fisher-general motors and the nature of the firm [J]. Journal of Law and Economics, 2000, 43: 105-141.

[207] KRUGMAN P. Increasing returns and economic geography [J]. The Journal of Political Economy, 1991, 99 (3) : 483-499.

[208] LATVALA T, Kola J. Impact of information on the demand for credence characteristics [J]. International Food & Agribusiness Management Review, 2003, 5 (2) : 2-11.

[209] LAURIAN, J U, Helen H J. HACCP as a regulatory innovation to improve food safety in the meat industry [J]. American Journal of Agricultural Economics, 1996, 78 (3) : 764-769.

[210] LEE, W. M. , Schrock, G. M. Rural knowledge clusters: the challenge of rural economic prosperity [R]. State and Local Policy Program Staff Working Paper, March, 2002.

[211] LELAND H E, Quacks L and Licensing. A theory of minimum quality standards [J]. Journal of Political Economy, 1979, 87 (3) : 1328-1346.

［212］LESAGE J. P. , Pace R. K. Spatial econometric modeling of origin-destination flows ［J］. Journal of Regional Science, 2008, 48 (5): 941-967.

［213］LOEHR R C. Agricultural waste management: problems, processes, and approaches ［M］. Washington DC: Academic Press, 1974.

［214］MACDONALD J, PERRY J, Ahearn M et al. Contracts, markets, and prices: organizing the production and use of agriculture commodities ［R］. Agricultural Economic Report, 2004.

［215］MARCEL, A. Managing manure to improve air and water quality ［R］. A Report form the Economic Research Service, 2005, (7): 55.

［216］MARTINEZ S W. Vertical coordination of marketing systems: lessons form the poultry, egg, and pork industries ［R］. Agricultural Economic Report No. 807, U. S. Department of Agriculture, Washington, DC, 2002.

［217］MARTINEZ S, Zering K. Pork quality and the role of market organization ［R］. Agricultural Economic Report No. 835, USDA Economic Research Service, Washington, DC, 2004.

［218］MASUKU M. , Kirsten J. The role of trust in the performance of supply chains: a dyad anslysis of smallholder farmers and processing firms in the sugar industry in Swaziland ［J］. Agrekon, 2004, 43 (2): 147-161.

［219］MIGHELL R, Jones L. Vertical coordination in agriculture ［R］. Agricultural Economic Report No. 19, U. S. Department of Agriculture, Washington, DC, 1963.

［220］MIGHELL R, Jones L. Vertical coordination in agriculture ［R］. US Department of Agriculture, Economic Research Service, Farm Economics Division, Working Paper, 1963.

［221］MITCHELL R C, Carson R T. Using surveys to value public goods:

the contingent valuation method [R]. Washington DC: Resources for the future, 1989.

[222] MOJDUSZKA E and Caswell J. A test of nutritional quality signaling in food markets prior to implementation of mandatory labeling [J]. American Journal of Agricultural Economics, 2000, 82 (2): 298-309.

[223] MOLETTA M, Wery N, Delgenes J P, Godon JJ. Micobial characteristics of biogas [J]. Water Science & Technology, 2008, 57 (4): 595.

[224] MOORE P A, Daniel T C, Edwards D R, Miller D M. Effect of chemical amendments on ammonia volatilization from poultry litter [J]. Journal of Environmental Quality, 1995, 24 (2): 293-300.

[225] Nelson. Information and consumer behavior [J]. Journal of Political Economy, 1970, 78: 311-329.

[226] NOVOTNY V, Gordon C. Handbook of nonpoint pollution sources and management [M]. New York: Van Nestrand Remhold, 1981.

[227] Okello, Julius, Swanton, Scott. From circle of poison to circle of virtue: pesticides, export standards and Kenya's green bean farmer [J]. Journal of Agricultural Economics, 2010, 61 (2).

[228] OLIVER E, Williamson, Sidney G, Winter. The nature of the firm: origins, evolution and development [M]. London: Oxford University Press, 1993.

[229] OLSON M. The logic of collective action [M]. Harvard, MA: Harvard University Press, 1965.

[230] OTTAVIANO G. I. P., Martin P. Growth and agglomeration. Int Econ Rev [J]. International Economic Review, 2001, 42 (4): 947-968.

[231] PAAS T., Schlitte F. Regional income inequality and convergence

processes in the EU-25 [R]. HWWA Discussion Paper, 2006.

[232] PAGANO A, Abdalla C. Clustering in animal agriculture: economic trends and policy [J]. Great Plains Agricultural Council, 1995, (151): 92-199.

[233] PANNELL D J, Nordblom T L. Impact of risk aversion on whole-farm management in Syria [J]. The Australian Journal of Agricultural and Resource Economics, 1998, 42, (3): 227-247.

[234] POPKIN R H. The history of skepticism berkeldy [M]. USA: University of California Press, 1979.

[235] PORTER M. E. Clusters and the new economics of competition [J]. Harvard Business Review, 1998, 76 (6): 77.

[236] QIAN L. Economic growth and pollutant emissions in China: a spatial econometric analysis [J]. Stoch Environ Res Risk Assess, 2014, (24): 29-442.

[237] ROBERT I. The economics of livestock waste and its regulation [J]. Agricultural & Applied Economics Association, 2000, 82 (1): 97-117.

[238] ROE B, Sheldon I. Credence good labeling: the efficiency and distributional implications of several policy approaches [J]. American Journal of Agricultural Economics, 2008, 89 (2): 1020-1033.

[239] ROODMAN D. How to do xtabond2: an introduction to "difference" and "system" GMM in Stata [J]. The Stata Journal, 2009, 9 (1): 86-136.

[240] SCOTT A. J. Flexible production systems and regional development: the rise of new industrial spaces in North America and Western Europe [J]. International Journal of Urban and Regional Research, 1988, 12 (2): 171-186.

[241] SIMON H. A behavior model of rational choice [J]. Quarterly

Journal of Economics, 1995, 69: 99-118.

[242] SYKUTA M, Cook M. A new institutional economics approach to contracts and cooperatives [J] . American Journal of Agricultural Economics, 2001, 83 (5) : 1273-1279.

[243] TASSEY G. Standardization in technology-based markets [J] . Research Policy, 2000, 29 (4/5) : 587-602.

[244] TIROLE J. Incomplete contracts: where do we stand? [J] . Econometrica, 1999, 67 (4) : 741-782.

[245] TOBLER W. R. A computer movie simulating urban growth in the Detroit region [J] . Economic Geography, 1970, 46 (2) : 234-240.

[246] TREGURTHA N. L. , Vink N. Trust and supply chain relationship: a South African case study [C] . Annual Conference Paper of International Society for the New Institutional Economics, September 27 ~ 29, 2002.

[247] UNNEVEHR L, Hirschhoem N. Food safety issues in the developing world [R] . Washington DC: World Bank, 2000.

[248] VERHOEF E. T. , Nijkamp P. Externalities in urban sustainability: environmental versus localization-type agglomeration externalities in a general spatial equilibrium model of a single-sector monocentric industrial city [J] . Ecological Economics, 2002, 40 (2) : 157-179.

[249] VU T K V, Tran M T, Dang T T S. A survey of manure management on pig farms in Northern Vietnam [J] . Livestock Science, 2007, 112 (3) : 288-297.

[250] VUYLSTEKE A, Collet E, Van H G et al. Exclusion of farmers as a consequence of quality certification and standardization [C] . 83rd EAAE Seminar. Chania, 2003, 9: 4-7.

[251] WILLIAMSON J. G. Regional inequality and the process of national

development: a description of the patterns [J] . Economic Development & Cultural Change, 1965, 13 (4) : 1-84.

[252] WILLIAMSON O E. Comparative economic organization: the analysis of discrete structural alternatives [J] . Administrative Science Quarterly, 1991, 36 (2) : 269-296.

[253] WILLIAMSON O E. Economic organization: the case for candor [J] . The Academy of Management Review, 1996, 21 (1) : 48-57.

[254] WILLIAMSON O E. Markets and hierarchies: analysis and antitrust implications [M] . New York: Free Press, 1975.

[255] WILLIAMSON S and Karen R. Agribusiness and the small-scale farmer: a dynamic partnership for development [M] . Boulder, Co: Westview Press, 1985.

[256] WINDSPERGER J. Allocation of decision rights in joint ventures [J] . Managerial and Decision Economics, 2009, 30 (8) : 491-501.

[257] WINSBERG M. D. Concentration and specialization in United States agriculture, 1939-1978 [J] . Economic Geography, 1980, 56 (3) : 183-189.

[258] WOOLDRIDGE J. M. Econometric analysis of cross section and panel data [M] . Cambridge: The MIT Press, 2003.

[259] ZENG D. Z. , Zhao L. X. Pollution havens and industrial agglomeration [J] . Journal of Environmental Economics and Management, 2009, 58 (2) : 141-153.

附　录

生猪养殖户标准化养殖调查问卷

亲爱的养殖户朋友：

您好！首先感谢您的合作！我们是浙江工商大学生猪标准化养殖调查项目小组成员，现正在对您的生猪标准化养殖行为进行调查。您的见解对我们的学术研究将起积极和关键性作用。恳请您的积极配合！本调查完全出于研究目的，您提供的所有资料我们将严格保密！

非常感谢！祝您身体健康，家庭幸福！

生猪标准化养殖调查项目小组

1. 调查地点：＿＿＿＿省＿＿＿市＿＿＿县（区）＿＿＿乡（镇）＿＿＿村（组）

2. 受访人姓名：＿＿＿＿＿＿＿　电话：＿＿＿＿＿＿＿＿＿＿＿＿＿＿

性别：＿＿＿＿＿＿（女＝0；男＝1）　年龄：＿＿＿＿＿＿＿（岁）

3. 填表人姓名：＿＿＿＿＿＿＿

4. 填表时间：＿＿＿＿年＿＿＿月＿＿＿日＿＿＿时

A. 生猪养殖户个体及家庭基本情况

编号	问 题	说 明	答案
01	您的年龄是	请以实际年龄作答(岁)	
02	您的性别是	0＝女；1＝男	
03	您的户口类别是	0＝非农业；1＝农业	
04	您的文化程度是	1＝小学及以下；2＝初中；3＝高中或中专；4＝大专及以上	
05	您家庭成员中是否有党员	0＝否；1＝是	
06	您家庭成员中是否有干部	0＝否；1＝是	
07	您家庭共有多少口人	请以人数作答	
08	您家庭共有多少非成年子女	请以人数作答	
09	您家庭有多少劳动力	请以人数作答	
10	您家庭从事生猪养殖业人数	请以人数作答	
11	您是否兼业	0＝兼业；1＝非兼业	
12	您家庭年均纯收入	万元	
13	您家庭生猪养殖年均纯收入	万元	
14	您家庭收入水平在当地处于	1＝低水平；2＝中低水平；3＝中等水平；4＝中高水平；5＝高水平	
15	您家庭是否从事其他农业生产	0＝否；1＝是	
16	若15选是，是否从事粮食生产	0＝否；1＝是，共有_____亩	
17	若15选是，是否从事种植经济作物	0＝否；1＝是，共有_____亩	
18	若15选是，是否经营林地	0＝否；1＝是，共有_____亩	
19	若15选是，是否经营鱼塘	0＝否；1＝是，共有_____亩	
20	假设您进行一项投资，在以下投资收益中，您会选择	1＝立即拿到1000元；2＝50%的机会赢取2000元；3＝5%的机会拿到20 000元	
21	您的身体健康状况为	1＝差；2＝一般；3＝良好	

B. 养殖户生猪养殖基本情况

编号	问　题	说　明	答案
01	您的生猪养殖场规模	请回答 2014 年年出栏量(头)	
02	您的养殖场有多少头能繁母猪	请回答能繁母猪存栏量(头)	
03	您的养殖场占地面积是多少	占用土地面积(m²)	
04	您的猪场是通过何种方式取得	1=自建;2=购入;3=租赁;4=承包;5=其他_____	
05	您是否与生猪养殖产业化组织签订了合同(若是,请回答 F 部分)	0=否;1=是	
06	您养殖生猪的主要销售市场为	1=乡村农贸市场;2=生猪批发市场;3=大型超市或企事业单位;4=省外市场	
07	您养殖的生猪通过了何种认证(若通过了相关认证,请回答 08 题)	1=无公害认证;2=绿色认证;3=有机认证;4=地理标志认证;5=HACCP 认证;6 其他_____	
08	认证需要哪些条件	1=猪场卫生条件;2=饲料配比条件;3=猪种类条件;4=养殖规模条件;5=屠宰条件;6=是否有正规组织;7=其他条件_____	
09	您养殖生猪的料肉比约为	1=1.8 以下;2=1.8~2.3;3=2.3~2.8;4=2.8 以上	
10	您出栏生猪的主产品产量为多少 kg	以平均主产品产量回答(kg/头)	
11	2014 年您的生猪平均售价为多少元	以每千克生猪售价回答(元/kg)	
12	2014 年您的生猪平均成本为多少元	以每千克生猪成本回答(元/kg)	
13	您的养殖场离生猪销售市场的距离	km	
14	您销售生猪的难易程度	1=容易;2=一般;3=难	

C. 生猪养殖成本收益

项　　目	金额(元)	项　目	金额(元)
猪场维护扩建支出		医疗防疫费用	
雇工费用		培训费(若有发生)	
仔猪		饲料支出	
水费		电费	
租金(若有租地养猪)		排污许可费(＿＿＿＿年)	
机械维修支出		税收	
贷款利息		协会或合作社费	
其他支出(请说明)		猪肉销售收入	
副产品收入		政府财政补贴	

D. 养殖户的相关认知

D1. 养殖户的质量安全认知

编号	问　题	选　项	答案
01	您认为食用质量安全不达标的猪肉对人体健康的影响是	1＝没有影响；2＝影响较小；3＝一般；4＝影响较大；5＝影响很大	
02	您认为给生猪防疫很重要	1＝完全不同意；2＝有点不同意；3＝同意；4＝完全同意	
03	您对有关生猪质量安全的法律法规很关注	1＝完全不同意；2＝有点不同意；3＝同意；4＝完全同意	
04	您认为做好养殖档案或防疫档案管理有什么好处(可多选)	1＝有利于总结经验,提高生产水平；2＝有利于保障市场上猪肉质量安全；3＝遵守国家相关规定；4＝没什么好处,浪费时间和精力；5其他＿＿＿＿＿＿	
05	您对生猪耳标佩戴和养殖档案(或防疫档案)建立规定的了解程度如何	1＝很不了解；2＝不太了解；3＝一般；4＝比较了解；5＝非常了解	

编号	问　题	选　项	答案
06	您对禁用饲料添加剂和兽药规定的了解程度如何	1＝很不了解；2＝不太了解；3＝一般；4＝比较了解；5＝非常了解	
07	您对兽药休药期规定的了解程度如何	1＝很不了解；2＝不太了解；3＝一般；4＝比较了解；5＝非常了解	
08	您是否相信禁用饲料添加剂和兽药可以从生猪中检测出来	1＝很不相信；2＝不太相信；3＝不确定；4＝比较相信；5＝非常相信	

D2. 养殖户的环境认知

编号	问　题	选　项	答案
01	您认为生猪养殖废弃物未综合利用、病死猪未无害化处理对生态环境的污染严重吗	1＝没有污染；2＝不太严重；3＝一般；4＝比较严重；5＝非常严重	
02	您是否认为在饮用水水源保护区、自然保护区、人口集中区域应禁止建设生猪养殖场	1＝是；0＝否	
03	您对有关畜禽养殖污染的法律法规很关注	1＝完全不同意；2＝有点不同意；3＝同意；4＝完全同意	
04	您是否清楚生猪养殖场周边水体、空气和土壤污染状况	1＝是（若选择"是"，请回答08题）；0＝否	
05	您是怎么了解生猪养殖场周边环境质量的	1＝凭经验判断；2＝政府产地环境报告；3＝产品认证报告；4＝其他＿＿＿	
06	您认为当前生猪产业污染问题主要出在什么环节	1＝产地环境污染；2＝生猪养殖环节污染；3＝运输、屠宰加工环节污染；4＝消费环节污染	
07	您认为生猪养殖污染对人体健康会有影响	1＝完全不同意；2＝有点不同意；3＝同意；4＝完全同意	

D3. 养殖户对生猪标准化养殖的认知

编号	问 题	选 项	答案
01	您是否了解生猪标准化养殖	1＝不知道；2＝知道一点；3＝一般；4＝比较了解；5＝非常了解（若不选择"不知道"，请回答 02、03 题）	
02	您认为采纳生猪标准化养殖能获得哪些好处	1＝获得政府补助；2＝提高经济效益；3＝减少环境污染；4＝保障生猪质量安全；5＝节省劳动力；6＝稳定销路；7＝提高自身生猪养殖技能；8＝其他_____	
03	您采纳生猪标准化养殖的时机选择	1＝当地较早采纳者；2＝一部分人采纳后才采用；3＝当地较晚采纳者	
04	您认为您的生猪养殖过程是否达到了生猪标准化养殖相关要求	1＝完全没达到；2＝基本没达到；3＝一般；4＝基本达到；5＝完全达到	
05	您认为采纳生猪标准化养殖对养殖收益的影响为？	1＝收益降低；2＝收益基本不变；3＝收益提高	

E. 养殖户生猪标准化养殖采纳情况

E1. 生猪良种化情况

编号	问 题	选 项	答案
01	您养殖生猪的主要品种来源是	1＝外面引进品种猪；2＝本地杂猪；3＝不清楚	
02	您所养殖的品种是否比市场普通品种价格更高	1＝是，高出多少_____元/斤；0＝否	
03	仔猪从哪里购进	1＝合同公司提供；2＝合作社提供；3＝猪苗市场，其离家的距离_____；4＝自繁自养；5＝其他养猪户购买；6＝其他_____	
04	若仔猪从外面购进，原因是	1＝母猪饲养成本高；2＝没有防疫、繁殖、保育技术；3＝种猪养殖或借用成本高；4＝其他_____	
05	您购买仔猪主要考虑	1＝方便；2＝信誉好；3＝价格便宜；4＝检疫合格；5＝其他_____	

编号	问 题	选 项	答案
06	您家种猪来源渠道	1＝种猪场购买；2＝合同公司提供；3＝合作社提供；4＝商品猪场；5＝其他_____	
07	您购买种猪时主要考虑（请排序）	1＝价格；2＝品种；3＝企业信誉；4＝体格；5＝其他_____	
08	外购种猪的种猪场是否具有《企业法人营业执照》、《种畜禽生产经营许可证》和《动物防疫条件合格证》	1＝是；0＝否	
09	种猪是否有"种猪合格证"或"种猪档案证明"	1＝是；0＝否	

E2. 养殖设施化情况

编号	问题	选项	答案
01	是否距离生活饮用水源地、居民区、畜禽屠宰加工、交易场所和主要交通干线 500m 以上，且方便运输	1＝是；0＝否	
02	是否水源充足、水质达标和供电稳定	1＝是；0＝否	
03	若为自繁自养场是否每头能繁母猪占地面积 40m² 以上，专业育肥场每头商品猪占地面积 2m² 以上	1＝是；0＝否	
04	生活区、生产区、污水处理区与病死猪无害化处理区是否分开	1＝是；0＝否	
05	出猪台与生产区是否保持严格隔离状态	1＝是；0＝否	
06	是否净道与污道分开，雨水与污水分离，污水处理区配备防雨设施	1＝是；0＝否	
07	自繁自养猪场每头能繁母猪配套猪舍 12m² 以上，仔猪繁育场每头能繁母猪配套猪舍 5.5m² 以上，专业育肥场每头存栏猪配套猪舍 0.8m² 以上	1＝是；0＝否	
08	猪舍功能上可区分为配种妊娠舍、分娩舍、保育舍、生长育肥舍	1＝是；0＝否	
09	猪舍配备有相应的通风换气与降温、保暖设备	1＝是；0＝否	
10	养殖场配有饲料、药物、疫苗等不同类型投入品的储藏场所或设施，符合相应的储藏条件	1＝是；0＝否	

E3.生产规范化情况

编号	问 题	选 项	答案
01	是否有科学规范的生猪生产管理规程	1＝是;0＝否	
02	您养殖生猪的饲料类型及占比	1＝自己配置（粮食＋精饲料）;2＝饲料厂配置全饲料;3＝剩饭泔水等;4＝其他_____	
03	是否严格执行了饲料添加剂和兽药使用规定	1＝是;0＝否	
04	是否严格执行了休药期	1＝是;0＝否	

E4.防疫制度化情况

编号	问题	选项	答案
01	养殖场周围是否建设防疫隔离带	1＝是;0＝否	
02	是否定期对猪舍进行消毒	1＝是;0＝否	
03	人员进入生产区是否严格执行更衣、冲洗	1＝是;0＝否	
04	是否采用"全进全出"的饲养方式	1＝是;0＝否	
05	您饲养的生猪是否进行定期防疫	1＝是;0＝否	

E5.污染无害化情况

编号	问 题	选 项	答案
01	是否有固定的防雨、防渗漏、防溢流的粪储存场所	1＝是;0＝否	
02	您养猪场的生猪粪便处理方式主要为	1＝直接还田;2＝直接丢弃;3＝制沼气;4＝制有机肥;5＝其他_____	
03	是否污水处理后达标排放或不排放，或采用农牧结合方式处理利用	1＝是;0＝否	
04	病死猪是否采取焚烧或深埋的方式进行无害化处理	1＝是;0＝否	

E6. 监管常态化情况

编号	问题	选项	答案
01	是否有生产记录档案,包括配种、产仔、哺育、保育与生长肥育记录	1=是;0=否	
02	是否有防疫档案,包括消毒、免疫、抗体监测记录	1=是;0=否	
03	是否有病死猪处理档案,包括解剖、无害化处理记录	1=是;0=否	
04	您养殖场的育肥猪是否戴有耳标	1=是;0=否	

F. 参加产业化组织情况(若未参加产业化组织,则不需要回答该部分)

编号	问题	说明	答案
01	与您签订合同的产业化组织类型是	1=屠宰加工企业(龙头企业);2=合作社;3=养殖协会;4=其他_____	
02	您参与该产业化组织有多少年了	以实际年数回答	
03	您进行生猪养殖的哪些决策权转移至了产业化组织(可多选)	1=品种选择;2=饲料采购;3=生猪饲养;4=生猪防疫;5=兽药采购;6=兽药施用;7=出栏周期;8=粪尿处理;9=病死猪处理;10=养殖密度	
04	您与产业化组织合同的定价方式为	0=市场价;2=市场价+附加价	
05	您是否有熟人在产业化组织管理层	0=无;1=有	
06	产业化组织对生猪养殖的质量要求为	1=低;2=一般;3=高	
07	产业化组织是否有养殖技术人员	0=无;1=有	
08	产业化组织是否提供技术服务	0=否;1=是	
09	产业化组织的货款结算方式为	0=现金支付;1=延期支付	
10	产业化组织是否提供"二次返利"	0=否;1=是	
11	您对产业化组织提供的服务是否满意	0=否;1=是	
12	您是否有过违约行为	0=否;1=是	
13	产业化组织对生猪养殖是否有监管	0=否;1=是	
14	产业化组织的专用性资产投资为	1=少;2=一般;3=较多;4=很多	

续　表

编号	问题	说明	答案
15	与产业化组织合作后,您的收益变化是	1＝减少;2＝不变;3＝增加	
16	您违约的额外收益变化是	1＝增加 10％ 以内;2＝增加 10％—30％;3＝增加 30％—50％;4＝增加 50％以上	
17	产业化组织对养殖户的违约行为是否有惩罚	0＝无;1＝有	
18	您与产业化组织契约的形式为	0＝口头契约;1＝书面契约	
19	您与产业化组织的契约期限为	1＝1 年以内;2＝1—2 年;3＝2—3 年;4＝3 年以上	

G. 政府扶持与监管情况

编号	问　题	选　项	答案
01	您在养猪的过程中享受过哪些政府扶持政策	1＝猪舍标准化改造资金支持;2＝能繁母猪补贴;3＝生猪销售价格扶持;4＝养殖废弃物治理资金扶持;5＝沼气池建设资金支持;6＝种植业有机肥补贴;7＝饲养技术培训;8＝病死猪无害化处理补贴	
02	您在养猪过程中受到过哪些政府规制政策	1＝养殖尾水标准;2＝饲料营养标准;3＝废弃物存储设施标准;4＝养殖人健康规定;5＝猪舍场址选择;6＝动物饲料田间使用限制	
03	您认为哪项政策更为合理和可以接受	1＝养猪尾水标准;2＝饲料营养标准;3＝废弃物存储设施标准;4＝养殖人健康规定;5＝猪舍场址选择;6＝动物饲料田间使用限制	
04	在疫病防治过程中,曾得到政府什么样的支持	0＝没有支持;1＝免费技术培训;2＝提供资金;3＝免费或打折兽药;4＝防疫站兽医服务;5＝及时疫病通报;6＝其他＿＿＿	
05	您对政府防疫管制水平的评价是	1＝很低;2＝低;3＝一般;4＝高;5＝很高	

编号	问　题	选　项	答案
06	您对当地政府生猪出售时检验检疫力度的评价是	1＝很小;2＝小;3＝一般;4＝大;5＝很大	
07	当地政府对生猪养殖的监督检查次数(每年)	0＝没有;1＝1次;2＝2次;3＝3次;4＝4次;类推	
08	如果出售了病死猪或使用了违禁药物,当地政府的措施是	1＝责令停产整顿;2＝罚款;3＝追究法律责任;4＝一般查不到;5＝其他	
09	如果生猪养殖污染了周边环境,当地政府的措施是	1＝责令停产整顿;2＝罚款;3＝追究法律责任;4＝一般查不到;5＝其他	
10	您对当地政府生猪质量安全监管的惩罚力度评价是	1＝很小;2＝小;3＝一般;4＝大;5＝很大	
11	您对当地政府生猪养殖污染监管的惩罚力度评价是	1＝很小;2＝小;3＝一般;4＝大;5＝很大	

H. 养殖户的扶持政策选择

如果政府通过扶持政策引导您参与生猪标准化养殖,您对扶持政策类型的选择为(请选择3项,并排序)

	1	2	3	4	5	6
扶持政策	资金奖励	价格支持	设备补贴	成本补贴	技术指导	政策补贴
填写1,2,3						

后　记

《中国生猪标准化养殖发展：产业集聚、组织发展与政策扶持》一书的出版得到了国家自然科学基金项目"生猪养殖标准化规模演进经济激励及其面源污染治理政策设计"（71373238）的资助，并有公开发表的 5 篇学术论文作为支撑。如下所示：

（1）"On Farmers' Participation in Decision-making of Ecological Protection of Drinking Water Resources"，《MODELLING，MEASUREMENT AND CONTROL》（EI 收录）2017 年第 1 期；

（2）"Green Total Factor Productivity of Hog Breeding in China: Application of SE-SBM Model and Grey Relation Matrix"，《Polish Journal of Environmental Studies》（SCIE 收录）2014 年第 1 期；

（3）"基于 SFA 的中国生猪养殖成本效率研究"，《中国畜牧杂志》2015 年第 4 期；

（4）"区域畜牧业发展与温室气体排放研究"，《中国畜牧杂志》2015 年第 24 期；

（5）"贸易开放、人力资本与中国能源消耗"，《商业经济与管理》2015 年第 10 期。

全书由赵连阁教授拟定写作大纲并统稿，钟搏博士等负责撰写工作，并得到了浙江大学等兄弟院校的鼎力帮助。在本书的撰写过程中，曾参阅了多方面的文献，吸取了众多学者的优秀研究成果，因篇幅所限不再一一列出，在

此一并表示衷心的感谢。 由于学术水平有限，可能存在许多不足之处，敬请
读者批评指正。

赵连阁

2019 年 10 月于杭州